Origin

数据分析、科技绘图与可视化

从入门到精通

王远强　梁浩然 ◎ 编著

内容提要

本书以 Origin Pro 2024b 中文版为软件平台,结合作者多年的数据分析经验,通过大量科研场景下的应用实例,详细介绍 Origin 在科研数据处理与科学数据可视化中的使用方法与技巧。全书共 11 章,第 1~3 章主要讲解 Origin 的基础知识,包括 Origin 的操作界面、文件管理、工作簿与工作表管理、绘图基础等;第 4~7 章主要讲解科技绘图相关内容,包括图形的绘制、自定义绘图、图形管理与注释、图形布局管理与输出等;第 8~9 章结合 Origin 数据处理与统计分析功能,分别讲解数值计算、数据处理、曲线拟合、信号处理、描述性统计、假设检验、方差分析等内容;第 10 章讲解 Origin 与其他软件交互使用;第 11 章讲解综合案例。阅读本书,可以帮助读者快速掌握 Origin 的应用技巧,从而更好地处理和分析科研数据。

本书既可以作为科研人员、工程师的数据分析工具书,也可以作为高等院校相关专业师生的参考用书。

图书在版编目(CIP)数据

Origin 数据分析、科技绘图与可视化从入门到精通 / 王远强,梁浩然编著. —— 北京:北京大学出版社, 2025.5. —— ISBN 978-7-301-36020-0

Ⅰ.O245

中国国家版本馆 CIP 数据核字第 2025F8492E 号

书　　　名	Origin 数据分析、科技绘图与可视化从入门到精通
	Origin SHUJU FENXI、KEJI HUITU YU KESHIHUA CONG RUMEN DAO JINGTONG
著作责任者	王远强　梁浩然　编著
责任编辑	刘云　刘倩
标准书号	ISBN 978-7-301-36020-0
出版发行	北京大学出版社
地　　　址	北京市海淀区成府路 205 号　100871
网　　　址	http://www.pup.cn　新浪微博:@北京大学出版社
电子邮箱	编辑部 pup7@pup.cn　总编室 zpup@pup.cn
电　　　话	邮购部 010-62752015　发行部 010-62750672　编辑部 010-62570390
印　刷　者	北京市科星印刷有限责任公司
经　销　者	新华书店
	787 毫米 × 1092 毫米　16 开本　17.25 印张　415 千字
	2025 年 5 月第 1 版　2025 年 5 月第 1 次印刷
印　　　数	1—4000 册
定　　　价	79.00 元

未经许可,不得以任何方式复制或抄袭本书之部分或全部内容。
版权所有,侵权必究
举报电话:010-62752024　电子邮箱:fd@pup.cn
图书如有印装质量问题,请与出版部联系,电话:010-62756370

前言

为什么写这本书

Origin软件拥有丰富的数据处理和分析功能，包括曲线拟合、统计分析、信号处理、多元分析等。其主要应用领域涵盖科学研究、工程及商业数据分析与可视化。

此外，Origin软件支持通过脚本和编程扩展功能，用户可以使用Origin内置的LabTalk语言，或通过兼容的编程接口调用Python、C、C++等语言，实现自动化数据处理和分析流程。

Origin是科研工作者、工程师和数据分析人员广泛使用的专业级数据分析和可视化软件。其提供了全面的功能模块，支持从基础到高级的数据处理与图形绘制需求。在化学、物理学、生物学等学科领域，以及工业与工程应用中，Origin凭借其强大的分析能力和直观的操作界面，成为研究数据可视化与数据分析的优选工具。

本书有哪些特点

本书以图文结合的方式，通过实际案例系统介绍Origin在科技绘图与数据处理中的应用。全书采用循序渐进的编排方式，注重逻辑性和实践性，使读者能够高效掌握从基础到高阶的科技绘图与数据处理技能。本书的核心特点可概括如下。

（1）由浅入深，系统全面。全书按软件功能模块划分为基础操作、科技绘图进阶、数据分析与处理、编程与高级应用、综合案例五大部分，适合不同水平的读者按需学习，逐步提升技能。

（2）案例驱动，即学即用。本书以实际案例为主线，读者在掌握基础操作后，可通过查找相关案例进行针对性学习，快速解决科研或工程中的实际问题。因此，本书不仅适合系统学习，也可作为工具手册随时参考。

（3）理论解析与实战训练结合。每章均包含知识要点详解和配套的上机实训案例，帮助读者巩固所学内容。通过动手实践，读者不仅能深入理解相关理论，还能培养数据分析与编程能力。

配套学习资源

本书为读者提供以下配套资源，可供下载使用。

（1）同步案例文件：包含书中所有案例的源文件及相关数据，便于读者参考学习、修改优化与分析应用。

（2）视频教程：针对重点知识及典型案例录制了配套视频，帮助读者更直观地理解操作步骤，提升学习效果。

（3）PPT教学课件：精心制作的课件，方便教师授课使用。

温馨提示

本书附赠的学习资源可用微信扫描下方其中一个二维码，关注微信公众号，输入本书第77页的资源下载码，根据提示获取。

"博雅读书社"
微信公众号

"新精英充电站"
微信公众号

作者寄语

在编写本书时，我们始终秉持一个理念：工具的价值在于解决实际问题。我们希望本书不仅能帮助读者掌握Origin软件的操作技巧，更能助力科研工作者高效绘制专业图表，提升研究成果的呈现质量，使其成为科研工作中的得力助手。

本书作者团队具有丰富的科研经验，在国内外期刊发表论文数十篇。然而，计算机技术发展日新月异，书中难免存在疏漏或不足之处，恳请广大读者批评指正。若您在阅读过程中有任何疑问或建议，可以通过邮箱与我们联系，邮箱：2751801073@qq.com。

目录

第 1 章　从零开始：Origin 快速入门　1

- 1.1 认识 Origin 软件 ················ 1
  - 1.1.1 Origin 软件概述 ·············· 1
  - 1.1.2 Origin 安装与升级 ············ 4
  - 1.1.3 Origin 学习资源 ·············· 8
- 1.2 熟悉 Origin 操作界面 ············ 9
  - 1.2.1 初识 Origin 工作界面 ·········· 9
  - 1.2.2 Origin 菜单栏与工具栏 ········ 10
  - 1.2.3 自定义 Origin 工作界面 ········ 12
- 1.3 Origin 导入与导出 ·············· 13
- 1.3.1 Origin 数据导入 ·············· 13
- 1.3.2 Origin 工作表数据导出 ········ 13
- 1.3.3 Origin 矩阵数据导出 ·········· 14
- 1.3.4 Origin 图形导出 ·············· 14
- 1.4 Origin 文件管理 ················ 15
  - 1.4.1 项目管理器 ·················· 15
  - 1.4.2 Origin 管理 Excel 文件 ········ 16
- 上机实训：我的第一个 Origin 图 ···· 17
- 专家点拨 ···························· 18
- 本章小结 ···························· 20

第 2 章　掌握基础：Origin 工作簿与工作表、矩阵簿与矩阵表　21

- 2.1 管理 Origin 工作簿 ·············· 21
  - 2.1.1 新建与保存工作簿 ············ 21
  - 2.1.2 工作簿管理器 ················ 22
- 2.2 管理 Origin 工作表 ·············· 23
  - 2.2.1 新建与命名工作表 ············ 23
  - 2.2.2 管理与操作工作表 ············ 23
- 2.3 矩阵簿与矩阵表 ················ 27
- 2.3.1 矩阵簿的基本操作 ············ 27
- 2.3.2 矩阵表的基本操作 ············ 28
- 上机实训：从 Excel 中导入数据绘图并生成图片格式 ················ 30
- 专家点拨 ···························· 31
- 本章小结 ···························· 32

第 3 章　绘图技巧：Origin 绘图基础　33

- 3.1 Origin 绘图简介 ················ 33
- 3.1.1 绘图的基本操作 ·············· 33

3.1.2 页面/图层/图形简介 …………… 34	3.2.3 通过【新图层（轴）】命令添加
3.1.3 图形坐标轴与图例 ……………… 34	图层 ………………………………… 39
3.1.4 添加文字和绘制图形对象 ……… 35	3.2.4 通过【图形】工具栏添加图层 …… 40
3.1.5 添加数据标签和误差棒 ………… 36	3.2.5 通过【合并图表】对话框创建多层
3.1.6 图层对象管理 …………………… 37	图形 ………………………………… 40
3.2 Origin 图层设置 …………………… **38**	**上机实训：科学绘图并调整坐标、图例等**
3.2.1 选择和管理当前图层 …………… 38	**对象** ……………………………………… **41**
3.2.2 通过【图层管理器】添加图层 …… 38	**专家点拨** ………………………………… **42**
	本章小结 ………………………………… **43**

第 4 章　高级应用：Origin 科学绘图应用　　44

4.1 基础 2D 图形绘制 ………………… **44**	4.6.1 绘制雷达图 ……………………… 68
4.1.1 绘制折线图 ……………………… 45	4.6.2 绘制矢量图 ……………………… 69
4.1.2 绘制散点图 ……………………… 46	4.6.3 绘制极坐标图 …………………… 70
4.1.3 绘制气泡图 ……………………… 48	4.6.4 绘制风玫瑰图 …………………… 71
4.1.4 绘制点线图 ……………………… 49	4.6.5 绘制三元矢量图 ………………… 73
4.2 绘制柱状图/饼图/面积图 ………… **51**	**4.7 绘制分组图** ………………………… **74**
4.2.1 绘制柱状图 ………………………51	4.7.1 绘制分组散点图 ………………… 74
4.2.2 绘制条形图 ……………………… 52	4.7.2 绘制多因子分组柱状图 ………… 75
4.2.3 绘制饼图 ………………………… 53	4.7.3 绘制分组区间图 ………………… 76
4.2.4 绘制子弹图 ……………………… 54	4.7.4 绘制分组浮动条形图 …………… 77
4.2.5 绘制面积图 ……………………… 56	4.7.5 绘制分组小提琴图 ……………… 78
4.3 绘制多面板图和多轴图 …………… **56**	**4.8 三维图形绘制** ……………………… **80**
4.3.1 绘制多面板图 …………………… 56	4.8.1 绘制3D散点图 …………………… 80
4.3.2 绘制多轴图 ……………………… 58	4.8.2 绘制3D轨线图 …………………… 81
4.4 绘制统计图 ………………………… **63**	4.8.3 绘制3D矢量图XYZXYZ ………… 82
4.4.1 绘制条形图 ……………………… 63	4.8.4 绘制3D瀑布图 …………………… 83
4.4.2 绘制直方图 ……………………… 64	4.8.5 绘制3D颜色映射曲面图 ………… 84
4.4.3 绘制小提琴图 …………………… 65	4.8.6 绘制3D条状图 …………………… 85
4.5 绘制等高线图 ……………………… **66**	**4.9 绘制函数图** ………………………… **86**
4.5.1 绘制等高线图-颜色填充 ………… 66	4.9.1 绘制二维函数图 ………………… 86
4.5.2 绘制热图 ………………………… 67	4.9.2 绘制三维函数图 ………………… 89
4.6 绘制专业图 ………………………… **68**	

上机实训：绘制双坐标图（双Y轴柱状图） ………………………… 91	专家点拨 ……………………………………… 93
	本章小结 ……………………………………… 96

第5章　个性化展示：自定义绘图　　97

5.1 自定义绘图基础 ……………………… 97	5.3.4 调整坐标轴的位置 ………………… 105
5.1.1 自定义页面元素 …………………… 97	5.4 自定义数据图颜色 ………………… 105
5.1.2 自定义图层元素 …………………… 98	5.4.1 颜色管理器 ………………………… 105
5.1.3 自定义图形元素 …………………… 98	5.4.2 图形颜色应用 ……………………… 106
5.1.4 图形格式和主题 …………………… 99	5.5 自定义图例 ………………………… 106
5.2 绘制自定义页面、图层和数据图 … 99	5.5.1 添加和更新默认图例 ……………… 107
5.2.1 绘制自定义页面 …………………… 100	5.5.2 图例更新控制 ……………………… 108
5.2.2 绘制自定义多层图 ………………… 102	5.5.3 特殊图例类型 ……………………… 108
5.2.3 自定义单个数据点图 ……………… 103	5.5.4 快速编辑图例提示 ………………… 109
5.3 自定义坐标轴 ……………………… 103	上机实训：自定义颜色 ……………………… 109
5.3.1 坐标轴的类型 ……………………… 103	专家点拨 …………………………………… 110
5.3.2 双坐标轴的设置方法 ……………… 104	本章小结 …………………………………… 111
5.3.3 在坐标轴上插入断点 ……………… 104	

第6章　细节完善：图形管理与注释　　112

6.1 图形管理 …………………………… 112	6.3 图形注释 …………………………… 117
6.1.1 页面缩放和平移 …………………… 112	6.3.1 绘制箭头 …………………………… 117
6.1.2 图形移动 …………………………… 113	6.3.2 绘制直线 …………………………… 118
6.1.3 数据选择 …………………………… 113	6.3.3 绘制矩形 …………………………… 118
6.1.4 编辑数据点 ………………………… 113	6.3.4 绘制数据点 ………………………… 118
6.1.5 隐藏/显示数据点 ………………… 114	6.3.5 添加注释 …………………………… 119
6.1.6 旋转图形 …………………………… 115	6.4 在图形中插入对象 ………………… 119
6.2 读取图形数据 ……………………… 115	6.4.1 在图形中插入公式 ………………… 119
6.2.1 屏幕读取工具 ……………………… 115	6.4.2 在图形中插入图形 ………………… 119
6.2.2 数据读取工具 ……………………… 115	6.4.3 在图形中插入表格 ………………… 120
6.2.3 数据光标工具 ……………………… 116	6.4.4 在图形中插入时间 ………………… 121
6.2.4 距离注释工具 ……………………… 116	6.4.5 插入工作路径 ……………………… 121

上机实训：在图形中加入各种注释	121	本章小结		126
专家点拨	123			

第7章 布局优化：图形布局管理与输出　127

7.1 图形布局窗口	**127**	7.3.2 图形输出基础		136
7.1.1 在布局窗口添加图形和工作表	127	7.3.3 图形格式选择		137
7.1.2 布局窗口对象的编辑	129	**7.4 图形打印**		**138**
7.1.3 排列布局窗口中的对象	130	7.4.1 元素显示控制		138
7.2 图形分享	**132**	7.4.2 打印页面设置和预览		138
7.2.1 导出图形到其他软件	132	7.4.3 【打印】对话框设置		139
7.2.2 在其他软件中创建和编辑图形链接	134	上机实训：绘制二维折线图并导出 TIF 格式的图片		140
7.3 图形和布局窗口输出	**136**	专家点拨		142
7.3.1 通过剪贴板输出	136	本章小结		143

第8章 洞察数据：数据分析　144

8.1 数值计算	**144**	8.3.7 表面模拟		174
8.1.1 数据插值与外推	144	8.3.8 多峰拟合		175
8.1.2 简单曲线运算	148	**8.4 信号处理**		**176**
8.1.3 数据标准化	150	8.4.1 平滑		177
8.1.4 微积分	153	8.4.2 傅里叶变换		179
8.1.5 平均多条曲线	155	8.4.3 快速傅里叶变换滤波器		183
8.2 数据处理	**156**	8.4.4 无限脉冲响应滤波器		184
8.2.1 缩减数据	157	8.4.5 小波分析		186
8.2.2 扣除参考数据	157	8.4.6 同调性		192
8.3 曲线拟合	**158**	8.4.7 相关性		193
8.3.1 线性拟合	158	8.4.8 希尔伯特变换		194
8.3.2 多项式拟合	165	8.4.9 包络检波		194
8.3.3 多元线性回归	166	8.4.10 信号抽取		195
8.3.4 非线性拟合	167	上机实训：实验数据多元回归分析		196
8.3.5 指数拟合	172	专家点拨		198
8.3.6 曲线模拟	173	本章小结		200

第 9 章 统计决策：统计分析　201

- 9.1 描述性统计 …………………… **201**
  - 9.1.1 数据统计 ………………………… 201
  - 9.1.2 交叉表和卡方检验 ……………… 203
  - 9.1.3 频率统计 ………………………… 203
  - 9.1.4 正态检验 ………………………… 206
  - 9.1.5 分布拟合 ………………………… 206
  - 9.1.6 相关系数 ………………………… 208
  - 9.1.7 Grubbs 检验 ……………………… 209
  - 9.1.8 Dixon's Q 检验 …………………… 209
- 9.2 假设检验 …………………… **210**
  - 9.2.1 样本 t 检验 ……………………… 210
  - 9.2.2 样本比率检验 …………………… 212
- 9.3 方差分析 …………………… **213**
  - 9.3.1 单因子方差分析 ………………… 214
  - 9.3.2 双因子方差分析 ………………… 214
  - 9.3.3 三因子方差分析 ………………… 215
- 9.4 非参数检验 ………………… **216**
  - 9.4.1 单样本检验 ……………………… 216
  - 9.4.2 双样本检验 ……………………… 216
  - 9.4.3 多样本检验 ……………………… 218
- 9.5 生存分析 …………………… **220**
  - 9.5.1 卡普兰-梅尔估计量 ……………… 220
  - 9.5.2 比例风险回归模型 ……………… 221
  - 9.5.3 威布尔拟合模型 ………………… 222
- 9.6 多元分析 …………………… **223**
  - 9.6.1 主成分分析 ……………………… 223
  - 9.6.2 偏最小二乘 ……………………… 225
  - 9.6.3 聚类分析 ………………………… 226
  - 9.6.4 判别分析 ………………………… 228
- 9.7 其他分析方法 ……………… **229**
  - 9.7.1 功效分析 ………………………… 229
  - 9.7.2 ROC 曲线 ………………………… 230
- 上机实训：正交试验结果多元线性回归分析 ………………………………… 231
- 专家点拨 ………………………………… 233
- 本章小结 ………………………………… 233

第 10 章 软件协同：Origin 与其他软件交互使用　234

- 10.1 在 Origin 中使用其他软件程序 … **234**
  - 10.1.1 连接至 Mathematica …………… 234
  - 10.1.2 使用 Python 控制台 …………… 235
- 10.2 LabTalk 脚本语言 ………… **235**
  - 10.2.1 命令窗口 ………………………… 235
  - 10.2.2 执行命令 ………………………… 236
  - 10.2.3 LabTalk 语法 …………………… 237
- 10.3 Origin C 语言 ……………… **239**
  - 10.3.1 C 语言工作环境 ………………… 240
  - 10.3.2 创建和编译 Origin C 程序 …… 240
  - 10.3.3 使用 Origin C 函数 …………… 241
- 10.4 X-Function ………………… **243**
  - 10.4.1 X-Function 的使用 …………… 243
  - 10.4.2 创建 X-Function ……………… 244
  - 10.4.3 X-Function 脚本对话框 ……… 245
- 上机实训：创建并使用 X-Function …… 246
- 专家点拨 ………………………………… 246
- 本章小结 ………………………………… 247

第 11 章　综合案例　　　　248

11.1　运用 Origin 处理药学实验数据…248
11.1.1　血药浓度曲线的绘制…………248
11.1.2　不同规格药物溶出度曲线的
　　　　比较……………………………249
11.1.3　Origin 软件在血红蛋白吸收光谱测定
　　　　实验中的应用…………………251
11.1.4　Origin 软件在拟合溶蚀型载体药物
　　　　传输系统中的应用……………252
11.1.5　Origin 软件在制剂体外释药规律拟合
　　　　中的应用………………………255
11.1.6　Origin 软件在微生物学实验教学中的
　　　　应用……………………………256

11.1.7　Origin 软件在测定蛋白质含量实验
　　　　数据处理中的应用……………258
11.2　运用 Origin 处理化学实验数据…260
11.2.1　Origin 软件在蒸馏过程气液平衡实验
　　　　曲线拟合中的运用……………260
11.2.2　Origin 软件在陶瓷样品密度测定实验
　　　　数据处理中的应用……………261
11.3　运用 Origin 处理物理实验数据…263
11.3.1　Origin 软件在普适气体常数测量实验
　　　　中的应用………………………263
11.3.2　Origin 软件在声速的测量实验数据
　　　　处理中的应用…………………265

第1章 从零开始：Origin快速入门

【本章导读】

本章系统地讲解Origin软件的安装方法、操作界面、Origin数据的导入与导出操作，以及Origin的文件管理等内容。通过本章内容的学习，初学者可以快速认识Origin软件，并掌握入门的相关操作，为后面更深入地学习和应用打下基础。

1.1 认识Origin软件

Origin是由美国OriginLab公司开发的专业级数据分析和可视化软件，广泛应用于Windows系统。其独特之处在于拥有统计、峰值分析和曲线拟合等多种分析功能，能够绘制出高质量的二维和三维图形。本节具体介绍Origin软件概述、Origin安装与升级及Origin学习资源的获取方法。

1.1.1 Origin软件概述

Origin软件具有界面易用性、图形多样性和可编程性等特点。

（1）界面易用性。Origin软件以其简洁直观的界面脱颖而出。相较于其他绘图软件，Origin的图形界面更易于使用。如图1-1所示，Origin工作界面左侧为工具栏，上方为菜单栏，将鼠标指针移至每项菜单命令或工具栏的图标上都能够显示出该图标的功能，这为科研人员提供了更为高效的工作环境，节省了宝贵的时间。

（2）图形多样性。Origin不仅具备强大的分析功能，还能够绘制多种多样的图形。这包括但不限于线性图、散点图、柱状图、饼图等，如图1-2所示。科研人员可以根据实际需求选择最合适的图形类型，以更好地表达数据的特点和规律。

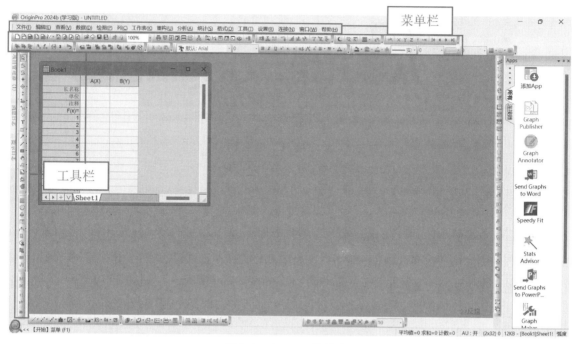

图 1-1 Origin 工作界面

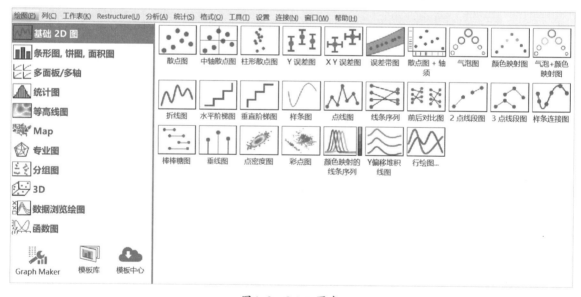

图 1-2 Origin 图库

（3）可编程性。Origin 的可编程性为用户提供了更广泛的应用空间。如图 1-3 所示，在【Window】菜单中有【Command Window】命令与【Script Window】命令。选择【Command Window】命令可以在新窗口中编辑程序命令，如图 1-4 所示；选择【Script Window】命令可以在新窗口中编辑脚本，如图 1-5 所示。Origin 提供基于 LabTalk 脚本语言和 Origin C 的编程接口，支持用户通过脚本控制和自定义函数灵活调用软件功能。

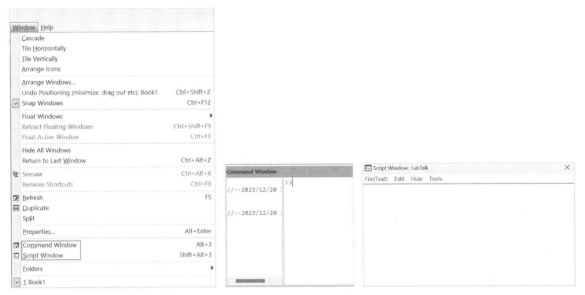

图1-3 【Window】菜单　　图1-4 【Command Window】窗口　　图1-5 【Script Window】窗口

Origin的功能模块包括绘图、矩阵表、分析和编程四大块，如图1-6所示。

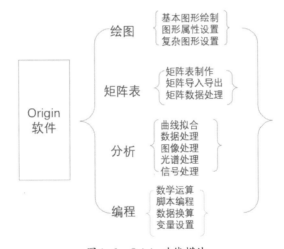

图1-6　Origin功能模块

Origin可以制作多表工作簿，支持多工作表、多级表头、Sparklines功能（快速预览数据趋势）与富文本格式（RTF），同时支持公式自动化计算。相较于其他数据分析软件，Origin的数据导入功能更强，支持ASCII、Excel、pClamp、SigmaPlot等多种数据格式；绘图功能经过优化，提供更多专业模板与主题，图形细节和参数设置也更为全面；Origin还引入了X-Function，显著改进了编程和自动化功能。此外，Origin还可以自动保存和备份数据，有效避免因意外情况导致的数据丢失问题。

如图1-7所示，打开Origin界面，单击【新建工作簿】图标，即可创建多个工作簿。

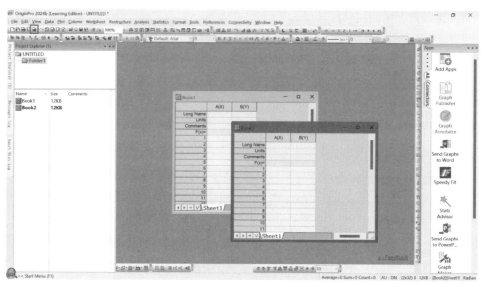

图1-7 创建多个工作簿

如图1-8所示,打开一个创建好的工作簿,单击左下角的【添加】按钮,即可创建多个工作表单。

如图1-9所示,单击菜单栏中的【Data】菜单,找到【Import From File】命令,即可选择数据导入方式。

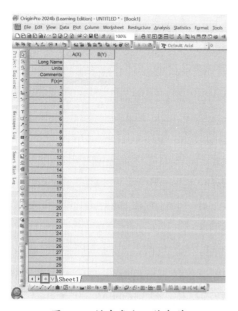

图1-8 创建多个工作表单

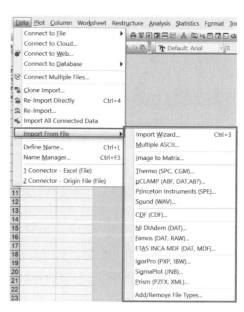

图1-9 选择数据导入方式

1.1.2 Origin安装与升级

Origin有学生版和学术版两个版本,其中学生版提供了免费下载和付费下载两种方式,当然,提供的功能也有所不同。学生版可以在注册后免费使用半年，或者选择付费购买；学术版本购买后可以多人一起使用，适用于实验室小组使用。Origin每年都会推出新版本，在安装后可以进行升级以完善新功能。

1. 学生免费版下载

在下载Origin学生版之前，首先需要有一个校园邮箱（.edu.cn 结尾），没有的需要先注册一下。然后在Origin官网上进行如下操作，就能获得序列号和注册码。最后下载软件，填写序列号和注册码就完成了。Origin学生免费版的下载方法与步骤如下。

步骤01 进入Origin官网，在【Purchase】选项中找到并单击【Student version】命令，操作如图1-10所示。

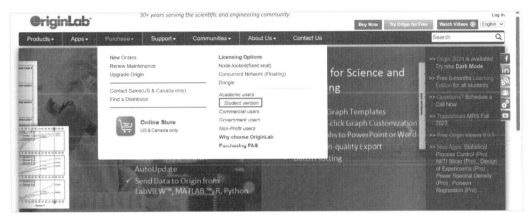

图1-10 学生版下载

步骤02 单击【Request Learning Edition】按钮，下载学生免费版，如图1-11所示。

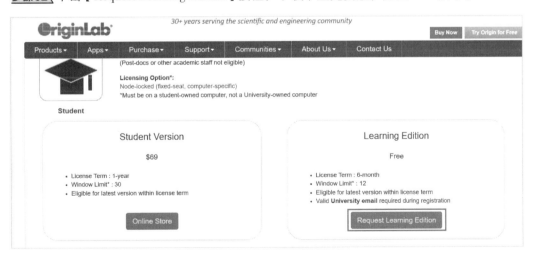

图1-11 Learning Edition下载操作

步骤03 在新界面中，根据页面内容填好信息，这里注意邮箱一定是校园邮箱。填写好相关信息后单击【Submit】按钮进行提交，如图1-12所示。

图 1-12　填写信息

> **温馨提示** ⚠　请在图1-12所示界面中的【Name】文本框中填写姓名；在【University】文本框中填写你的大学；在【Department】文本框中填写你所在的学院；在【E-mail address】文本框中填写要用的邮箱地址；在【Confirm E-mail address】文本框中重新确认一遍邮箱地址；在【Please tell us the reasons you are interested at Origin】文本框中填写你对Origin感兴趣的原因。

步骤04　在新界面中，单击链接验证邮箱，如图1-13所示。

步骤05　收到验证成功的邮件，按照邮箱中的提示下载软件，并按照要求填写序列号和注册码就可以完成软件的安装了，如图1-14所示。

图 1-13　验证邮箱　　　　　　　　　图 1-14　软件的下载与安装

> **温馨提示** ⚠　学生免费版的试用期只有六个月，后期如需使用需购买。

2. 学生付费版下载

Origin学生付费版是需要学生付费才能使用的版本，目前一年的费用为69美元。Origin学生付费版的功能更全面，其下载方法与步骤如下。

步骤01　进入Origin官网，在【Purchase】菜单中选择【Online Store】命令，进入在线商店，如图1-15所示。

步骤02　在页面中单击【ORIGINPRO 2024 STUDENT VERSION 1YR LICENSE】链接，进入学生版本购买界面，取得下载凭证，如图1-16所示。

步骤03　进入新界面，单击页面中的【OriginPro 2024 Student Version 1yr License】链接，即可付费，如图1-17所示。

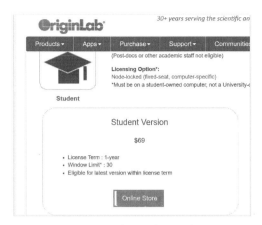

图 1-15　学生付费版下载

图 1-16　取得下载凭证

图 1-17　学生付费版链接

步骤04　单击【Add To Cart】按钮，然后进行付费，如图1-18所示。

步骤05　付费成功后，便可进行软件的安装。

3. 学术版本下载

Origin学术版本是为实验室科研小组提供的一个版本，该版本支持多人共同使用。在Origin官网中找到并选择【Purchase】菜单下的【Academic users】命令，如图1-19所示。后续操作步骤参照学生付费版的下载步骤即可。

图 1-18　付费按钮

4. Origin 的升级

若计算机中已安装有低版本的Origin软件，需要升级时可以按以下步骤和方法进行操作。

步骤01　在Origin官网中下拉页面，找到【Product】模块中的【Upgrades】选项并单击，如图1-20所示。

图 1-19　学术版本下载

图 1-20　Origin升级选项

步骤02 进入信息填写界面，如图1-21所示。填写完个人信息后，即可获取最新的安装包，安装方法参考前面介绍的学生免费版的下载与安装步骤。

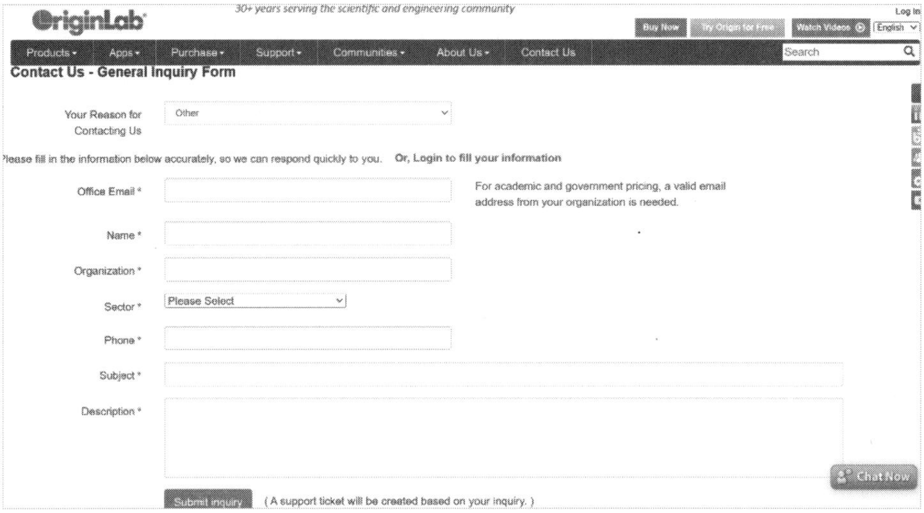

图1-21　Origin升级信息填写界面

1.1.3 Origin学习资源

如果用户是Origin的初学者，或者是使用软件过程中遇到了疑难问题，用户可以通过Origin的【Learning Center】模块来获取学习资源和相关帮助。在Origin中的【Learning Center】模块中，拥有绘图示例、分析示例和学习资源，可供大家学习，具体操作步骤如下。

步骤01 在软件的【Help】菜单中，选择【Learning Center】命令或按【F11】键，如图1-22所示。

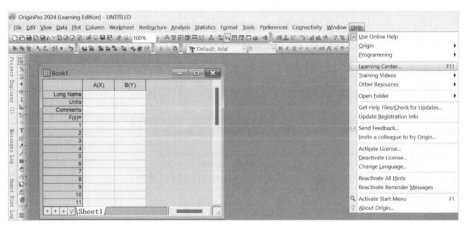

图1-22　学习中心

步骤02 在打开的【Learning Center】窗口中单击【Learning Resources】选项卡，就可以查看软件的使用方法和学习视频，如图1-23所示。

图1-23　学习资源

1.2 熟悉Origin操作界面

在了解了Origin软件的概述后，我们来熟悉一下Origin的操作界面（即工作界面）。

1.2.1 初识Origin工作界面

我们在打开Origin后，弹出来的便是工作界面，如图1-24所示。工作界面上主要分为三大板块，菜单栏、工具栏和工作簿。我们可以在菜单上调节相应参数或使用工具栏中的工具来制作我们想要的工作簿。

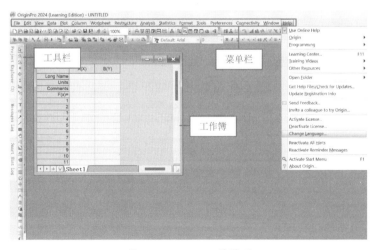

图1-24　Origin工作界面

在打开工作界面后，我们可以选择【Help】菜单下的【Change Language】命令来转换语言，选择命令后会出现如图1-25所示的对话框，在下拉列表框中选择【Chinese】选项，再重新打开Origin程序时，即可转换成中文版界面，如图1-26所示。

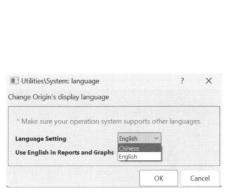

图 1-25　语言转换对话框　　　　　　图 1-26　Origin 中文版界面

温馨提示　为了方便国内用户学习和操作，本书后面的所有讲解都是基于中文版界面进行介绍的。

1.2.2　Origin菜单栏与工具栏

Origin工作界面最上方即为菜单栏，一共提供了16项功能，中文界面菜单对照如图1-27所示。表1-1将详细说明这16项功能。

图 1-27　Origin 菜单栏

表1-1　Origin 菜单功能

菜单功能	释义	菜单功能	释义
文件	文件键，具有新建、打开、关闭、保存和打印文件等功能	分析	分析键，可以进行数据操作、拟合和信号处理等操作
编辑	编辑键，具有复制、粘贴、删除、选择、导入和导出等功能	统计	统计键，可以进行假设检验、方差分析和非参数检验等操作
查看	查看键，具有命令窗口、代码编译器、项目管理器和对象管理器等功能	格式	格式键，可以设置工作簿、工作表和单元格
数据	数据键，具有连接到Excel、HDF、JSON等文件、新建数据库或连接到其他数据库、导入与导出数据的功能	工具	工具键，可以进行X-Function生成和LaTeX拓展等操作
绘图	图表键，包含许多图表的模型，可以根据实验需求选用	设置	设置键，可以设置系统变量、自定义菜单管理器和转移用户文件等

续表

菜单功能	释义	菜单功能	释义
列	列设置键，可以设置X、Y、Z轴的值，显示X列和数据筛选器等功能	连接	连接键，可以连接到MATLAB控制台、R控制台和Python控制台等
工作表	工作表键，可以进行列排序、工作表排序和转换成XYZ数据等操作	窗口	窗口键，可以进行层叠、横向平铺和纵向平铺等操作
重构	重构键，可以合并或拆分工作表	帮助	帮助键，可以查询如何进行编程、如何使用Origin和观看入门视频等

Origin上方的工具栏主要用于进行工作簿或矩阵簿等项目的创建、保存、打印等，而左侧的工具栏主要用于绘图与处理数据，如图1-28所示，使用者可以根据需要进行自定义。工具栏中常用的图标总结如表1-2所示。

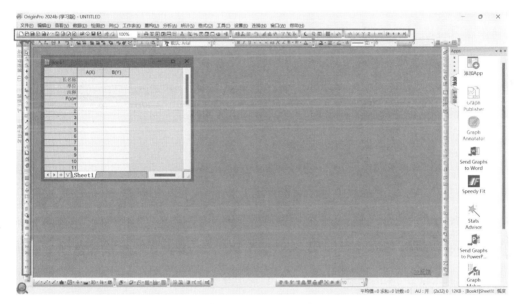

图1-28 Origin工具栏

表1-2 Origin工具栏常用图标释义表

Origin图标	释义	Origin图标	释义
	新建项目，可以关闭项目并创建新的项目		新建图像，可以创建基于默认模板的图像
	新建文件夹，可以在根目录创建新的文件夹		数据高亮显示功能，可以高亮显示数据点及数据表行
	新建工作簿，可以创建新的工作簿		放大—平移工具，可以放大或平移图像或图表，也可以按住键盘中的【A】键来打开放大工具
	新建图，可以创建新的空白图形窗口	T	文本工具，可以添加文本

续表

Origin图标	释义	Origin图标	释义
	新建矩阵，可以创建新的空白矩阵		数据选择器，可以选择一定范围内的数据，单击指示器还原
	新建2D函数图，可以制作2D图形		插入图，可以插入图像
	项目管理器，可以显示或隐藏项目管理器		保存项目，可以保存所创建的项目

1.2.3 自定义Origin工作界面

在Origin中，工作界面可以通过菜单中的选项来设置实现自定义工作界面，共有两种不同的设置方法，下面将具体讲解这两种方法。

方法1：在【设置】菜单中选择【自定义菜单管理器】命令，如图1-29所示。在打开的【自定义菜单管理器-Default（系统）】对话框中根据提示操作，即可自定义工作界面，如图1-30所示。

图1-29 【设置】菜单　　　　　图1-30 【自定义菜单管理器-Default（系统）】对话框

方法2：选择【设置】菜单中的【自定义浮动窗口菜单】命令，如图1-31所示。在打开的【浮动窗口】对话框中勾选自己想要放在工作界面上的功能即可，如图1-32所示。

图1-31 自定义浮动窗口菜单　　　　　图1-32 【浮动窗口】对话框

1.3 Origin 导入与导出

在 Origin 中可以将外部工作表的数据导入 Origin 中,或者从 Origin 中导出数据或图形,下面将介绍几种 Origin 数据的导入和导出方法。

1.3.1 Origin 数据导入

在【数据】菜单中提供了多种数据导入方式,如图 1-33 所示。下面分别讲解各导入命令的具体作用。

- 【连接到文件】命令:选择该命令,可以导入不同格式的文件。
- 【连接到云】命令:选择该命令,可以连接到云文件导入数据。
- 【连接到网页】命令:选择该命令,可以在弹出的对话框中输入网址连接到网页导入数据。
- 【连接到数据库】命令:选择该命令,可以直接连接到数据库导入数据。

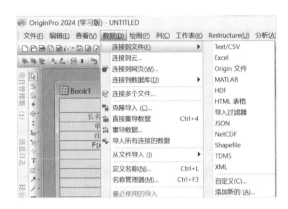

图 1-33 Origin 数据的导入

- 【连接多个文件】命令:选择该命令,可以在弹出的对话框中选择多个文件的数据导入同一个工作簿。
- 【克隆导入】命令:选择该命令,可以使用最近一次数据导入的设置,将新文件导入到新工作表。
- 【直接重导数据】命令:选择该命令,可以使用工作表的最近导入设置和文件路径重新导入相同的数据。
- 【重导数据】命令:选择该命令,可以在对应对话框中显示最近导入的设置和文件路径,以重新导入。
- 【导入所有连接的数据】命令:选择该命令,可以将该工作表所连接的所有数据都导入同一个工作表中。
- 【从文件导入】命令:选择该命令,可以选择不同文件导入。

1.3.2 Origin 工作表数据导出

Origin 工作表数据做好之后可以导出成几种不同形式,导出方法为在【文件】菜单中选择【导出】命令,然后选择需要的数据导出方式即可,如图 1-34 所示。Origin 数据

图 1-34 Origin 数据导出

可以导出为ASCII、Excel、NI TDM（TDM、TDMS）、SQLite、音频（WAV）等10种格式，依照所需导出即可。

> 温馨提示 ⚠ 【导出】菜单中相关命令的作用与含义如下。
> 【ASCII】命令：选择该命令，能够导出ASCII文件，该文件只包含字母、数字及常见符号，常用于传输或储存文本。
> 【Excel】命令：选择该命令，可以导出Excel表格文件。
> 【NI TDM（TDM、TDMS）】命令：选择该命令，可以导出National Instruments TDM和TDMS文件。
> 【SQLite】命令：选择该命令，可以导出SQLite文件，该文件无特定数据类型，适合将数据保存于任何表的任何列中。
> 【音频（WAV）】命令：选择该命令，可以导出音频文件。
> 另外，通过【导出】菜单还可以选择导出PDF文件和图像文件。

1.3.3 Origin矩阵数据导出

在Origin中，通过单击【工作表】菜单，再选择【转换为矩阵】命令，可以把工作表转换为矩阵，进行处理图像或3D图形的绘制，如图1-35所示。在转换完成后，依照1.3.2小节中讲解的数据导出方法将矩阵数据导出即可。

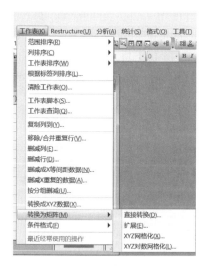

图1-35 将工作表转换为矩阵

> 温馨提示 ⚠ 【转换为矩阵】菜单中相关命令的作用与含义如下。
> 【直接转换】命令：选择该命令，可以将工作表的数据直接转换为矩阵。
> 【扩展】命令：选择该命令，可以通过扩展行或列的方式将工作表转换为矩阵。
> 【XYZ网格化】命令：选择该命令，可以将XYZ轴数据转换为矩阵。
> 【XYZ对数网格化】命令：选择该命令，可以通过对数的方法将XYZ轴数据转换为矩阵。

1.3.4 Origin图形导出

在Origin中还可以将绘制的图形导出，单击【文件】菜单后再选择【导出】命令，然后选择【作为图像文件】命令即可，如图1-36所示。

1.4 Origin 文件管理

Origin工作界面左侧为项目管理器，它与Windows的资源管理器类似，可以用直观的形式显示出项目文件及其组成部分的列表，方便实现各个窗口间的切换。

1.4.1 项目管理器

在创建了多个新的项目后，需要对新的项目进行管理便于日后查看及修改。Origin通常使用一个项目文件来组织管理，它包含一切所需要的工作簿（工作表和列）、图形、矩阵、备注、布局、结果、变量、过滤模板等。

图1-36　图形导出的方法

图1-37　【项目管理器】选项卡

单击工作界面左侧的【项目管理器】选项卡，即可显示项目管理器的内容，如图1-37所示。在【项目管理器】中可以对项目进行显示或隐藏，同时也可以删除不需要的项目。还可以通过以下方法打开或关闭项目管理器。

方法1：执行菜单栏中的【查看】→【项目管理器】命令，如图1-38所示。

方法2：单击上方【标准】工具栏中的【项目管理器】按钮。

方法3：按快捷键【Alt+1】。

在【项目管理器】选项卡中的项目文件夹上右击，将弹出如图1-39所示的快捷菜单，其中主要提供建立文件夹结构和组织管理文件两类功能命令。

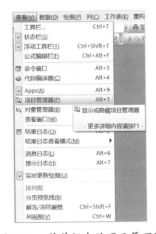

图1-38　菜单栏中的项目管理器

图1-39　快捷菜单

1.4.2 Origin管理Excel文件

Excel文件作为最常用的表格文件，具有强大的数据处理能力，Origin中也经常需要管理Excel文件。在Origin中，Excel文件可以从外部导入再保存至Origin项目文件中。从外部导入的Excel文件会一直与Origin保持关联关系，在Origin中更改或删除Excel文件时，Excel中的文件也会同时被更改或删除，反之亦然。下面将详细介绍如何在Origin中管理Excel文件。

选择【数据】菜单中的【连接到文件】命令，在弹出的下级子菜单中选择【Excel】命令导入Excel文件，如图1-40所示。然后在打开的对话框中选择要导入的文件，这里选择导入"同步学习文件\第1章\素材文件\表格\Excel file managment.xlsx"文件，导入后的效果如图1-41所示。图1-41方框中的按钮即为Origin与Excel表格的【数据连接器】按钮，单击该按钮，会弹出一个下拉菜单，选择其中的命令可以对导入的Excel表格进行管理，如图1-42所示。

图1-40 选择文件并导入　　图1-41 导入Excel文件的新工作表　　图1-42 Excel表格管理对话框

图1-42中各命令的作用介绍如下。

- 选择【数据源】命令，在打开的对话框中可以看到Excel表格的存储路径，如图1-43所示。
- 选择【选择】命令，会打开如图1-44所示的对话框，在对话框中可以选择Excel导入选项，其中【长名称】【单位】和【注释从】三个选项分别有1—10的选项，一般选择默认选项即可。

图1-43 【数据源文件路径】对话框　　图1-44 【Excel导入选项】对话框

- 选择【导入后脚本】命令，会打开如图1-45所示的对话框，可以在其中输入导入数据后运行的LabTalk脚本，更快地管理数据。
- 选择【自动导入】命令，在弹出的下级子菜单中可以选择是否自动导入Excel表格及在什么时候导入，如图1-46所示。

图1-45 【Excel_Connector】对话框

图1-46 【自动导入】选项

- 选择【解锁导入的数据】命令，可以把数据从"只读"状态变为"可编辑"状态。
- 选择【断连工作表】命令，可以暂时断开Excel表格与工作表的连接以编辑图表。
- 选择【删除数据连接器】命令，可以删除数据连接器。
- 选择【显示数据导览】命令，可以显示数据导览工作栏。
- 选择【保存时清除导入数据】命令，可以在保存时清除工作表中导入的数据，我们无需再添加一个新的工作表导入其他数据。
- 选择【通用数据路径】命令，可以设置通用的保存路径。

上机实训：我的第一个Origin图

【实训介绍】

本节实训需要将外部Excel文件的数据导入Origin中，运用Origin制作工作表并将工作表的数据导出为PDF格式。利用实例进行操作，熟悉Origin绘图的操作方法。

【思路分析】

实例操作分为4步，数据导入、制作工作表、查看数据处理结果，以及数据导出。首先我们应将外部Excel文件导入Origin中；然后整理数据制作成工作表；最后将数据导出为PDF格式。

【操作步骤】

步骤01 数据导入。选择【数据】菜单中的【连接到文件】命令，在弹出的下级子菜单中选择【Excel】命令导入Excel文件，然后在打开的对话框中选择要导入的文件，这里选择导入"同步学习文件\第1章\vrn数据文件\表格\上机实训-原始数据工作表.xlsx"文件，导入后的效果如图1-47所示。

图1-47 导入Excel文件

步骤02 制作工作表。在工作表中进行操作、处理及分析数据。这里我们选择【统计】菜单中的【方差分析】命令，在弹出的下级子菜单中选择【单因素方差分析】命令，即可分析数据相关性，如图1-48所示。

步骤03 查看数据处理结果。数据处理完后在页面下方会出现【ANOVAOneWay】选项，即为数据处理结果，如图1-49所示。

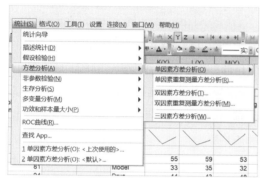

图1-48 数据处理

图1-49 数据处理结果

步骤04 数据导出。选择【文件】菜单中的【导出】命令，在弹出的下级子菜单中选择【作为PDF文件】命令，即可将处理后的结果导出为PDF文件，操作如图1-50所示，导出结果如图1-51所示。

图1-50 选择【作为PDF文件】命令

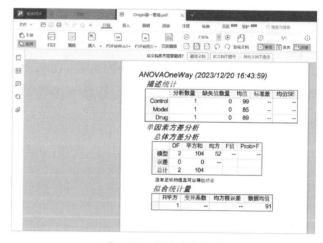

图1-51 文件导出结果

专家点拨

技巧01 ▶ Origin格式的保存与导出技巧

在Origin中处理完数据后可直接保存为Origin格式，在【文件】菜单中选择【保存项目】命令，或按【Ctrl+S】组合键即可将文件保存为"opju"格式，该格式为Origin文件的默认保存格式，如图1-52所示。

此时保存的文件名是原始的文件名，若想将文件以其他名称进行保存，可以选择【文件】菜单中的【项目另存为】命令，即可自定义文件名。

在Origin中导出文件时，需要依照不同文件格式选择不同的导出选项，比如图表可以直接导出为图像文件，工作报表可以直接导出为PDF文件或图像文件，数值数据可以导出为Excel文件。

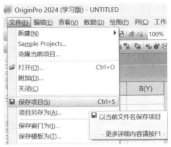

图1-52　Origin文件的保存方法

技巧02　Origin自定义工具栏

Origin中可以自定义工具栏，自定义工具栏可以使我们将自己需要的工具留在工具栏中，还可以删除不需要的工具，使处理数据变得更加方便。自定义工具栏的具体操作步骤如下。

步骤01　选择【查看】菜单中的【工具栏】命令，如图1-53所示。

步骤02　打开【自定义】对话框，默认显示【工具栏】选项卡内容，如图1-54所示，此处即可自定义工具栏。在【工具栏】列表框中选择选项，使工具栏名称前的复选框显示为选中状态，即带有☑标记，即可在工作界面中显示该工具栏；单击取消工具栏名称前面的☑标记，代表不在工作界面中显示该工具栏。

图1-53　自定义工具栏的方法

图1-54　【工具栏】选项卡

步骤03　在【自定义】对话框中，也可以单击【按钮组】选项卡，在其中自定义工具栏中的相关按钮，如图1-55所示，在【组】列表框中选择组选项后，按住【按钮】栏中任意一个按钮并拖放到工作界面上的工具栏中即可。

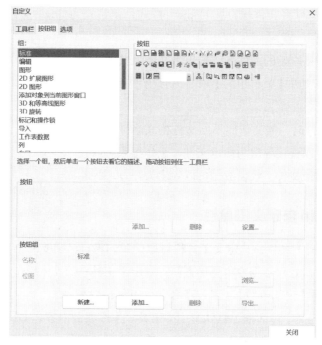

图 1-55　通过按钮组自定义工具栏

本章小结

本章主要介绍了 Origin 的工作界面、Origin 中数据的导入与导出方法、Origin 的文件管理等入门知识。学完本章内容后，读者能够对 Origin 的功能有一个大致的认识，并为后面内容的学习打下基础。

第2章 掌握基础：Origin工作簿与工作表、矩阵簿与矩阵表

【本章导读】

实验数据的保存与处理是实验成功的必要条件。在Origin中，实验数据表格分为工作簿中的工作表和矩阵簿中的矩阵表。本章主要讲解管理和操作Origin工作簿与工作表、矩阵簿与矩阵表，学习完本章内容后，读者能够利用Origin有效管理和保存数据。

2.1 管理Origin工作簿

工作簿是Origin中最常用的数据管理窗口。在Origin中，一个工作簿可以包含1～255个工作表，用于存储各种类型的数据，包括数字、文本、公式等。用户可以在工作表中输入数据，并利用Origin提供的工具进行数据分析和可视化。工作簿还支持对行、列或单元格进行排序、筛选和查找等操作，实现了数据管理和分析的灵活性。在使用Origin进行数据分析、图形绘制等任务时，工作簿提供了一个方便的方式来整理相关的数据和工作。为了更好地理解工作簿，需要充分了解工作簿窗口的结构和功能。本节将围绕"新建与保存工作簿"和"工作簿管理器"来介绍工作簿。

2.1.1 新建与保存工作簿

在Origin中，新建与保存工作簿主要在【文件】菜单中操作。下面将详细讲解新建与保存工作簿的方法。

1. 新建工作簿

运行Origin时会自动新建一个工作簿，其中包含一个工作表。如果需要新建其他工作簿来处理数据，可以通过下面两种方法来实现。

方法1：直接单击【标准】工具栏中的【新建工作簿】按钮 创建一个新工作簿。

方法2：执行【文件】菜单栏中的【新建】→【工作簿】→【构造】命令，弹出【新建工作表】对话框，如图2-1所示。其中有一个【列设定】下拉列表框，可以选择设置列数（X：X列；Y：Y列；Z：Z列；M：X误差；E：Y误差；N：忽略；G：组；S：观察对象），如图2-2所示。例如，2（XY）就代表有两个X列和两个Y列。在【新建工作表】对话框的左下方有一个【添加到当前工作

簿】复选框，若勾选该复选框则将新工作表添加至原工作簿中，若取消勾选则新建一个工作簿。

图2-1 【新建工作表】对话框

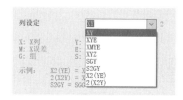

图2-2 【列设定】选项

2. 保存工作簿

保存工作簿的操作方法有以下两种。

方法1：选择【文件】菜单中的【保存项目】命令，如图2-3所示。在弹出的【另存为】对话框中，对文件名进行命名，然后单击【保存】按钮，即可成功保存工作簿，如图2-4所示。

方法2：直接按快捷键【Ctrl+S】，也可以对工作簿进行快速地保存操作。

图2-3 【文件】下拉菜单

图2-4 【另存为】对话框

2.1.2 工作簿管理器

工作簿管理器以树结构的形式提供了所有存放在工作簿中的信息。

单击工作簿下方的【显示管理器】按钮▽（【隐藏管理器】按钮△），可以打开【工作簿管理器】窗格，如图2-5所示。【工作簿管理器】窗格分为左、右两个面板，当选择左面板中的某一对象时，在右面板中就会显示该对象的相关信息，我们可以进行重命名工作簿、添加工作表、删除工作簿或工作表等操作。

图 2-5 【工作簿管理器】窗格

2.2 管理 Origin 工作表

工作表可以用来存储数据并进行数据分析,它能够更好地帮助我们处理和理解科学数据。管理 Origin 工作表是处理数据的基本操作,本节将围绕"新建与命名工作表"和"管理与操作工作表"来介绍如何管理 Origin 工作表。

2.2.1 新建与命名工作表

新建工作表可以通过单击工作簿下方的【添加新工作表】按钮 + 来实现,每单击一次就可以添加一个新的工作表。

双击工作簿下方的工作表标签,在弹出的修改名称的文本框中输入新名称,即可修改工作表命名,如图 2-6 所示。

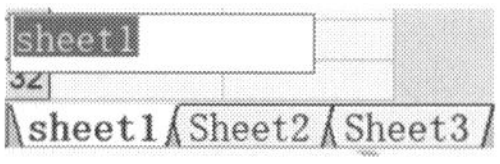

图 2-6 修改工作表命名

2.2.2 管理与操作工作表

在 Origin 中,为了使数据结构更加清晰,便于查找和使用,一般会通过管理工作表来提高工作效率,减少在大量数据中搜索的时间。我们还可以对重要的工作表进行单独的备份和保护,防止数据丢失或被误修改,从而提高数据的安全性。Origin 管理工作表包括对工作表的保护、共享与高级管理。在 Origin 中,可以设置工作表的访问权限,确保只有授权人员能够进行修改和查看。同时,Origin 还支持将工作表导出为多种格式,方便与其他软件或团队成员进行共享和协作。

Origin 的高级管理能够支持用户设置工作表的默认格式和样式,以便在创建新工作表时自动应用这些设置。此外,Origin 还支持批量处理工作表,如批量重命名、批量修改数据等,进一步提高管理效率。

下面将详细介绍如何管理工作表。在Origin中管理工作表主要涉及工作表的基本操作、数据筛选和设置工作表的数据格式等方面。

1. 工作表的基本操作

在Origin中，工作表的基本操作包括查看工作表表头、参数设置与工作表的操作等内容，下面将详细讲解操作工作表中数据的方法。

（1）查看工作表表头

在左上角空白处或工作表空白区域右击，在弹出的快捷菜单中选择【视图】命令，在弹出的下级子菜单中可以查看工作表中的各种表头，如图2-7和图2-8所示。选择需要的表头即可进行工作表表头的相关设置与操作。

图2-7　工作表左上角快捷菜单

图2-8　工作表空白区域快捷菜单

（2）参数设置

工作表的参数设置也是常用的相关技能，下面对【用户参数】【采样间隔】【迷你图】和【筛选器】进行介绍。

①【用户参数】：主要是保存实验条件或实验参数，读者可以根据需要选择是否显示这些参数，也可以在表头部分右击，在弹出的快捷菜单中选择【插入】→【用户参数】命令来实现设置，如图2-9所示。

②【采样间隔】：能够在数据量巨大的工作表中减少数据量。在快捷菜单中选择【视图】→【采样间隔】命令后，工作表中会新增一行【采样间隔】表头，如图2-10所示。双击【采样间隔】行的表格，会弹出【设置采样间隔: colint】对话框，如图2-11所示，在该对话框中可以设置采样间隔的参数。

图2-9　【用户参数】命令

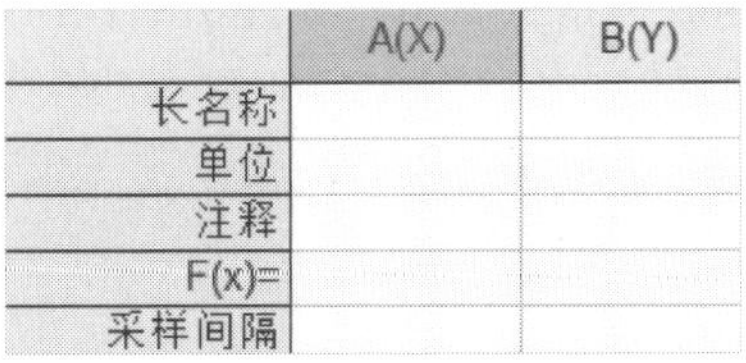

图 2-10 【采样间隔】表头 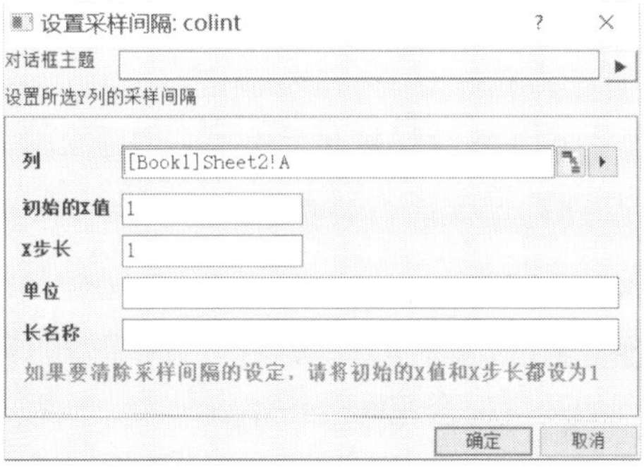　　　　图 2-11 【设置采样间隔：colint】对话框

> **温馨提示** ⚠ 在【设置采样间隔：colint】对话框中，【单位】和【长名称】可以根据需要填写。

③【迷你图】：是可以显示本列数据的图形，便于观察数据趋势。在快捷菜单中选择【视图】→【迷你图】命令，工作表中会新增一行【迷你图】表头，如图 2-12 所示。双击【迷你图】行的表格，会弹出【添加/更新迷你图：sparklines】对话框，如图 2-13 所示。在该对话框中可以设置迷你图的参数，其中，【绘图类型】下拉列表框中提供有【线条】【直方图】和【箱线图】选项，可以单击【选项】按钮展开该栏后进行【行高度（百分比）】调节、【保持纵横比】【隐藏标注】【显示始末点】等相关设置操作。

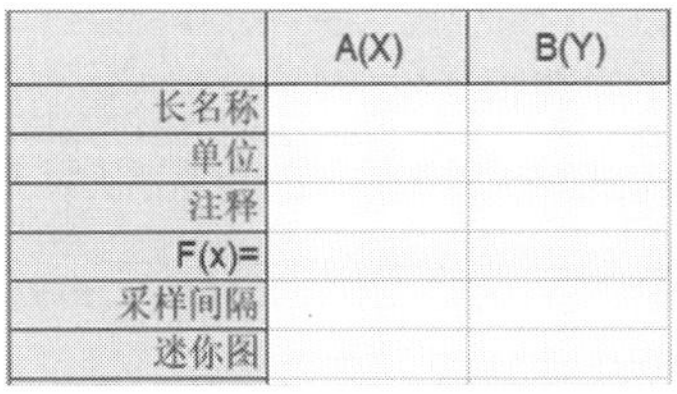

图 2-12 【迷你图】表头 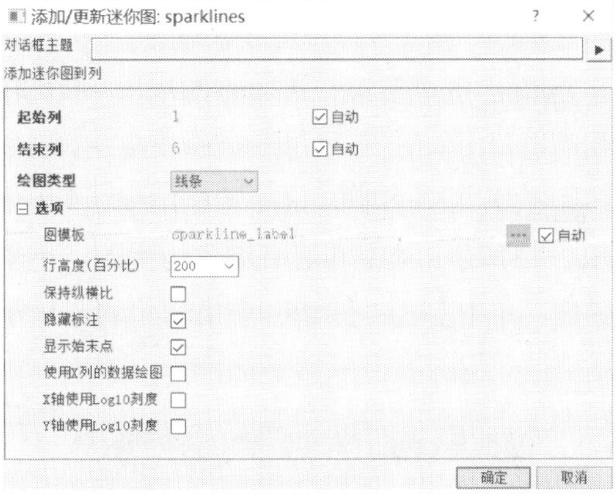　　　　图 2-13 【添加/更新迷你图：sparklines】对话框

④【筛选器】：是 Origin 软件中的一个重要工具，它能够从大量数据中筛选出符合特定条件的数据点，设定的筛选条件可以是基于数据的值、范围、是否包含特定文本等，以便进行进一步的数据分析和绘图。

在 Origin 中，确保已经打开了一个包含数据的项目或工作表，执行菜单栏中的【列】→【数据筛选器】子菜单下的相关命令，即可使用【筛选器】筛选数据。

（3）工作表的操作

工作表的操作分为在工作簿中添加工作表、复制工作表、删除/移动工作表、表/列/行的选定。

①在工作簿中添加工作表。在默认工作表的下方单击【添加新工作表】按钮+，即可在工作簿中添加新工作表。

②复制工作表。复制工作表的操作步骤如下。

步骤01 单击选中需要复制的工作表标签，然后在工作表标签上右击，在弹出的快捷菜单中选择【复制】命令。

步骤02 在合适的位置右击，在弹出的快捷菜单中选择【粘贴】命令，即可生成一个新的、与原工作表内容完全相同的工作表。

③删除/移动工作表。删除工作表：单击选中需要删除的工作表标签，然后在工作表标签上右击，在弹出的快捷菜单栏中选择【删除】命令即可删除工作表。移动工作表：在工作表标签上按住鼠标左键拖动即可移动工作表。通过此操作可以调整工作表的顺序。

④表/列/行的选定。在Origin中，单击表名或表标签可以快速选定整个工作表，此时工作表中的所有数据都将被高亮显示，表示已被选定。单击列/行标题可以选择一列或一行数据，选中的列/行会以不同的颜色或样式进行高亮显示。选定列/行后，我们可以对该列/行进行各种操作，如修改数据、应用函数、调整格式等，我们也可以方便地对这些列/行进行删除、插入、复制或移动等操作。

2. 数据筛选

在Origin中，通过数据筛选往往能够提高数据分析效率，增强数据可视化效果。

通过以下步骤可以进行数据筛选。

步骤01 选中要进行筛选的工作表。执行菜单栏中的【列】→【数据筛选器】→【添加或移除数据筛选器】命令，工作表中就会出现一行筛选器，如图2-14所示。

步骤02 筛选数据。选择特定的列，然后双击单元格，会弹出【自定义数据筛选器】对话框，如图2-15所示，在其中设置条件为大于、小于、等于某个值，或者在一定范围内等，设置好筛选条件后，单击【确定】按钮，工作表中将只显示满足筛选条件的数据。

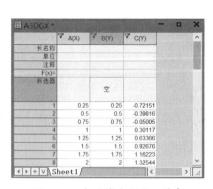

图2-14 出现筛选器的工作表

图2-15 【自定义数据筛选器】对话框

通过以上方法，可以在Origin中灵活地进行数据筛选，以满足不同的数据分析需求。

3. 设置工作表的数据格式

在工作表中，我们可以设置工作表的数据格式。选中想要设置格式的行或列，右击，在弹出的快捷菜单中选择【单元格格式】命令，在弹出的【单元格格式】对话框中即可设置数据格式，如图 2-16 所示。

图 2-16 【单元格格式】对话框

> 温馨提示 ⚠ 在【单元格格式】对话框中，【省略】下拉列表框中可以选择省略形式，分为【###】【…】和【无省略】三种形式；在【格式】下拉列表框中可以选择【文本&数值】或【时间和日期】选项；在【显示】下拉列表框中可以选择【十进制：1000】或【科学记数法】来显示数据。

2.3 矩阵簿与矩阵表

矩阵是 Origin 中另一个重要的数据结构，主要用于绘制 3D 轮廓图和表面图。在 Origin 中，矩阵簿专门用于存储矩阵表，矩阵簿是容纳多个矩阵表的容器，而矩阵表是具体存储数据的表格，用户可以在一个矩阵簿中新建多个矩阵表以满足不同的数据处理需求。本节将介绍矩阵簿和矩阵表的基本操作。

2.3.1 矩阵簿的基本操作

矩阵簿默认以 MBookN 命名，矩阵表则以 MSheetN 命名，名称中的 N 代表矩阵簿和矩阵表的序号。在【标准】工具栏中单击【新建矩阵】按钮即可新建矩阵簿。

如果需要将一个矩阵簿中的矩阵表移至另一个矩阵簿中，可以单击矩阵表的标签或边框，选中目标矩阵表，然后按住鼠标左键不放拖动矩阵表，将其移动到新的位置。在拖动过程中，Origin 会实时显示矩阵表的新位置，确保我们可以准确地将其放置到期望的位置上。

若用鼠标左键按住该工作表标签并同时按住【Ctrl】键，再将该工作表拖曳到目标矩阵簿中，则可将该矩阵表复制到目标矩阵簿中。

如果需要用一个矩阵簿中的矩阵表来创建新矩阵簿，可以用鼠标左键按住要移动的矩阵表标签，再将该矩阵表拖曳到 Origin 工作界面中的空白处，即可创建一个包含该矩阵表的新矩阵簿。

2.3.2 矩阵表的基本操作

矩阵表的基本操作与管理方式与工作表相类似。下面将简要介绍矩阵表的基本操作，以帮助读者更好地利用Origin进行数据处理和图形绘制。

1. 在矩阵簿中新建、复制、重命名或插入矩阵表

在矩阵簿中单击【添加新矩阵表】按钮 +，即可在原来的矩阵簿中新建矩阵表。复制、重命名或插入矩阵表则需要在矩阵表的标签上右击，在弹出的快捷菜单中选择相关命令进行操作，如图2-17所示。

2. 矩阵转置

矩阵转置是将矩阵的行和列进行互换。执行菜单栏中的【矩阵】→【转置】命令，会弹出【转置：mtranspose】对话框，如图2-18所示，在该对话框中进行相关参数的设置后，可以实现矩阵的转置。

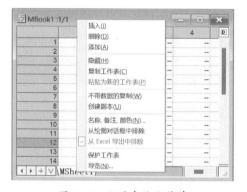

图 2-17　矩阵表快捷菜单

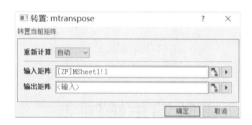

图 2-18　【转置：mtranspose】对话框

3. 矩阵旋转

在Origin中，可以对矩阵进行一定角度的旋转。执行菜单栏中的【矩阵】→【旋转90】命令，在下级子菜单中可以选择【逆时针90】【逆时针180】【顺时针90】命令，如图2-19所示，即可实现矩阵的旋转操作。

4. 矩阵翻转

矩阵翻转包括水平翻转和垂直翻转两种类型。执行菜单栏中的【矩阵】→【翻转】→【水平】或【垂直】命令，如图2-20所示，即可实现矩阵的水平翻转或垂直翻转。

图 2-19　【旋转90】子菜单

图 2-20　【翻转】子菜单

5. 矩阵扩展／收缩

矩阵扩展可以在需要增加数据点或分辨率时使用，如在进行图像插值或数据平滑处理时。执行菜单栏中的【矩阵】→【扩展】命令，会弹出【扩展：mexpand】对话框，如图 2-21 所示，在该对话框中进行相关参数的设置后，可以实现矩阵的扩展。

矩阵收缩则可以用于减少数据量，或者在特定的数据分析中去除一些不必要的数据点。执行菜单栏中的【矩阵】→【收缩】命令，会弹出【收缩：mshrink】对话框，如图 2-22 所示，在该对话框中进行相关参数的设置后，可以实现矩阵的收缩。

图 2-21 【扩展：mexpand】对话框　　　　图 2-22 【收缩：mshrink】对话框

6. 矩阵表的管理

在 Origin 中，矩阵表的管理在矩阵簿窗口中进行。与工作表类似，单击矩阵簿下方的【显示管理器】按钮▽（【隐藏管理器】按钮△），可以打开【矩阵簿管理器】窗格，如图 2-23 所示。在矩阵簿管理器中可以对矩阵表进行管理与编辑，在该管理器中能够对数据表及其视图模式等进行编辑。

图 2-23 【矩阵簿管理器】窗格

上机实训：从Excel中导入数据绘图并生成图片格式

【实训介绍】

本节实训需要将数据从Excel中导入Origin中并进行绘图，然后将图片保存为PNG格式。利用实例进行数据导入和绘图操作，读者学习完后可以掌握Origin基本的数据导入与绘图操作。

【思路分析】

本次实训可分为三个步骤：首先，将数据从Excel导入Origin的工作表中；其次，利用Origin的绘图功能，将数据绘制成图形；最后，将绘制的图形导出并保存为PNG格式。

【操作步骤】

步骤01 数据导入。选择【数据】菜单中的【连接到文件】命令，在弹出的下级子菜单中选择【Excel】命令，如图2-24所示。然后根据提示导入Excel数据文件，这里选择导入"同步学习文件\第2章\数据文件\表格\上机实训\原始数据工作表.xlsx"文件，原始数据工作表如图2-25所示。

图2-24 选择文件并导入

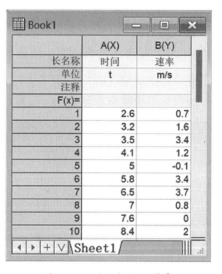

图2-25 原始数据工作表

步骤02 选择【绘图】菜单中的【样条图】命令，将自动绘制图形，效果如图2-26所示。

步骤03 执行【文件】菜单中的【导出图】命令，弹出【导出图：expG2img】对话框，在【图像类型】下拉列表框中选择【PNG】格式导出，设置好【文件路径】，将【DPI】调至【1200】。设置好相关参数后，单击【确定】按钮，即可生成PNG格式的图片，如图2-27所示。

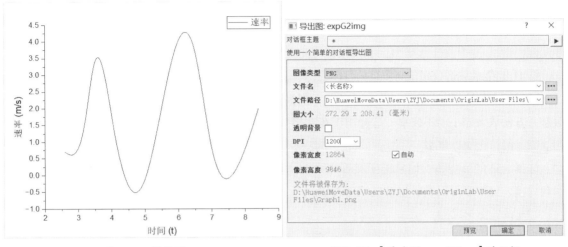

图 2-26 样条图　　　　　　图 2-27 【导出图：expG2img】对话框

专家点拨

技巧 01　Origin 工作表中的数据输入与整理技巧

在 Origin 中，工作表数据的输入与整理是数据分析的重要一步。下面将简单介绍一些小技巧。

（1）通过复制或导入功能快捷输入数据

可以直接从文本文件、Excel 文件等外部数据源复制数据，然后粘贴到 Origin 工作表中。也可以使用数据导入功能，快速将各种格式的数据文件导入工作表。

（2）利用数据模板快速创建工作表

如果经常处理特定类型的数据，可以创建一个数据模板，包括列标题、格式设置等。在输入新数据时，可以直接基于模板创建新的工作表，提高效率。

（3）使用数据排序与筛选快速整理数据

使用 Origin 的排序和筛选功能，可以快速整理数据。例如，按照某一列的数据进行升序或降序排列，或者根据特定条件筛选出需要的数据。

技巧 02　Origin 图形导出设置

当我们在 Origin 中完成了图形绘制后，下一步至关重要的就是将其导出以便在其他场合使用。下面将从三个方面简单介绍图形导出设置的技巧。

（1）选择合适的文件格式

将 Origin 中绘制完成的图形进行导出时，一般可以选择以下四种格式。

① PNG 格式：适用于需要透明背景的图形，图像质量较高，文件大小相对较小。在网页设计、

演示文稿等场景中经常使用。

②JPEG 格式：如果对图像质量要求不是特别高，并且希望文件较小，可以选择 JPEG 格式。但要注意，JPEG 是有损压缩类型，多次保存可能会导致图像质量下降。

③TIFF 格式：适合用于高质量的打印输出，支持无损压缩，图像质量非常高，但文件通常较大。

④PDF 格式：具有跨平台性，可以在不同操作系统和软件中查看，并且可以保留图形的矢量信息，方便放大缩小而不失真。适合用于在文档中插入图形。

（2）调整图像分辨率

选择合适的分辨率，如果用于屏幕显示，分辨率可以设置为150DPI—200DPI。如果用于学术期刊投稿，分辨率可以设置为300DPI或更高。

（3）设置图形尺寸

可以根据具体需求设置图形的宽度和高度。如果要在特定尺寸的文档中插入图形，确保图形尺寸与文档相匹配。在调整图形尺寸时，建议保持宽度和高度的比例不变，以避免图形变形。

本章小结

本章详细阐述了工作簿与工作表、矩阵簿与矩阵表的操作与管理技巧，同时探讨了图形导出的设置方法。通过学习本章内容，读者能够熟练运用工作表或矩阵表处理实验数据，并可以将绘制完成的图形导出为所需的格式。

第3章 绘图技巧：Origin绘图基础

【本章导读】

Origin作为一款强大的绘图软件，其绘图功能既灵活又全面，能够满足多种学术论文的绘图需求。无论是二维还是三维数据曲线图，Origin都能轻松应对。本章介绍了Origin绘图的基础知识，包括页面、图层、图形、坐标轴和图例等核心概念，帮助读者快速掌握Origin的绘图技巧。

3.1 Origin绘图简介

通过前面两章内容的学习，相信读者已熟悉了Origin的工作界面和基本操作。接下来我们将进一步学习Origin绘图的一些关键概念。

3.1.1 绘图的基本操作

在开始绘图前，首先需要将数据导入Origin中。Origin能够支持Excel、XML文件数据导入，可以使用工具栏中对应的按钮 来导入。导入后，数据会呈现在表格中。一般情况下，默认第一列为X轴，第二列为Y轴。如果有需要可以继续插入第三列、第四列等，选中任意列，并在其上右击，即可弹出如图3-1所示的快捷菜单，选择【插入】命令，即可成功插入新的数据列。

图3-1 快速菜单

如果需要直接添加新的绘图，则可以直接执行菜单栏中的【文件】→【新建】→【图】命令，如图3-2所示。

图3-2　选择菜单命令

3.1.2 页面/图层/图形简介

在Origin中，图形的形式各式各样，但点、线、条依旧作为三种最基本的图形。在同一个图形中，各个数据点可以对应一个或多个坐标轴体系。

图形窗口的基本元素包括页面、图层、图形等。

（1）页面。每个图形窗口包含一个编辑页面，这是绘图的背景，通常指图形窗口内的白色区域。页面包括图层、坐标轴、文本和数据图等必要元素。每个图形窗口至少包含一个图层。

（2）图层。一个典型的图层包含三个元素：坐标轴、数据图及与之相关的图例或文本。图层之间可以建立连接关系，便于统一管理。用户可以移动坐标轴、图层或调整图层大小。当图形页面包含多个图层时，对页面窗口的操作仅作用于活动图层。

（3）图形。每个图形都由页面、图层、坐标轴、文本和数据曲线构成。单层图包括一组XY坐标轴（三维图为XYZ坐标轴）、一个或多个数据图，以及相应的文字和图形元素。一个图形可以包含多个图层。

3.1.3 图形坐标轴与图例

在Origin中，二维图层和三维图层在坐标轴方面存在一些差异。二维图层具有一个XY坐标轴系，在默认情况下仅显示底部X轴和左边Y轴，通过设置可完全显示4边的轴，双击坐标轴，在弹出的【Y坐标轴-图层1】对话框中就可以进行设置，如图3-3所示。三维图层具有一个XYZ坐标轴系，与二维图层相似，在默认的情况下也仅显示底部X轴、Y轴和左边的Z轴，并没有完全显示，同样通过设置也可以完全显示6边的轴。

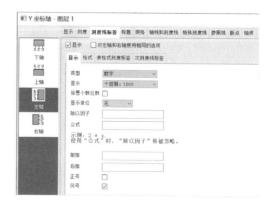

图3-3　【Y坐标轴-图层1】对话框

在 Origin 中，图例（Legend）是对其图形符号的说明。在默认情况下，图例所展示的内容为工作簿中的列名（长名称）。如需修改图例，可以通过修改列名从而修改图例的符号说明。

右击图例，在弹出的快捷菜单中选择【属性】命令，会弹出【文本对象-Legend】对话框，可以对图例进行设置，如图3-4和图3-5所示。

在图例的【文本对象-Legend】对话框中，可以对图例中的文本、符号、边框、位置等进行调整，还可以对文字说明进行特殊设置，如背景、旋转角度、字体类型、字体大小、粗斜体、上下标等。

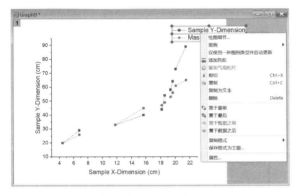

图 3-4　图例的设置

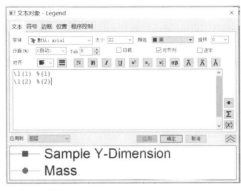

图 3-5　【文本对象-Legend】对话框

3.1.4 添加文字和绘制图形对象

一般情况下，我们需要在图层中添加文字和绘制图像，下面将对这部分内容进行详细讲解。

1. 添加文字

在需要添加文字的图层上，右击【页面】命令，在弹出的快捷菜单中选择【添加文本】命令，如图3-6所示。在弹出的文本输入框中输入需要添加的文字，输入结束之后，单击空白处即可。

也可以在【迷你】工具栏中单击【文本工具】按钮 T，也会显示出如上述步骤中所弹出的文本输入框，其余步骤相同，如图3-7所示。

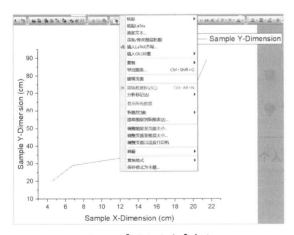

图 3-6　【添加文本】命令

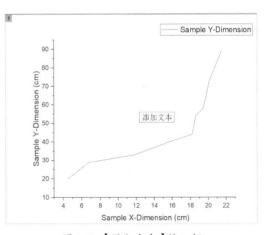

图 3-7　【添加文本】输入框

> 温馨提示 ⚠ （1）在文本框中输入文字结束后，双击文字可再次进行编辑。
> （2）单击选中文本框，可以任意拖动文本框至图中的其他位置。

2. 绘制图形对象

在Origin中，提供了两种方法来绘制图形对象，每种方法都有其独特的优势和应用场景。具体方法如下。

方法1：基于工作表数据绘图。

基于工作表数据绘图，能够更便捷地管理数据。Origin的工作表可以快速地输入、编辑和管理数据。当我们直接在工作表中进行数据的修改、添加和删除操作时，可以直接反映到通过这种方法绘制的图形中。不仅如此，该方法还支持多种数据格式，包括数值、文本、时间等，满足不同类型数据的处理需求。此外，还能够灵活地处理数据，包括可以进行各种数学运算和函数处理，并进行数据筛选和排序，以便突出特定的数据范围或按照特定的顺序展示数据。

步骤01 导入并设置数据列类型，确保数据的准确性和兼容性。

步骤02 选择需要绘图的数据列，这是创建图表的基础。

步骤03 利用菜单栏中的相应绘图模板，快速生成图表，提高工作效率。

方法2：使用图表绘制对话框绘图。

使用图表绘制对话框来绘图，允许忽略工作表中数据列的默认类型，为其重新指定类型，增加了灵活性。这种方法可以从多个工作簿、工作表或数据列中选取数据，为复杂的数据分析提供了便利。

步骤01 导入并选中数据，在工作表中选择要绘制的数据列，并进行相应的设置。

步骤02 执行菜单栏中的【绘图】命令，利用菜单栏中的相应绘图模板，快速生成图表。

步骤03 根据需求添加数据标签和误差棒。

3.1.5 添加数据标签和误差棒

在绘图过程中，添加数据标签和误差棒能够增强数据的可读性，并突出关键数据点，更便于进行数据交流和解释。

1. 添加数据标签

数据标签能够直接显示具体的数据值，帮助读者快速准确地了解每个数据点的数值信息。无需通过读取坐标轴刻度来估计数据点的值，大大提高了数据的可读性。

添加数据标签的具体步骤如下。

选中图表中的数据点，双击打开【绘图细节-绘图属性】对话框，勾选【启用】复选框，从【标签形式】下拉列表框中选择自己所需的标签类型，最后单击【确定】按钮，即可完成数据标签的添加，如图3-8所示。

图 3-8　添加数据标签设置

2. 添加误差棒

添加误差棒，可以帮助读者比较不同数据组之间的差异。如果两个数据组的误差棒不重叠，可以表明它们之间存在显著差异，并能够直观表示数据不确定的范围。

添加误差棒的具体步骤如下。

在 Origin 中导入需要处理的数据，如表中有 3 列数据，其中第 3 列数据为误差。选中第 3 列数据，右击，在快捷键菜单中选择【属性】命令，随后会出现【列属性】对话框，在【选项】栏中单击【绘图设定】下拉列表框，然后选择自己需要的误差棒设定，最后单击【确定】按钮，即可完成添加误差棒的设置。操作如图 3-9 和图 3-10 所示。

图 3-9　执行【属性】命令

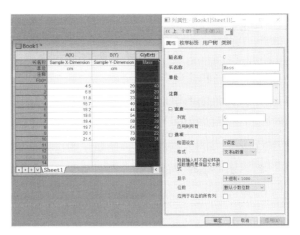

图 3-10　添加误差棒的设置

3.1.6　图层对象管理

在 Origin 中，利用图层对象管理器能够操作图层和绘图，Origin 的图层对象管理器为用户提供了强大的图层和绘图操作功能。

通过选择图形窗口中的对象，可以在对象管理器中对其进行高亮显示和管理。图层对象管理设置允许用户更精细地控制图层的显示和隐藏，以及绘图对象的属性。具体的操作步骤如下：

步骤01 在图形窗口中选择任何绘图对象（如图层、绘图组或曲线），相应的项目将在【对象管理器】中高亮显示 1 2 3 4。

步骤02 在【对象管理器】中选择对应数字标签项，相应的对象将在图形窗口中高亮显示，右击即可显示如图3-11所示的图层对象管理设置。

步骤03 在【对象管理器】中，选中第1层的复选框以隐藏此绘图。

步骤04 再次右击第1层的高亮窗口处，选择【隐藏图层】命令，隐藏名为【Effect of Depth to Tile Drain】的轨迹，就会再次进行全部显示。

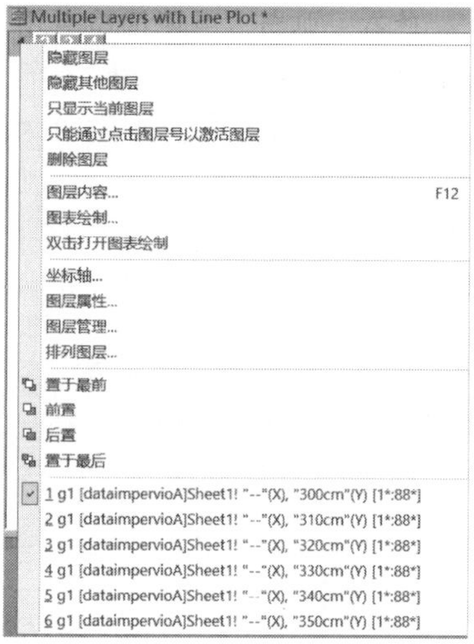

图 3-11　图层对象管理设置

3.2 Origin 图层设置

在 Origin 中，图层是构建复杂图形的基本单元，一个图形至少有一个图层，图层的标记在图形窗口的左上角用数字显示，当前图层的标记以深色显示 1 2。

3.2.1 选择和管理当前图层

图层是由一组坐标轴组成的Origin对象，一个图形窗口可以包含121个图层。通过单击图层标记，可以轻松选择和管理当前图层。

用鼠标单击图层标记，可以选择当前的图层；通过执行菜单栏中的【查看】→【显示】→【图层图标】命令，可以打开如图3-12所示的选择菜单命令，可显示或隐藏图层图标。在图形窗口中，对数据和对象的操作只能在当前图层中进行。

3.2.2 通过【图层管理器】添加图层

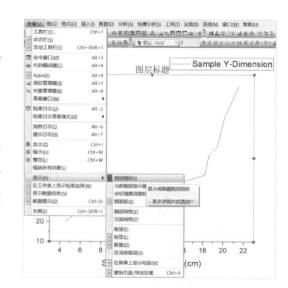

图 3-12　选择菜单命令

通过【图层管理器】添加图层的操作步骤如下。

步骤01 在图形窗口中，执行菜单栏中的【图】→【图层管理】命令，可以打开如图3-13所示的【图层管理】对话框。

步骤02 在【图层管理】对话框中,可以添加新的图层,同时也可以排列图层,对图层的大小、位置等进行设置。

步骤03 在【添加】选项卡中,可以在【类型】下拉列表框中选择需要添加图层的类型,如图3-14所示,此外,还可以对X刻度、Y轴标度进行选择。

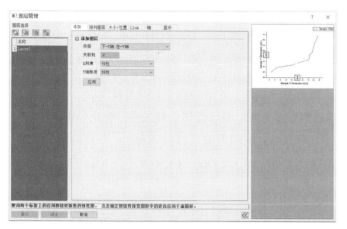

图3-13 【图层管理】对话框　　　　　　图3-14 【类型】下拉列表

3.2.3 通过【新图层(轴)】命令添加图层

执行菜单栏中的【插入】→【新图层(轴)】命令,则出现如图3-15所示的【新图层(轴)】下拉菜单,通过选择即可直接添加需要包含的相应坐标轴的新图层。

另外,执行菜单栏中的【插入】→【新图层(轴)】→【打开对话框】命令,会弹出如图3-16所示的【新图层(轴):layadd】对话框,在该对话框中,用户可以根据需要自定义设置新图层,单击【确定】按钮后,即可添加新的图层。

图3-15 【新图层(轴)】下拉菜单　　　　图3-16 【新图层(轴):layadd】对话框

3.2.4 通过【图形】工具栏添加图层

在【图形】工具栏中，包含添加相应图层的按钮，如图3-17所示。只需在图形窗口中单击相应的按钮，即可迅速添加所需的图层，极大地提高了绘图效率。相关按钮含义与作用如下。

图3-17 【图形】工具栏

（1）（下-X轴 左-Y轴）：这一功能允许在当前图形窗口中快速添加一个新图层，新图层的X轴位于底部，Y轴位于左侧。这种图层设置适用于大多数基本的二维图形展示。

（2）（上-X轴）：此选项用于在当前图形窗口上方添加一个新的关联图层，该图层的X轴位于顶部，而Y轴则隐藏。这种图层设置适用于需要展示额外数据系列或进行对比分析的场景。

（3）（右-Y轴）：通过这一功能，用户可以在图形窗口的右侧添加一个新的关联图层，其Y轴显示于右侧，而X轴则隐藏。这种图层设置对于展示不同量纲或需要不同Y轴刻度的数据系列尤为有用。

（4）（上-X轴 右-Y轴）：这一选项允许在图形窗口的上方和右侧同时添加一个新的关联图层，其X轴位于顶部，Y轴位于右侧。这种图层设置特别适用于需要同时展示多个数据系列并进行对比分析的复杂图形。

（5）（添加嵌入图形）：通过这一功能可以轻松地将一个关联的嵌入图层添加到当前图形窗口中。这个嵌入图层的特点是X轴位于底部，Y轴位于左侧。这种图层设置使得数据展示更加直观和方便。

（6）（添加嵌入图形（含数据））：除了基本的嵌入图形功能外，Origin还提供了添加现有数据的嵌入图层选项。这一功能允许用户在图形窗口中直接添加一个包含数据的关联嵌入图层，其X轴位于底部，Y轴位于右侧。这种图层设置可以在一个图形中同时展示数据和图形，提高数据分析和展示的效率。

通过灵活运用【图形】工具栏中的这些图层添加功能，用户可以轻松构建出复杂而美观的图形，从而更好地呈现和分析数据。

3.2.5 通过【合并图表】对话框创建多层图形

在Origin中，可以通过【合并图表】功能来创建复杂的多层图形。在当前图形窗口中，选择菜单中的【图】→【合并图表】命令，会弹出如图3-18所示的【合并图表: merge_graph】对话框。在该对话框中，可以对排列设置、间距、页面设置等参数进行设置，从而创建一个新的多层图形，这种方式可以将复杂的图形简单化。

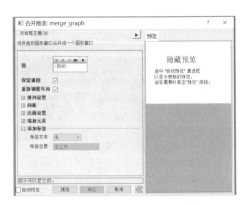

图3-18 【合并图表: merge_graph】对话框

总之，通过掌握Origin中的绘制图形对象和图层管理功能，用户可以轻松创建出美观且功能丰富的数据图表，为科研和数据分析工作提供有力支持。

上机实训：科学绘图并调整坐标、图例等对象

【实训介绍】

在本次实训中，将学习如何在Origin中对已绘制好的图形进行坐标、图例等对象的调整。

【思路分析】

实训操作主要包括三个步骤：数据导入、绘制图形，并调整坐标轴、图例等。首先，导入数据文件，绘制出图形；然后进一步对图形的坐标轴、图例等进行修改，最后绘制出美化后的图形。

【操作步骤】

步骤01 数据导入。在Origin中，导入"同步学习文件\第3章\数据文件\Book1.opju"文件。

步骤02 选中"Book1.opju"数据文件中的A(X)、B(Y)数据列，执行菜单栏中的【绘图】→【基础2D图】→【折线图】命令，即可绘制出如图3-19所示的折线图。

步骤03 对折线图进行美化，单击图例将图例移到数据图中合适的位置。在图例文本上右击鼠标，在弹出的快捷菜单中选择【属性】命令，即可弹出如图3-20所示的【文本对象-Legend】对话框，在【文本】选项卡下将【大小】调整为【24】（默认为22），【字体】调整为【宋体】（默认为Arial）。

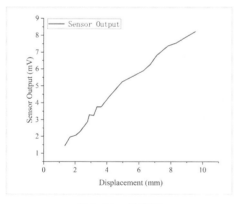

图3-19 折线图

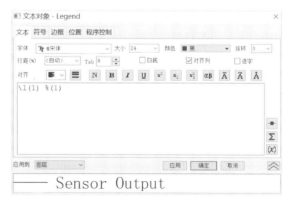

图3-20 【文本对象-Legend】对话框

步骤04 单击X轴和Y轴的坐标，将字体调整为【Times New Roman】，字号大小为【22】，如图3-21所示，在该编辑栏中还可以对坐标字体进行加粗、斜体、更改字体颜色等操作。

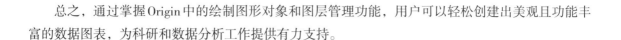

图3-21 字符编辑栏

步骤05 双击X轴或Y轴会弹出如图3-22所示的【X坐标轴-图层1】或【Y坐标轴-图层1】对话

框,在【显示】选项卡下,勾选【显示上轴】和【显示右轴】复选框,美化后的图形如图3-23所示。

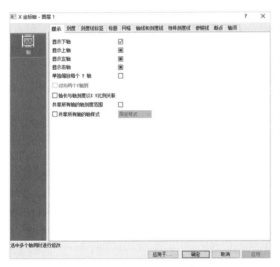

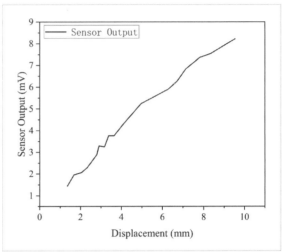

图 3-22 【X 坐标轴-图层 1】对话框　　　　图 3-23 美化后的折线图

专家点拨

技巧 01　Origin 绘图快捷键技巧

在 Origin 中,许多图形设置功能都提供了快捷方式,这些快捷方式可以帮助用户更快速地完成图形设置,提高绘图效率。以下是部分图形设置功能及其对应的快捷键方式。

(1) Ctrl+N:新建工作簿。

(2) Ctrl+O:打开项目文件。

(3) Ctrl+A:全选当前工作表数据。

(4) Ctrl+S:保存当前项目。

(5) F2:打开【绘图细节】对话框。

(6) Ctrl+Tab:在当前文件夹下切换窗口。

(7) Ctrl+U:打开【选项】对话框。

(8) Ctrl+D:在最后一列后添加新列。

(9) Ctrl+Q:打开【设置列值】对话框。

(10) Ctrl+G:打开【导出图形】向导。

技巧 02　图形元素的选择技巧

在选择图形元素的时候,利用模板主题绘图可以大大提高效率。这种方法很适合多次绘制同类型的图，能够节约绘图的时间。

模板的使用方法有很多，下面将介绍一种比较常见的模板的使用方法，具体的操作步骤如下。

步骤01 首先做好一张空白的图，右击，在快捷菜单中选择【保存格式为主题】命令，会弹出如图3-24所示的【保存格式为主题】对话框。

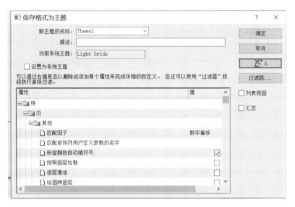

图 3-24 【保存格式为主题】对话框

步骤02 将新主题名称进行重命名，单击【确定】按钮，即可完成自定义模板的保存。下次需要再绘制相同类型的图形时，直接选择自己设定好的模板就可以了。

本章小结

本章详细介绍了Origin在绘图方面的基础应用，包括坐标轴、图例、图层等基本设置。通过学习本章内容，读者可以掌握Origin绘图的基础知识，为后续学习打下坚实基础。

第4章 高级应用：Origin科学绘图应用

【本章导读】

在Origin这款强大的科学绘图软件中，用户可以轻松绘制出各式各样的二维图形和三维图形。为了满足科研工作中的数据分析和学术论文写作需求，Origin提供了条形统计图、直方统计图、小提琴统计图等在内的多种统计图形。

本章首先引导读者了解并掌握Origin中常见的基础2D图形绘制方法，随后深入探讨高级2D图形的绘制技巧。此外，本章还介绍了一些常见的统计图形，如等高线图、专业图、分组图、三维图形及函数图的绘制方法。

4.1 基础2D图形绘制

在科研分析和学术论文中，图形的呈现往往承载着关键的数据和信息。本节将详细介绍一些常见的基础2D图形，包括折线图、散点图、气泡图、点线图等，如图4-1所示。

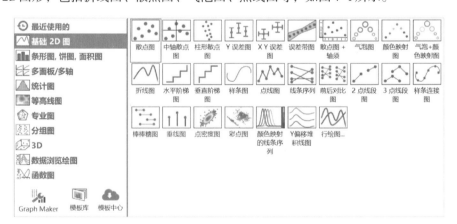

图4-1 基础2D图形

在【2D图形】工具栏 绘图组的右侧有一个下拉按钮，单击该按钮可在弹出的下拉菜单中选择绘图方式，如图4-2所示。

在Origin中，导入"同步学习文件\第4章\数据文件\Book1.opju"和"同步学习文件\第4

章\数据文件\Book2.opju"数据文件,如图4-3和图4-4所示。本节的绘图数据如果没有特别说明,则会采用"Book1.opju"数据文件和"Book2.opju"数据文件。

4.1.1 绘制折线图

折线图是展示数据随时间或有序类别变化的趋势图,其特点是每个数据点之间由直线连接。在绘制折线图时,应该选择至少一个Y列来创建。折线图的绘制步骤如下。

步骤01 选中"Book1.opju"数据文件中的A(X)、B(Y)数据列,执行菜单栏中的【绘图】→【基础2D图】→【折线图】命令,或者单击【2D图形】工具栏中的【折线图】按钮/,即可绘制出如图4-5所示的折线图。

步骤02 对折线图进行美化,单击图例,将图例移到数据图中合适的位置。在图例文本上右击,在弹出的快

（a）折线图　　（b）散点图　　（c）点线图

图4-2 【2D图形】工具栏选项

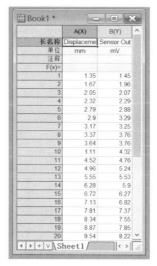

图4-3 "Book1.opju"数据

图4-4 "Book2.opju"数据

捷菜单中选择【属性】命令,会弹出如图4-6所示的【文本对象-Legend】对话框,在【文本】选项卡下将【大小】调整为【24】(默认为22),【字体】调整为【宋体】(默认为Arial)。也可以单击图例文本,在弹出的【迷你】工具栏中设置字体及字体大小,【迷你】工具栏如图4-7(a)所示。

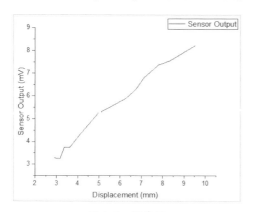

图4-5 折线图

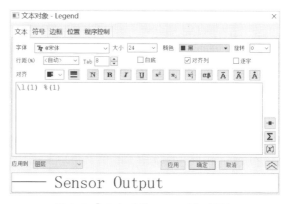

图4-6 【文本对象-Legend】对话框

步骤03 单击X轴和Y轴的坐标轴并停留,在弹出的如图4-7(b)所示的【迷你】工具栏上设置字体类型、大小、颜色等,将【字体】调整为【宋体】,字号【大小】调整为【22】。

步骤04 单击X轴和Y轴,在弹出的如图4-7(c)所示的【迷你】工具栏上设置轴刻度、网格线、刻度样式等参数。

 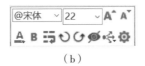 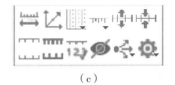

(a)　　　　　　　　　　　(b)　　　　　　　　　　　(c)

图4-7 【迷你】工具栏

步骤05 双击X轴或Y轴,会弹出如图4-8所示的【X坐标轴-图层1】或【Y坐标轴-图层1】对话框,在【显示】选项卡下,勾选【显示下轴】【显示上轴】【显示左轴】【显示右轴】复选框,美化后的折线图如图4-9所示。

 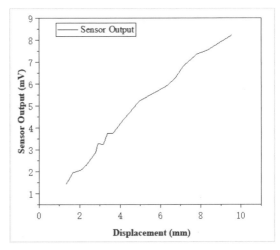

图4-8 【X坐标轴-图层1】对话框　　　　图4-9 美化后的折线图

4.1.2 绘制散点图

散点图用于在回归分析中展示数据点在平面上的分布,它揭示了因变量随自变量变化的趋势。散点图就是将数据点用散点表示出来。在绘制散点图时,应选择至少一个Y列来创建,同时选择XEr或YEr列来绘制带误差棒的散点图。散点图的绘制步骤如下。

步骤01 选中"Book1.opju"数据文件中的A(X)、B(Y)数据列,执行菜单栏中的【绘图】→【基础2D图】→【散点图】命令,或者单击【2D图形】工具栏中的【散点图】按钮,即可绘制出如图4-10所示的散点图。

步骤02 对散点图进行美化,双击散点图中的散点,会弹出【绘图细节-绘图属性】对话框,如

图4-11所示。在该对话框中，可以通过勾选【自定义结构】复选框，选中下面的单选项，再根据论文出版要求设置其类型。

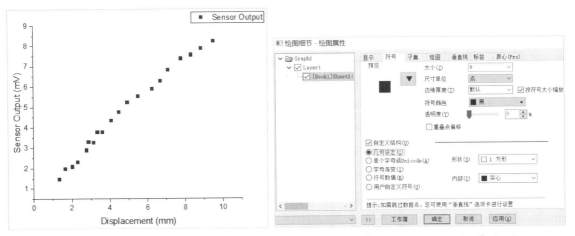

图4-10 散点图　　　　　　　　　　图4-11 【绘图细节-绘图属性】对话框

> **温馨提示** ⚠ 【自定义结构】复选框下有5个单选项，各单选项含义的详细介绍请查看本书5.1.3小节的内容。

步骤03 在【绘图细节-绘图属性】对话框中，还可以对符号的大小、尺寸单位、边缘厚度、边缘颜色、透明度等参数进行设置，根据需求设置出适合的图形样式。

步骤04 在【符号】选项卡中，将【大小】设置为【12】（默认为9），在【边缘颜色】下拉列表框中选中【按点】选项卡中的【增量开始于】单选项，勾选【自定义结构】复选框，然后选中【单个字母或Unicode】单选项，再勾选【轮廓】复选框，即会出现预览图▯，具体参数设置如图4-12所示，美化后的符号渐变效果如图4-13所示。

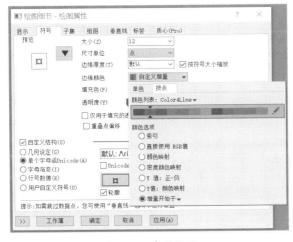
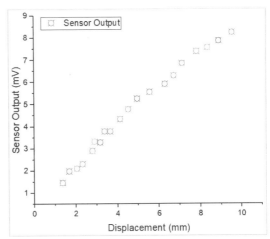

图4-12 参数设置　　　　　　　　　图4-13 美化后的符号渐变效果

步骤05 在【自定义结构】栏中勾选【轮廓】复选框后,将【填充色】设置为【#1E3CFF】,则符号方框内会出现背景色■,参数设置如图4-14所示,符号填充效果如图4-15所示。

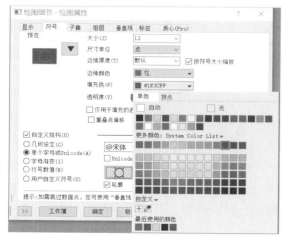

图4-14 参数设置　　　　　　　　　图4-15 符号填充效果

4.1.3 绘制气泡图

气泡图是一种展示三个变量间关系的图形,其中两个变量用于定位气泡在二维空间中的位置,第三个变量则通过气泡的大小来表示。在绘制气泡图时应选择XYY列以绘制气泡图,第二个Y代表气泡大小。

气泡图对工作表的要求是,至少要有2个Y列(或2个Y列中的一部分)数据。如果没有设定相关的Y列,则工作表会提供X的默认值。气泡图的绘制步骤如下。

步骤01 选中"Book2.opju"数据文件中的A(X)、B(Y)、C(Y)数据列,执行菜单栏中的【绘图】→【基础2D图】→【气泡图】命令,或者单击【2D图形】工具栏中的【气泡图】按钮,即可绘制出如图4-16所示的气泡图。

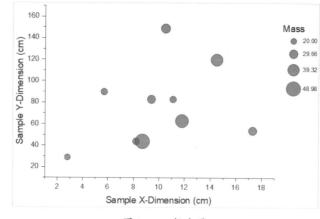

图4-16 气泡图

步骤02 对气泡图进行美化，双击气泡图中的气泡，则会弹出【绘图细节-绘图属性】对话框，如图4-17所示。在该对话框中的【符号】选项卡中，【大小】下拉列表框用于设置气泡的直径（C(Y)的大小），【缩放因子】下拉列表框用于设置对气泡直径的放大倍数。

步骤03 美化气泡图，在【缩放因子】文本框中输入数字【1】；将【边缘颜色】设置为【红】，【填充色】设置为【绿】，如图4-18所示。单击【确定】按钮，即可完成相关的参数设置。在图形中添加边框并调整图例的位置，美化后的气泡图如图4-19所示。

图4-17 【绘图细节-绘图属性】对话框

图4-18 参数设置

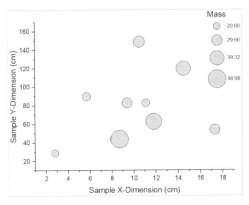

图4-19 美化后的气泡图

> **温馨提示** ⚠ 设置气泡图的参数时，其【符号】选项卡中的【自定义结构】复选框的相关参数设置与散点图相同，在此不再赘述。

4.1.4 绘制点线图

点线图作为折线图的进阶版本，通过线条连接每个数据点，不仅维持了点的离散性，还揭示了连续点之间的相关性。这种图表类型在数据可视化方面的表现远超单纯的线图或点图，为数据分析提供了更丰富的视角。

点线图对绘图数据的要求是，工作表数据中至少要有1个Y列（或是Y列中的一部分）的值。如果没有设定与该列相关的X列，则工作表会提供X的默认值。点线图的绘制步骤如下。

步骤01 选中"Book1.opju"数据文件中的A(X)、B(Y)数据列，执行菜单栏中的【绘图】→【基础2D图】→【点线图】命令，或者单击【2D图形】工具栏中的【点线图】按钮，即可绘制出如图4-20所示的点线图。

步骤02 对点线图进行美化，双击点线图中的折线，则会弹出【绘图细节-绘图属性】对话框，如图4-21所示。在该对话框中，能够对折线进行设置，如线条的连接、样式、复合类型等，即能调整美化点线图。

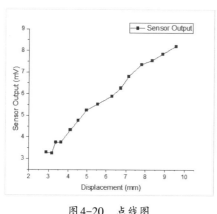

图4-20 点线图

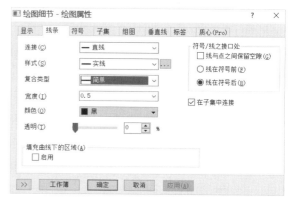

图4-21 【绘图细节-绘图属性】对话框

> **温馨提示** 在实际应用中，有的论文需要在数据点标明坐标值。

步骤03 在绘图区的左侧工具栏中，单击【标注】按钮，则会在图形窗口中出现【数据信息】提示框，在数据点符号上单击，会出现十字光标方框，同时提示框内会出现该数据点的坐标值，如图4-22所示。

步骤04 双击要选取的数据点符号，就会在读取点的右上方出现带标注连接线的图形【（X，Y）】的文本，关闭【数据信息】提示框，并将【（X，Y）】文本移动到合适的位置可标注数据点的坐标值，如图4-23所示。

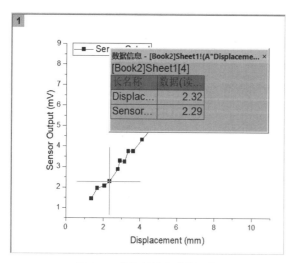

图4-22 【数据信息】提示框

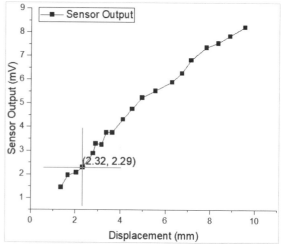

图4-23 标注数据点的坐标值

第 4 章 高级应用：Origin 科学绘图应用

4.2 绘制柱状图/饼图/面积图

本节将介绍一些在科技论文写作中常用的条形图、饼图和面积图，包括柱状图、条形图、环形图、子弹图等，如图4-24所示。本节将详细阐述这些图形的绘制方法，以帮助读者更好地理解和应用。

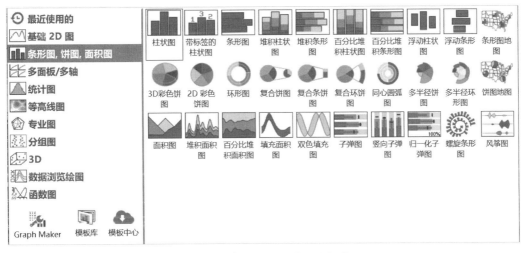

图 4-24 条形图、饼图、面积图

4.2.1 绘制柱状图

柱状图是一种统计图表，通过不同高度的长方形表示变量的数值大小。该图表主要用于比较两个及以上组别的数值（不同时间或不同条件），通常适用于中小规模数据集的分析。

在绘制柱状图时，至少要选择一个Y列来创建柱状图，若选择YEr列，则可创建带有误差棒的柱状图。在绘制的柱状图中，柱体的高度代表Y值，柱体宽度固定，而柱体中心则对应相应的X值。柱状图的绘制步骤如下。

步骤01 在Origin中，导入"同步学习文件\第4章\数据文件\Book3.opju"数据文件，如图4-25所示。选中"Book3.opju"数据文件中的A(X)、B(Y)数据列，执行菜单栏中的【绘图】→【条形图，饼图，面积图】→【柱状图】命令，或者单击【2D图形】工具栏中的【柱状图】按钮，即可绘制出如图4-26所示的柱状图。

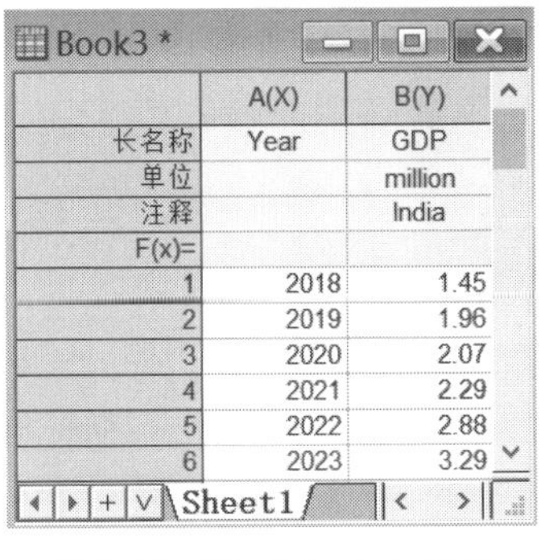

步骤02 双击柱状图中的柱体，则会弹出【绘图细节-绘图属性】对话框，从而可以对图中的"柱"进行设置，如图4-27所示。在该对话框中，可以对柱体的颜色、样式、宽度等进行设置。

图 4-25 "Book3.opju" 数据

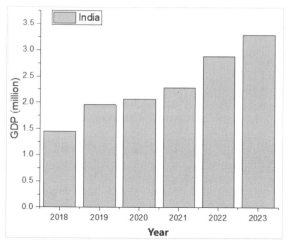

图4-26 柱状图

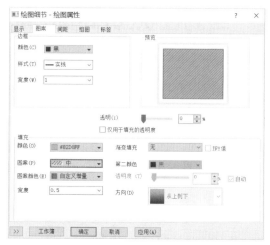

图4-27 【绘图细节-绘图属性】对话框

步骤03 对柱状图进行美化，在【绘图细节-绘图属性】对话框中，将【图案】选项卡下【填充】选项组中的【颜色】设置为【#82D0FF】，【图案】设置为【中】，在【图案颜色】下拉列表框中选择【按点】→【自定义增量】选项；将【间距】选项卡下的【柱状/条形间距】改为【40】（默认为20），单击【确定】按钮。

步骤04 双击坐标轴，会弹出【X坐标轴-图层1】对话框，在该对话框的【显示】选项卡中勾选【显示下轴】【显示上轴】【显示左轴】【显示右轴】复选框，单击【确定】按钮，如图4-28所示。美化后的柱状图如图4-29所示。

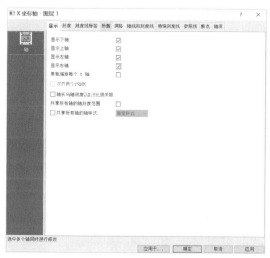

图4-28 【X坐标轴-图层1】对话框

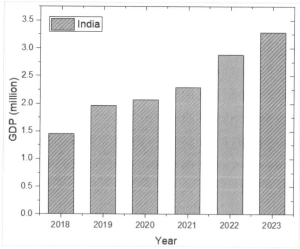

图4-29 美化后的柱状图

4.2.2 绘制条形图

条形图是一种直观的图形表示方式，通过条形的高度或长度来展示数据的数量或大小。在绘制条形图时，至少要选择一个Y列作为数据基础，若同时选择YEr列，则可以生成带有误差棒的条形图。条形图的绘制步骤如下。

步骤01 选择"Book3.opju"数据文件中的A(X)、B(Y)数据列，执行菜单栏中的【绘图】→【条形图，饼图，面积图】→【条形图】命令，或者单击【2D图形】工具栏中的【条形图】按钮，即可绘制出如图4-30所示的条形图。

步骤02 双击条形图中的柱体，会弹出【绘图细节-绘图属性】对话框，可以对图形中的柱体进行设置，条形图的设置与柱状图的设置相同，如图4-31所示。

步骤03 对条形图进行美化，具体美化的步骤，参照4.2.1柱状图的美化操作方法，美化后的条形图如图4-32所示。

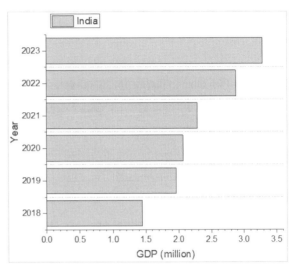

图4-30　条形图

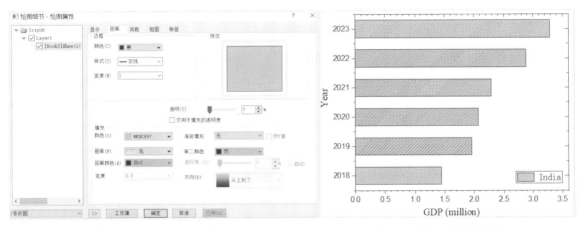

图4-31　【绘图细节-绘图属性】对话框　　　图4-32　美化后的条形图

4.2.3 绘制饼图

饼图是一种直观地展示数据占比关系的图形。通过将一个圆形区域细分为多个子区域，它能够清晰地反映出不同子类数据间的对比关系及其在整体数据中的百分比。在绘制饼图时，通常需要选择XY或Y列数据来生成2D饼图。需要注意的是，饼图仅支持选择一列Y值作为数据源（X列不是必需项）。饼图的绘制步骤如下。

步骤01 在Origin中，导入"同步学习文件\第4章\数据文件\Book4.opju"数据文件，如图4-33所示。选中"Book4.opju"数据文件中的A(X)、B(Y)数据列，执行菜单栏中的【绘图】→【条形图，饼图，面积图】→【饼图】命令，或者单击【2D图形】工具栏中的【2D彩色饼图】按钮⚫，即可绘制出如图4-34所示的2D彩色饼图。

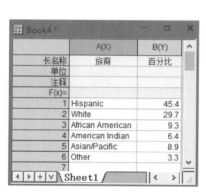

图4-33 "Book4.opju"数据

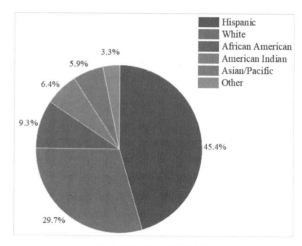

图4-34 2D彩色饼图

步骤02 对饼图进行美化，双击饼图会出现【绘图细节-绘图属性】对话框，在该对话框中，可以对饼图进行设置，可以对其图案、饼图构型、标签等进行设置，如图4-35所示。美化后的2D饼图如图4-36所示。

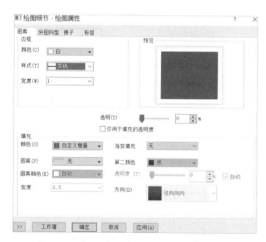

图4-35 【绘图细节-绘图属性】对话框

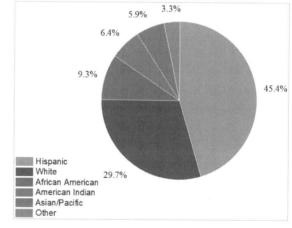

图4-36 美化后的2D饼图

4.2.4 绘制子弹图

子弹图是一种特殊的图表类型，旨在直观地展示实际完成值与预设目标之间的对比关系，其形状类似于子弹发射后的轨迹。在绘制子弹图时，至少要选择四个Y列数据。其中，第一个Y列代表实际值，第二个Y列代表目标值，而剩余的Y列则用于表示性能的不同定性范围。子弹图的绘制步骤如下。

步骤01 在Origin中，导入"同步学习文件\第4章\数据文件\Book5.opju"数据文件，如图4-37所示。选中"Book5.opju"数据文件中的A(X)、B(Y)、C(Y)、D(Y)、E(Y)和F(Y)数据列，执行菜单栏中的【绘图】→【条形图，饼图，面积图】→【子弹图】命令，则会弹出如图4-38所示的【Plotting: plotbullet】对话框。在该对话框中，可以对输入的数据范围进行选择，并能设置间距（页面尺寸的百分比%），设置好后，单击【确定】按钮，即可绘制出如图4-39所示的子弹图。

图4-37 "Book5.opju"数据

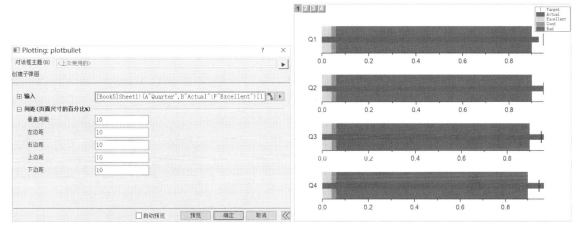

图4-38 【Plotting:plotbullet】对话框　　　　图4-39 子弹图

步骤02 对子弹图进行美化，与其他的2D图形的美化有些不同，子弹图拥有多个图层，可以对不同的图层进行设置和隐藏。双击图形中的柱体，则会出现如图4-40所示的【绘图细节-图层属性】对话框，在该对话框中，可以分别对不同的图层进行设置。

步骤03 双击坐标轴，即可对坐标轴属性进行设置，根据现实所需调整刻度、刻度线标签、网格等，美化后的子弹图如图4-41所示。

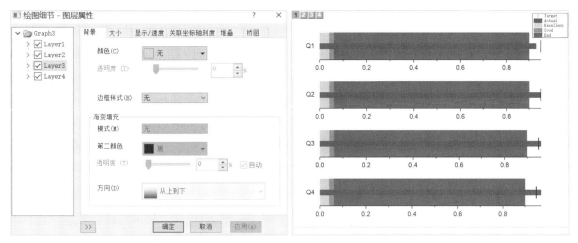

图4-40 【绘图细节-图层属性】对话框　　　　图4-41 美化后的子弹图

4.2.5 绘制面积图

面积图主要用于展示数量随时间变化的程度，并能够有效地吸引人们对总值趋势的注意力。在绘制面积图时，至少要选择一个 Y 列（或 Y 列中的部分数据）作为数据源。若未设定与该列相关的 X 列，工作表将自动提供 X 的默认值。

当仅使用一个 Y 列数据时，该 Y 列数据值构成的曲线与 X 轴之间将自动填充颜色；若使用多个 Y 列数据，则这些 Y 列的数据值将按照先后顺序进行堆叠填充。具体来说，后一个 Y 列填充区域的起始线将是前一个 Y 列填充区域的曲线。面积图的绘制步骤如下。

在 Origin 中，导入"同步学习文件\第 4 章\数据文件\Book6.opju"数据文件，如图 4-42 所示。选中"Book6.opju"数据文件中的 A(X)、B(Y)、C(Y) 数据列，执行菜单栏中的【绘图】→【条形图，饼图，面积图】→【面积图】命令，或者单击【2D 图形】工具栏中的【面积图】按钮 ，绘制的面积图如图 4-43 所示。

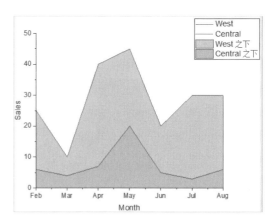

图 4-42　"Book6.opju"数据　　　　图 4-43　面积图

4.3 绘制多面板图和多轴图

本节将介绍在科技论文写作中常用的多面板图和多轴图，如图 4-44 所示，并详细阐述其绘制方法。

4.3.1 绘制多面板图

多面板图主要包括堆积图和缩放图。

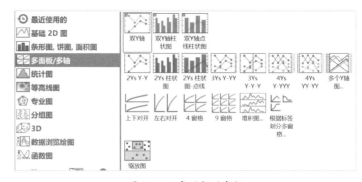

图 4-44　多面板/多轴

堆积图特别适用于展示*X*轴相同但*Y*轴不同的数据，通过将多个*Y*轴数据曲线由上至下堆积排布，可以清晰地进行多变量比较。

缩放图则适用于需要将图形的特定部分进行局部放大，并将放大前后的数据曲线显示在同一图像窗口内的场景。

1. 堆积图

堆积图模板允许用户进行多变量比较。绘制堆积图时，工作表应至少包含两个Y列，以便在多个面板（可排列成一列或一行）中创建不同的图形。堆积图的绘制步骤如下。

在Origin中，导入“同步学习文件\第4章\数据文件\DJT.opju”数据文件，如图4-45所示。选中“DJT.opju”数据文件中的A(X1)、B(Y1)、C(X2)数据列，执行菜单栏中的【绘图】→【多面板/多轴】→【堆积图】命令，或者单击【2D图形】工具栏中的【堆积图】按钮，会弹出【堆叠:plotstack】对话框，如图4-46所示。在该对话框中，可以对绘图类型、绘图方向等进行设置，绘制的堆积图如图4-47所示。

	A(X1)	B(Y1)	C(X2)	D(Y2)	E(X3)	F(Y3)	G(X4)	H(Y4)
长名称	Energy	PDOS	Energy	PDOS	Energy	PDOS	Fnergy	PDOS
单位	eV	eV	eV	eV	eV	eV	eV	eV
注释		N-doped(10%)		N-doped(10%)		N-doped(10		N-doped(10%)
F(X)=								
1	-19.16	0.001	-21.43	0.001	-23.43	0.001	-20.43	0.001
2	-19.15	0.003	-21.41	0.003	-23.41	0.003	-20.41	0.003
3	-17.45	0.005	-21.38	0.005	-23.38	0.005	-20.38	0.005
4	-17.43	0.006	-21.36	0.006	-23.36	0.006	-20.36	0.006
5	-17.41	0.007	-21.33	0.007	-23.33	0.007	-20.33	0.007
6	-17.4	0.008	-21.31	0.008	-23.31	0.008	-20.31	0.008
7	-16.8	0.009	-20.98	0.009	-22.98	0.009	-19.98	0.009
8	-16.5	0.1	-20.96	0.1	-22.96	0.1	-19.96	0.1
9	-16.3	0.13	-20.93	0.13	-22.93	0.13	-19.93	0.13
10	-16.1	0.17	-20.91	0.17	-22.91	0.17	-19.91	0.17

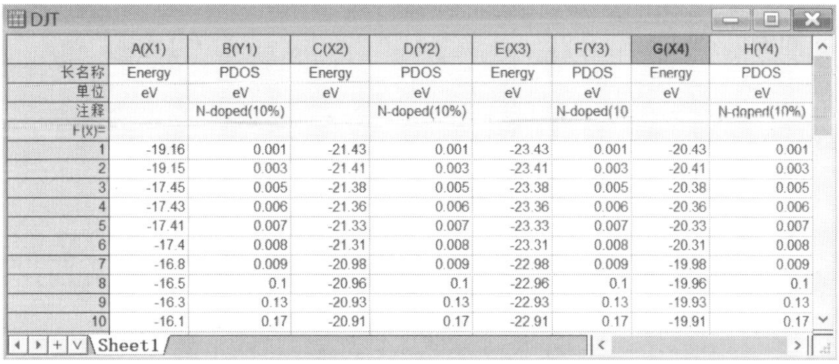

图4-45 “DJT.opju”数据

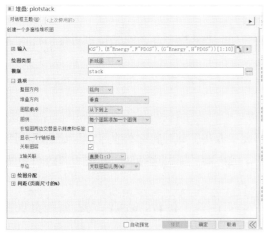

图4-46 【堆叠:plotstack】对话框

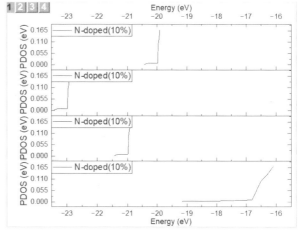

图4-47 堆积图

2. 缩放图

在科技论文的作图过程中，缩放图是一种极为实用的工具，它能够允许研究者将图形的特定区域进行局部放大，并将放大前后的数据曲线同时呈现在一个图形窗口中，从而提供更加细致和全面的数据分析视角。

为了绘制缩放图，工作表至少要包含一个Y列数据，这样用户就可以为其中的部分数据创建带有缩放面板的折线图。缩放图的绘制步骤如下。

在Origin中，导入"同步学习文件\第4章\数据文件\SFT.opju"数据文件，如图4-48所示。选中"SFT.opju"数据文件中的A(X)、B(Y)数据列，执行菜单栏中的【绘图】→【多面板/多轴】→【缩放图】命令，绘制的缩放图如图4-49所示。

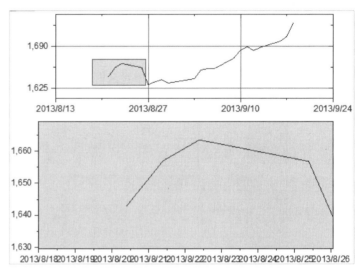

图4-48　"SFT.opju"数据　　　　图4-49　缩放图

绘制完成的图形窗口包含两个图层：上层展示的是整条数据曲线，而下层则专注于放大的曲线段。用户可以通过鼠标移动上层的矩形框来选择需要放大的区域，下层将相应地显示出该部分的放大图，从而帮助用户更精确地分析数据的变化趋势和特征。

通过上述步骤，用户能够轻松创建出功能强大的缩放图，为科技论文提供精确而直观的数据可视化支持。

4.3.2　绘制多轴图

多轴图是一种在同一图表中展示多个坐标轴的图形表示方法，其独特之处在于能够绘制具有不同量级或单位的数据，并将这些数据直观地整合在同一个图表中。通过多轴图，研究者可以更加便捷地比较和分析不同数据集之间的关系和趋势。

多轴图主要包括双Y轴、3Ys Y-YY、3Ys Y-Y-Y、4Ys Y-YYY和4Ys YY-YY等。每种类型都有其独特的应用场景和绘制要求。

1. 双Y轴

双Y轴是一种常用的多轴图形式，特别适用于展示试验数据中自变量相同但具有两个不同因变量的情况。绘制双Y轴时，工作表至少要包含两个Y列数据，以便在同一图表中创建具有两个不同Y轴的点线图。如果数据中存在两个X列，则可以将Y列数据分隔为两组；否则Y列数据将按顺序分配给不同的Y轴。这样的设计使得双Y轴能够同时展示两组具有不同量级或单位的数据，从而便于研究者进行直观地比较和分析。

通过双Y轴，研究者可以清晰地看到两组数据在不同Y轴上的变化趋势，进而揭示它们之间的关系和潜在规律。这种图表形式在科学研究、数据分析、工程应用等领域具有广泛的应用价值。双Y轴的绘制步骤如下。

在Origin中，导入"同步学习文件\第4章\数据文件\A2Y.opju"数据文件，如图4-50所示。选中"A2Y.opju"数据文件中的A(X)、B(Y)、C(Y)数据列，执行菜单栏中的【绘图】→【多面板/多轴】→【双Y轴】命令，或者单击【2D图形】工具栏中的【双Y轴】按钮，绘制的双Y轴如图4-51所示。

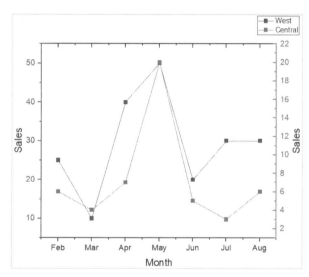

图4-50 "A2Y.opju"数据　　　　　图4-51 双Y轴

2. 3Ys Y-YY 图

3Ys Y-YY图对工作表的要求是至少要包含3个不同的Y轴数据列，或者3个Y轴中的一部分（1左-2右）数据列。如果在工作表中未为这些Y列设定相关的X列，软件将自动提供X的默认值。多个Y列数据可以用3个X列进行分组；如果没有提供3个X列，数据将按顺序分配给不同的Y轴。3Ys Y-YY图的绘制步骤如下。

在Origin中，导入"同步学习文件\第4章\数据文件\A3Y.opju"数据文件，如图4-52所示。选中"A3Y.opju"数据文件中的A(X)、B(Y)、C(Y)和D(Y)数据列，执行菜单栏中的【绘图】→【多面板/多轴】→【3Ys Y-YY图】命令，或者单击【2D图形】工具栏中的【3Ys Y-YY图】按钮，即可成功绘制3Ys Y-YY图，如图4-53所示。该图表能够清晰地展示三个不同Y轴上的数据变化，帮助用户更深入地理解和分析多变量数据之间的关系。

图 4-52 "A3Y.opju"数据

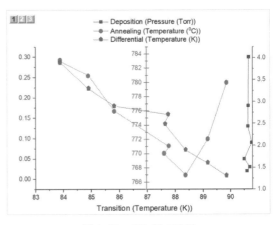

图 4-53　3Ys Y-YY 图

3. 3Ys Y-Y-Y 图

绘制 3Ys Y-Y-Y 图时，应至少选择 3 个 Y 列数据，以便创建具有三个不同 Y 轴（左 - 中 - 右）的点线图。若数据中包含 3 个 X 列，则可将 Y 列数据分为三组；若不足 3 个 X 列，则 Y 列数据将按顺序分配给不同的 Y 轴。3Ys Y-Y-Y 图的绘制步骤如下。

在 Origin 中，导入"同步学习文件\第 4 章\数据文件\A3YY.opju"数据文件，如图 4-54 所示。选中"A3YY.opju"数据文件中的 A(X)、B(Y)、C(Y) 数据列，执行菜单栏中的【绘图】→【多面板/多轴】→【3Ys Y-Y-Y 图】命令，或者单击【2D 图形】工具栏中的【3Ys Y-Y-Y 图】按钮，绘制的 3Ys Y-Y-Y 图如图 4-55 所示。

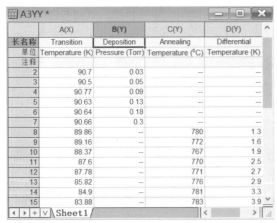

图 4-54　"A3YY.opju"数据

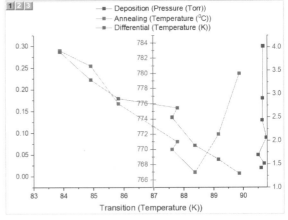

图 4-55　3Ys Y-Y-Y 图

4. 4Ys Y-YYY 图

绘制 4Ys Y-YYY 图时，至少要选择 4 个 Y 列数据，以便创建具有 4 个不同 Y 轴（1 左 -3 右）的点线图。若数据中包含 4 个 X 列，则可将 Y 列数据分为四组；若不足 4 个 X 列，则 Y 列数据将按顺序分配给不同的 Y 轴。4Ys Y-YYY 图的绘制步骤如下。

在 Origin 中，导入"同步学习文件\第 4 章\数据文件\A4Y.opju"数据文件，如图 4-56 所示。

选中"A4Y.opju"数据文件中的A(X)、B(Y)、C(Y)、D(Y)和E(Y)数据列,执行菜单栏中的【绘图】→【多面板/多轴】→【4Ys Y-YYY图】命令,或者单击【2D图形】工具栏中的【4Ys Y-YYY图】按钮,绘制的4Ys Y-YYY图如图4-57所示。

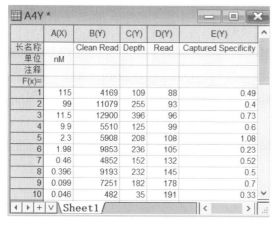

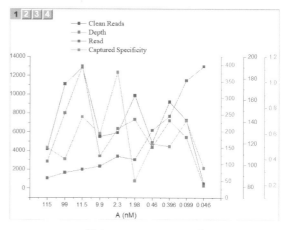

图4-56 "A4Y.opju"数据　　　　　　　　　图4-57　4Ys Y-YYY图

5. 4Ys YY-YY 图

绘制4Ys YY-YY图时,至少要选择4个Y列数据,以便创建具有两个左侧和两个右侧Y轴(共4个不同Y轴)的点线图。若数据中包含4个X列,则可将Y列数据分为四组,每两组数据对应一个Y轴;若不足4个X列,则Y列数据将按顺序分配给不同的Y轴。4Ys YY-YY图的绘制步骤如下。

在Origin中,导入"同步学习文件\第4章\数据文件\A4YY.opju"数据文件,如图4-58所示。选中"A4YY.opju"数据文件中的A(X)、B(Y)、C(Y)、D(Y)和E(Y)数据列,执行菜单栏中的【绘图】→【多面板/多轴】→【4Ys YY-YY图】命令,或者单击【2D图形】工具栏中的【4Ys YY-YY图】按钮,绘制的4Ys YY-YY图如图4-59所示。

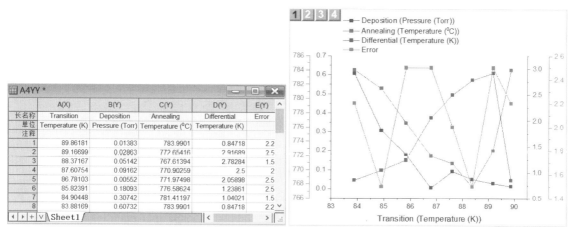

图4-58 "A4YY.opju"数据　　　　　　　　　图4-59　4Ys YY-YY图

6. 多个 Y 轴图

多个 Y 轴图适用于展示至少两个 Y 列数据，通过创建多个 Y 轴来同时呈现这些数据。这种图表类型非常灵活，可以表现为散点图、折线图、柱状图等多种形式。与之前的绘图方法相比，其绘制步骤略有不同。多个 Y 轴图的绘制步骤如下。

在 Origin 中，选择 "A4YY.opju" 数据文件。选中 "A4YY.opju" 数据文件中的 A(X)、B(Y)、C(Y) 数据列，执行菜单栏中的【绘图】→【多面板/多轴】→【多个 Y 轴图】命令，或者单击【2D 图形】工具栏中的【多个 Y 轴图】按钮，会弹出如图 4-60 所示的【Plotting: plotmyaxes】对话框，单击【预览】按钮，会在对话框中出现绘制的预览图，单击【确定】按钮，则会出现绘制的图形，如图 4-61 所示。

在【Plotting: plotmyaxes】对话框中，可以对作图类型、轴和图形分配进行设置。对多个 Y 轴图的美化可以参照前面介绍的美化方法。

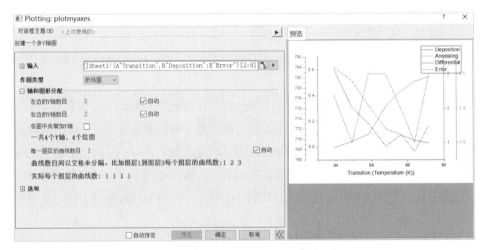

图 4-60 【Plotting: plotmyaxes】对话框

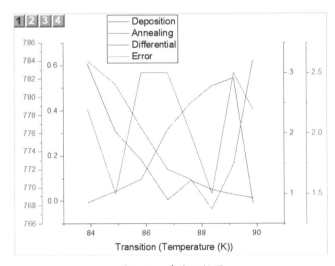

图 4-61 多个 Y 轴图

第4章 高级应用：Origin 科学绘图应用

4.4 绘制统计图

统计图在科技论文中占据重要地位，它能够直观地呈现数据分布和趋势。本节将详细介绍几种常用的统计图及其绘制方法，包括条形图、直方图和小提琴图，如图4-62所示。

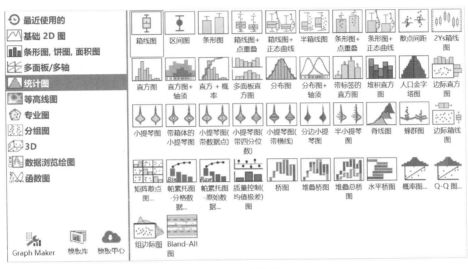

图 4-62 统计图

4.4.1 绘制条形图

条形图通过不同长度的条形来表示数量或比例。在绘制条形图时，至少要选择一列数据作为条形的基础数据。条形图的绘制步骤如下。

步骤01 在Origin中，导入"同步学习文件\第4章\数据文件\TX.opju"数据文件，如图4-63所示。选中"TX.opju"数据文件中的A(X)、B(Y)数据列，执行菜单栏中的【绘图】→【统计图】→【条形图】命令，即可绘制出如图4-64所示的条形图。

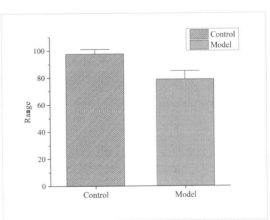

图 4-63 "TX.opju"数据　　　　图 4-64 条形图

步骤02 双击图中的柱体，可以弹出如图4-65所示的【绘图细节-绘图属性】对话框，在该对话框中的不同选项卡中可以对不同的内容进行修改，例如，在【组】选项卡中可以对条形状颜色、边框颜色、边框类型等进行设置。设置完成后，单击【确定】按钮。

步骤03 双击坐标轴，会出现如图4-66所示的【Y坐标轴-图层1】对话框，在该对话框中可以对坐标轴的相关参数进行设置。

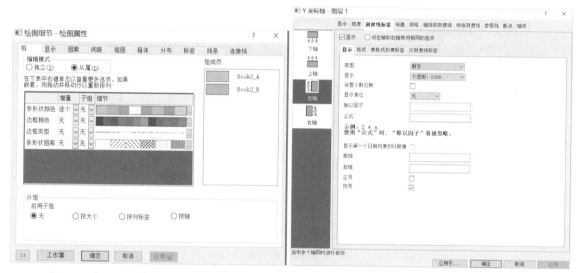

图4-65 【绘图细节-绘图属性】对话框　　　　　图4-66 【Y坐标轴-图层1】对话框

4.4.2 绘制直方图

直方图是一种用于展示连续型数据分布的统计图表，通过以组距为底边、频数为高度的连续排列的矩形条，直观呈现数据在各区间的分布情况。在绘制直方图时，至少要选择一列数据或一个矩阵作为数据源。

直方图可用于分析数据的集中趋势、离散程度和偏态分布，同时揭示数据的整体轮廓和异常特征。通过直方图，研究人员和读者能够更深入地理解数据的分布特征和潜在规律。直方图的绘制步骤如下。

在Origin中，导入"同步学习文件\第4章\数据文件\ZF.opju"数据文件，如图4-67所示。选中"ZF.opju"数据文件中的矩阵，执行菜单栏中的【绘图】→【统计图】→【直方图】命令，或者单击【2D图形】工具栏中的【直方图】按钮 ，Origin会自动计算区间段，并绘制出如图4-68所示的直方图。

直方图的美化设置方法与前面条形图的方法相同，根据自身需求即可绘制出满意的直方图。

需要注意的是，直方图会保存统计数据工作表中的区间段中心值、计数、累计总和、累积百分比等内容。在直方图上右击，在弹出的快捷菜单中选择【跳转到分格工作表】命令，可以激活该工作表。

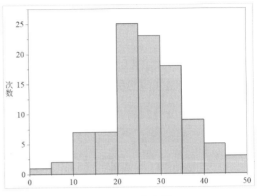

图 4-67 "ZF.opju"数据   图 4-68 直方图

4.4.3 绘制小提琴图

小提琴图是一种结合箱形图和核密度估计图特性的可视化工具，能够直观展示数据的分布形态及其概率密度。在小提琴图中，中间的黑色粗条代表四分位距，而由此延伸出的细黑线则标示了 95% 的置信区间。此外，图中的白点通常指示数据的中位数。在绘制小提琴图时，至少要选择一列数据作为数据源。小提琴图的绘制步骤如下。

步骤01 在 Origin 中，导入"同步学习文件\第4章\数据文件\Violin.opju"数据文件，如图 4-69 所示。选中"Violin.opju"数据文件中的所有的数据列，执行菜单栏中的【绘图】→【统计图】→【小提琴图】命令，即可绘制出如图 4-70 所示的小提琴图。

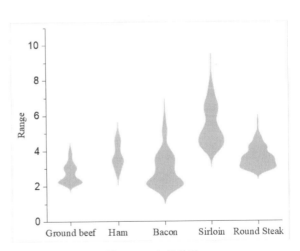

图 4-69 "Violin.opju"数据   图 4-70 小提琴图

步骤02 双击图形即可打开【绘图细节-绘图属性】对话框，在该对话框中的不同选项卡中可以对图形进行设置。双击坐标轴即可打开【图层】对话框，在该对话框中，可以对坐标轴的相关参数进行设置。

4.5 绘制等高线图

本节将介绍科技论文中常用的等高线图及其绘制方法，包括等高线图、热图等，如图4-71所示。等高线图是一种将三维数据以二维形式可视化的方法，它利用颜色视觉特征来表示第三维数据，有助于直观地理解数据的空间分布和变化趋势。

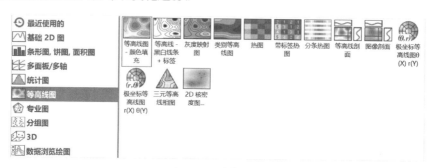

图4-71　等高线图

4.5.1 绘制等高线图－颜色填充

等高线图是可视化二维空间标量场的基本工具，它通过颜色的深浅或不同颜色来表示数据值的大小，从而直观地展示数据的空间分布和变化趋势，为科研工作者提供有力的帮助。在绘制等高线图时，应选择XYZ列、虚拟矩阵（工作表单元格区域）或矩阵作为数据源。等高线图－颜色填充的绘制步骤如下。

步骤01 在Origin中，导入"同步学习文件\第4章\数据文件\DG.opju"数据文件，如图4-72所示。选中"DG.opju"数据文件中的矩阵，执行菜单栏中的【绘图】→【等高线图】→【等高线图－颜色填充】命令，或者单击【3D和等高线图形】工具栏中的【等高线图－颜色填充】按钮，即可绘制出图形，如图4-73所示。

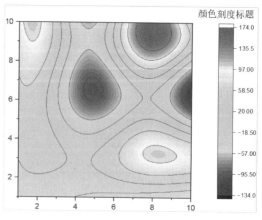

图4-72　"DG.opju"数据　　　　图4-73　等高线图－颜色填充

步骤02 双击图形打开【绘图细节-绘图属性】对话框，在该对话框中，单击【颜色映射/等高线】选项卡，然后单击级别标题打开【设置级别】对话框。设置【次级别数】为【5】。在【边界】栏中勾选【显示】复选框，将线的【颜色】改成【绿】，并将【宽度】改为【3】，单击【确定】按钮，参数设置如图4-74所示。美化后的等高线图-颜色填充如图4-75所示。

图4-74　参数设置

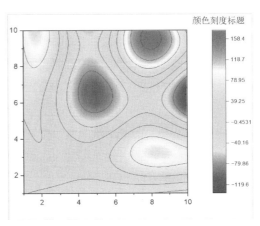

图4-75　美化后的等高线图-颜色填充

4.5.2　绘制热图

在绘制热图时，应选择XYZ列、虚拟矩阵（工作表单元格区域）或矩阵作为数据源。热图是一种通过颜色的深浅或不同颜色来表示数据值大小的可视化工具，能够直观地展示数据的分布和变化趋势。热图的绘制步骤如下。

在Origin中，导入"同步学习文件\第4章\数据文件\RT.opju"数据文件，如图4-76所示。选中"RT.opju"数据文件中的矩阵，执行菜单栏中的【绘图】→【等高线图】→【热图】命令，或者单击【3D和等高线图形】工具栏中的【热图】按钮，对热图中相应的参数进行设置，即可绘制出如图4-77所示的热图。

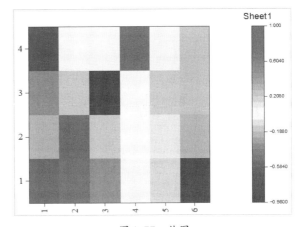

图4-76　"RT.opju"数据　　　　图4-77　热图

4.6 绘制专业图

专业图是科技论文中常用的可视化工具，能够直观地展示复杂数据之间的关系和趋势。本节将介绍几种常用的专业图及其绘制方法，包括雷达图、矢量图、极坐标图和风玫瑰图，如图4-78所示。

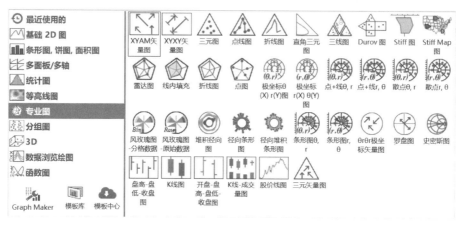

图4-78 专业图

4.6.1 绘制雷达图

雷达图也被称为蜘蛛图或网络图，是一种展示多个变量数据的可视化方式。在绘制雷达图时，至少要选择一个Y列作为数据源。同一行的数据将显示为同一轴上的点，而同一列的数据则通过线条连接在一起，形成雷达图的各个辐条。雷达图的绘制步骤如下。

在Origin中，导入"同步学习文件\第4章\数据文件\LD.opju"数据文件，如图4-79所示。选中"LD.opju"数据文件中的所有数据，执行菜单栏中的【绘图】→【专业图】→【雷达图】命令，或者单击【2D图形】工具栏中的【雷达图】按钮 ，即可绘制出如图4-80所示的雷达图。

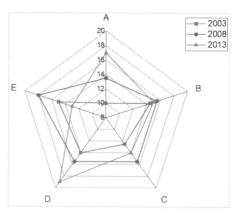

图4-79 "LD.opju"数据　　　　图4-80 雷达图

4.6.2 绘制矢量图

在 Origin 软件中，矢量图主要包括 XYAM 矢量图和 XYXY 矢量图两种类型。这两种矢量图在科技论文中广泛应用于展示方向性数据（如力场、流速场等），通过箭头直观呈现矢量的方向和幅值，为数据解读提供高效的可视化支持。这两种矢量图在数据表示和呈现上各有特点，在绘制矢量图时，确保数据格式符合要求，并按照正确的步骤进行操作，以确保图表的准确性和可读性。

1. XYAM 矢量图

XYAM 矢量图要求工作表中至少包含三个 Y 列（或其中的一部分）数据。A（Angle）和 M（Magnitude）分别代表矢量角度和矢量幅值。如果未设定与特定 Y 列相关的 X 列，工作表会自动生成等间距 X 值作为默认坐标。在默认情况下，工作表最左边的 Y 列决定了矢量末端的 Y 坐标值。第二个 Y 列决定了矢量的长度，数据列必须遵循 XYYY 型格式。第三个 Y 列则表示矢量幅值。XYAM 矢量图的绘制步骤如下。

步骤01 在 Origin 中，导入"同步学习文件\第 4 章\数据文件\XYAM.opju"数据文件，如图 4-81 所示。选中"XYAM.opju"数据文件中的所有数据，执行菜单栏中的【绘图】→【专业图】→【XYAM 矢量图】命令，或者单击【2D 图形】工具栏中的【XYAM 矢量图】按钮，即可绘制出如图 4-82 所示的 XYAM 矢量图。

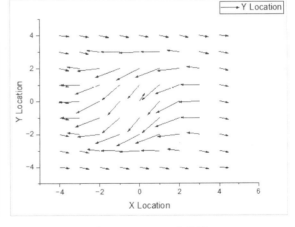

图 4-81 "XYAM.opju"数据　　　　图 4-82 XYAM 矢量图

步骤02 双击数据线，弹出【绘图细节-绘图属性】对话框，在该对话框中，可以对图形进行设置。在【线条】选项卡下将【连接】设置为【无线条】；在【矢量】选项卡下将【颜色】设置为【映射: Col(D):Direction】，再设置颜色，如图 4-83 所示，单击【确定】按钮，即可绘制出如图 4-84 所示的美化后的 XYAM 矢量图。

 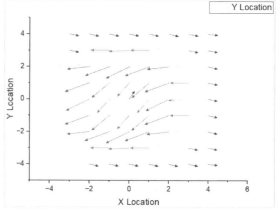

图 4-83 【绘图细节-绘图属性】对话框　　　　图 4-84　美化后的 XYAM 矢量图

2. XYXY 矢量图

对于 XYXY 矢量图，需要选择 XYYY 列来创建矢量图。其中，第一组 XY 定义了矢量的起点，而第二组 XY 则定义了矢量的终点。如果没有设定与该列相关的 X 列，工作表会提供 X 列的默认值。XYXY 矢量图的绘制步骤如下。

在 Origin 中，导入"同步学习文件\第4章\数据文件\XYXY.opju"数据文件，如图 4-85 所示。选中"XYXY.opju"数据文件中的所有数据，执行菜单栏中的【绘图】→【专业图】→【XYXY 矢量图】命令，或者单击【2D 图形】工具栏中的【XYXY 矢量图】按钮，即可绘制出如图 4-86 所示的 XYXY 矢量图。

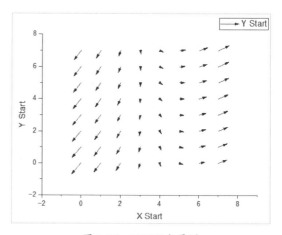

图 4-85　"XYXY.opju"数据　　　　图 4-86　XYXY 矢量图

4.6.3 绘制极坐标图

在 Origin 中，极坐标图对工作表的数据要求是选择一组或多组 XY 数据。极坐标图分为两种绘图方式：一种是 X 为极坐标的半径坐标位置，Y 为角度（单位为°）；另一种是 Y 为极坐标的半径坐标位置，X 为角度（单位为°）。

1. 极坐标 θ(X)r(Y) 图

极坐标θ(X)r(Y)图是以θ（角度）为 X 轴数据，代表从极轴（通常是水平向右的方向）开始逆时针旋转的角度。角度的单位可以是弧度或度。r（半径）是作为 Y 轴数据，代表点到极点（坐标原点）的距离。极坐标θ(X)r(Y)图的绘制步骤如下。

在Origin中，导入"同步学习文件\第4章\数据文件\JZB.opju"数据文件，如图4-87所示。选中"JZB.opju"数据文件中的所有数据，执行菜单栏中的【绘图】→【专业图】→【极坐标θ(X)r(Y)图】命令，或者单击【2D图形】工具栏中的【极坐标θ(X)r(Y)图】按钮，即可绘制出如图4-88所示的极坐标θ(X)r(Y)图。

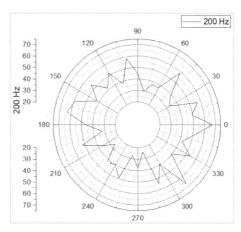

图 4-87 "JZB.opju"数据   图 4-88 极坐标θ(X)r(Y) 图

2. 极坐标 r(X)θ(Y) 图

极坐标r(X)θ(Y)图是以r（半径）为 X 轴数据，代表点到极点（坐标原点）的距离。θ（角度）作为 Y 轴数据，代表从极轴（通常是水平向右的方向）开始逆时针旋转的角度。角度的单位可以是弧度或度。极坐标r(X)θ(Y)图的绘制步骤如下。

在Origin中，选中"JZB.opju"数据文件中的所有数据，执行菜单栏中的【绘图】→【专业图】→【极坐标r(X)θ(Y)图】命令，或者单击【2D图形】工具栏中的【极坐标r(X)θ(Y)图】按钮，即可绘制出如图4-89所示的极坐标r(X)θ(Y)图。

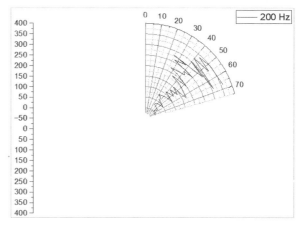

图 4-89 极坐标r(X)θ(Y) 图

4.6.4 绘制风玫瑰图

风玫瑰图又被称为风向频率玫瑰图，是通过统计某一地区多年平均的各个风向频率百分数值，并按照一定比例绘制而成的图形。它有助于直观地展示该地区的主要风向和风向频率分布。

1. 风玫瑰图－分格数据

通过风玫瑰图-分格数据，可以直观地看出不同风向出现的频率及对应的风速情况。例如，某个方向的分格较长或颜色较深，说明该风向出现的频率较高且风速较大。风玫瑰图-分格数据的绘制步骤如下。

在Origin中，导入"同步学习文件\第4章\数据文件\FMG.opju"数据文件，如图4-90所示。选中"FMG.opju"数据文件中的所有数据，执行菜单栏中的【绘图】→【专业图】→【风玫瑰图-分格数据】命令，或者单击【2D图形】工具栏中的【风玫瑰图-分格数据】按钮，即可绘制出如图4-91所示的风玫瑰图-分格数据。

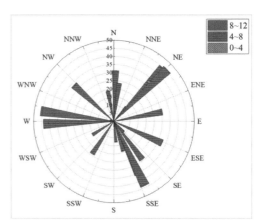

图4-90 "FMG.opju"数据　　　图4-91 风玫瑰图-分格数据

2. 风玫瑰图－原始数据

风玫瑰图-原始数据可以利用原始数据直观地展示特定区域在一段时间内的风向和风速分布情况。通过观察风玫瑰图-原始数据，可以快速了解哪个风向出现的频率最高，以及不同风向对应的风速大小。风玫瑰图-原始数据的绘制步骤如下。

步骤01 在Origin中，选中"FMG.opju"数据文件中的A(X)、B(Y)数据列，执行菜单栏中的【绘图】→【专业图】→【风玫瑰图-原始数据】命令，或者单击【2D图形】工具栏中的【风玫瑰图-原始数据】按钮，弹出【Plotting: plot_windrose】对话框，如图4-92所示。

图4-92 【Plotting: plot_windrose】对话框

步骤02 在该对话框中,可以对属性进行设置,这里将【方向扇区数量】改为【8】,并且勾选【每一个速度间隔的总数小计】复选框。

步骤03 单击【确定】按钮,即可绘制出风玫瑰图-原始数据,如图4-93所示。

4.6.5 绘制三元矢量图

三元矢量图是一种特殊的质心图,用于描述三个变量之和为常数的情况。在Origin中绘制三元矢量图时,需要选择包含XYZXYZ数据的列作为数据源。其中,第一组XYZ坐标定义了图形的起点,而第二组XYZ坐标则定义了图形的终点。对于工作表数据,三元矢量图要求至少有一个Y列和一个Z列。如果未指定与这些列相关的X列,Origin将自动为X列提供默认值。

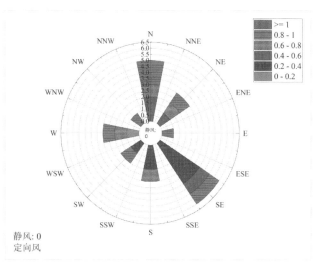

图4-93 风玫瑰图-原始数据

三元矢量图特别适用于表示三种组元(X、Y、Z)之间的百分比比例关系。Origin假定每行数据中的X、Y、Z之和等于1。如果工作表中的数据未进行归一化处理,Origin会在绘图时提供归一化的选项,并替换原始数据。图中显示的尺度将按照百分比进行展示。三元矢量图的绘制步骤如下。

在Origin中,导入"同步学习文件\第4章\数据文件\SYT.opju"数据文件,如图4-94所示。选中"SYT.opju"数据文件中的所有数据,执行菜单栏中的【绘图】→【专业图】→【三元图】命令,或者单击【2D图形】工具栏中的【三元图】按钮,即可绘制出如图4-95所示的三元图。

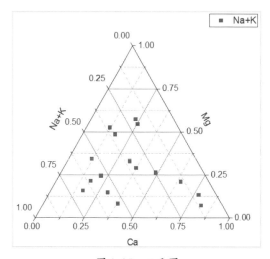

图4-94 "SYT.opju"数据　　　　　图4-95 三元图

4.7 绘制分组图

在科技论文中,分组图是一种重要的可视化工具,用于展示不同组别间的数据分布和关系。本节将详细介绍几种常用的分组图及其绘制方法,包括分组散点图、分组柱状图、分组区间图及分组浮动条形图,如图4-96所示。

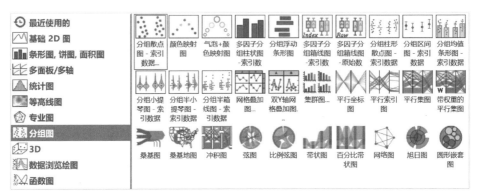

图4-96 分组图

4.7.1 绘制分组散点图

分组散点图是一种有效展示多组数据分布和关系的图表。在绘制分组散点图时,至少要选择一个Y列作为输入数据,并准备一个类别列以创建不同的分组。这种图表尤其适用于具有多个标签或类别的数据集。

分组散点图的绘制步骤如下。

步骤01 在Origin中,导入"同步学习文件\第4章\数据文件\FZS.opju"数据文件,如图4-97所示。选中"FZS.opju"数据文件中的所有数据,执行菜单栏中的【绘图】→【分组图】→【分组散点图】命令,弹出【Plotting: plot_gindexed】对话框,如图4-98所示。

图4-97 "FZS.opju"数据 图4-98 【Plotting: plot_gindexed】对话框

步骤02 在【Plotting: plot_gindexed】对话框中，对数据列、子组列、绘图类型进行选择，参数设置如图4-99所示，在预览框中可以预览图形，单击【确定】按钮，即可绘制出分组散点图，如图4-100所示。

图4-99 参数设置

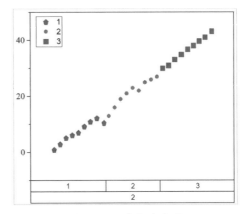

图4-100 分组散点图

温馨提示 美化分组散点图的方法与前面美化散点图的方法步骤相同，根据科研数据的需求，可自行进行分组散点图的美化。

4.7.2 绘制多因子分组柱状图

对于多因子分组柱状图，工作表数据至少要包含一个Y列作为输入数据，并准备至少一个类别列以区分不同的分组。这种图表类型有助于清晰地展示多组数据间的比较和关系。多因子分组柱状图的绘制步骤如下。

步骤01 在Origin中，导入"同步学习文件\第4章\数据文件\FZZ.opju"数据文件，如图4-101所示。选中"FZZ.opju"数据文件中的A(X1)、E(Y2)数据列，执行菜单栏中的【绘图】→【分组图】→【多因子分组柱状图】命令，弹出【Plotting: plot_gindexed】对话框，如图4-102所示。

图4-101 "FZZ.opju"数据　　　图4-102 【Plotting: plot_gindexed】对话框

步骤02 在【Plotting: plot_gindexed】对话框中，对数据列、子组列、绘图类型进行选择，参数设置如图4-103所示，在预览框中可以预览图形，单击【确定】按钮，即可绘制出多因子分组柱状图，如图4-104所示。

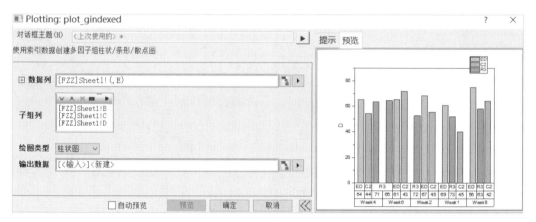

图 4-103　参数设置

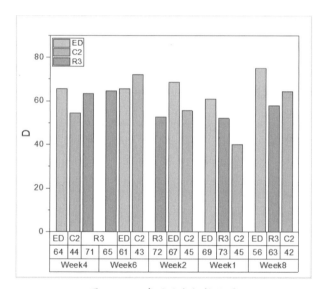

图 4-104　多因子分组柱状图

4.7.3　绘制分组区间图

在绘制分组区间图时，至少要选择一列作为输入数据，并准备至少一个类别列以区分不同的分组。这种图表类型有助于展示不同组别数据的分布和离散情况。分组区间图的绘制步骤如下。

步骤01 在Origin中，导入"同步学习文件\第4章\数据文件\FZQ.opju"数据文件，如图4-105所示。选中"FZQ.opju"数据文件中的B(Y)、C(Y)数据列，执行菜单栏中的【绘图】→【分组图】→【分组区间图】命令，弹出【Plotting: plot_gboxindexed】对话框，如图4-106所示。

图4-105 "FZQ.opju"数据

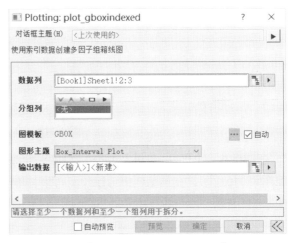

图4-106 【Plotting: plot_gboxindexed】对话框

步骤02 在【Plotting: plot_gboxindexed】对话框中，对数据列、分组列、图形主题进行选择，参数设置如图4-107所示，在预览框中可以预览图形，单击【确定】按钮，即可绘制出分组区间图，如图4-108所示。

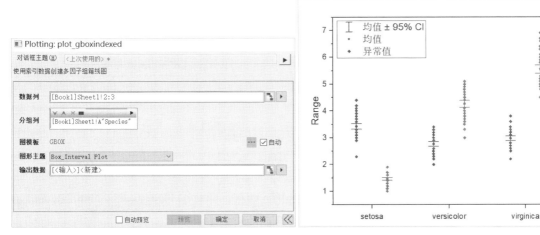

图4-107 参数设置　　　　　　　　　　图4-108 分组区间图

4.7.4 绘制分组浮动条形图

在绘制分组浮动条形图时，工作表数据至少要包含四个Y列。这些列将用于定义每个分组内的数据范围。分组可以通过列标签行或列数来确定。每个浮动条形将从其所在组的第一列数据开始，延伸至该组的最后一列数据。分组浮动条形图的绘制步骤如下。

步骤01 在Origin中，导入"同步学习文件\第4章\数据文件\FZFD.opju"数据文件，如图4-109所示。选中"FZFD.opju"数据文件中的所有数据，执行菜单栏中的【绘图】→【分组图】→【分组浮动条形图】命令，弹出【Plotting: plot_gfloatbar】对话框。

资源下载码：2025057

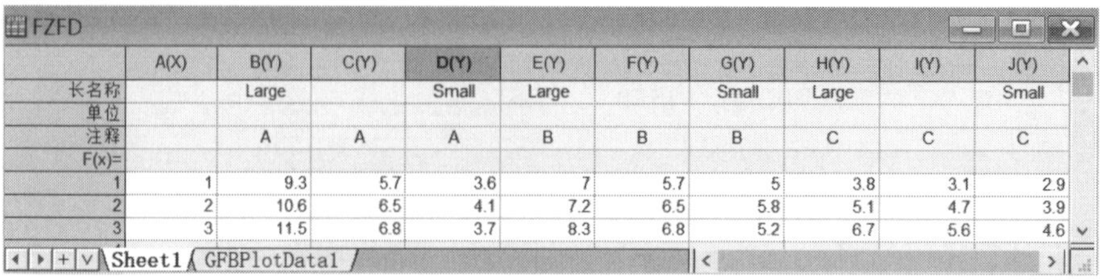

图 4-109 "FZFD.opju" 数据

步骤02 在【Plotting: plot_gfloatbar】对话框中，对输入、子组、绘图类型进行选择，参数设置如图 4-110 所示，在预览框中可以预览图形，单击【确定】按钮，即可绘制出分组浮动条形图，如图 4-111 所示。

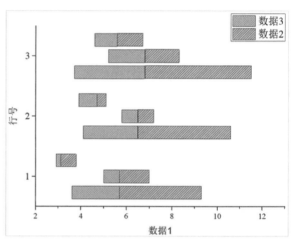

图 4-110　参数设置　　　　　　　　图 4-111　分组浮动条形图

4.7.5 绘制分组小提琴图

在绘制分组小提琴图时，至少要选择一列作为输入数据，并准备至少一个类别列来创建分组小提琴图。分组小提琴图的绘制步骤如下。

步骤01 在 Origin 中，导入"同步学习文件\第4章\数据文件\FZXT.opju"数据文件，如图 4-112 所示。选中"FZXT.opju"数据文件中的 A(X) 数据列，执行菜单栏中的【绘图】→【分组图】→【分组小提琴图】命令，弹出【Plotting: plot_gboxindexed】对话框，如图 4-113 所示。

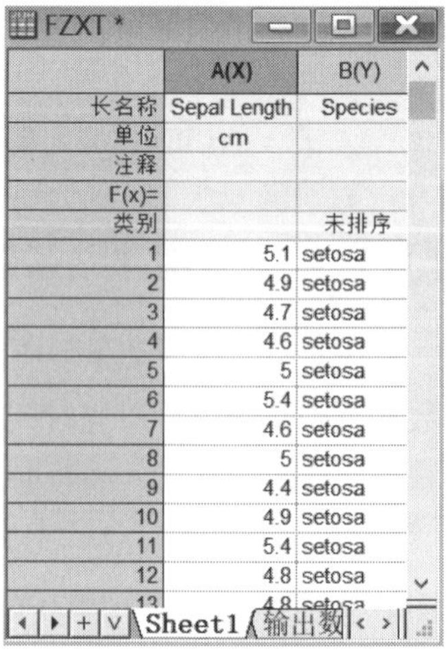

图 4-112　"FZXT.opju" 数据

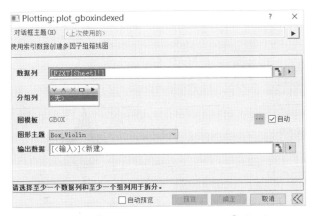

图4-113 【Plotting: plot_gboxindexed】对话框

步骤02 在【Plotting: plot_gindexed】对话框中,对数据列、分组列、图形主题进行选择,参数设置如图4-114所示,在预览框中可以预览图形,单击【确定】按钮,即可绘制出分组小提琴图,如图4-115所示。

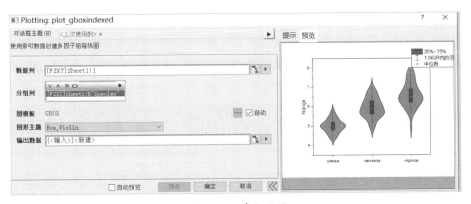

图4-114 参数设置

步骤03 双击图形中的曲面图,弹出【绘图细节-绘图属性】对话框,在该对话框中可以对图形进行修改,在【组】选项卡下将【线条颜色】【边框颜色】【箱体颜色】【分布填充】的【增量】改为【逐个】,将【线条颜色】【边框颜色】【箱体颜色】的【子组】改为【在子组内】,将【分布填充】的【子组】改为【子组之间】,如图4-116所示,美化后的分组小提琴图如图4-117所示。

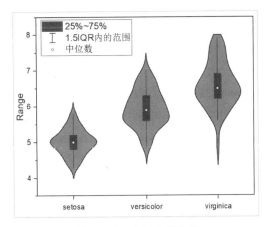

图4-115 分组小提琴图

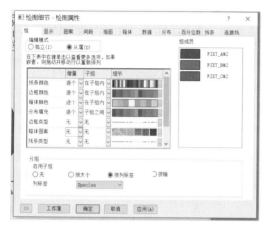

图 4-116 【绘图细节-绘图属性】对话框

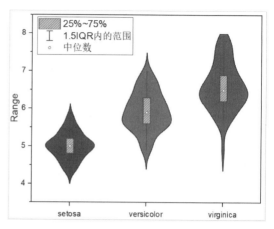

图 4-117 美化后的分组小提琴图

4.8 三维图形绘制

三维图形在科学研究和数据可视化中扮演着重要角色，能够直观地展示数据的三维分布和关系。本节将介绍几种常见的基础三维图形及其绘制方法，包括3D散点图、3D轨线图、3D矢量图和3D瀑布图等，如图4-118所示。

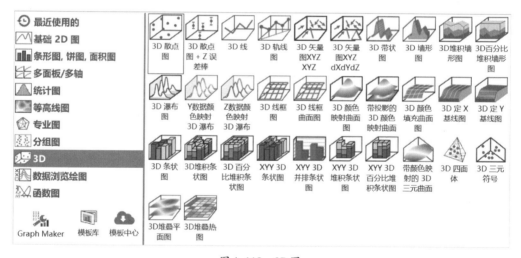

图 4-118 3D 图

4.8.1 绘制 3D 散点图

3D散点图是一种常用的三维图形，用于展示三个变量间的关系。在绘制3D散点图时，至少要选择一个Z列或矩阵作为输入数据。如果选择X(XEr)Y(YEr)Z列，则可以绘制带有X和Y误差棒的3D散点图，以提供更详细的数据分布情况。3D散点图的绘制步骤如下。

在 Origin 中，导入"同步学习文件\第 4 章\数据文件\A3DSD.opju"数据文件，如图 4-119 所示。选中"A3DSD.opju"数据文件中的所有数据，执行菜单栏中的【绘图】→【3D】→【3D 散点图】命令，或者单击【3D 和等高线图形】工具栏中的【3D 散点图】按钮，即可绘制出如图 4-120 所示的 3D 散点图。

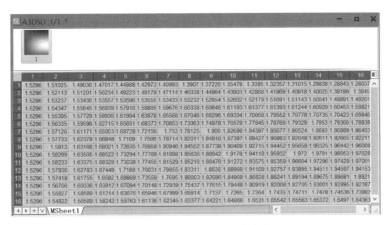

图 4-119 "A3DSD.opju"数据

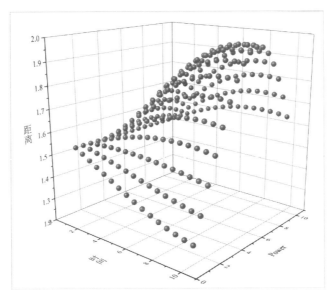

图 4-120 3D 散点图

4.8.2 绘制 3D 轨线图

在绘制 3D 轨线图时，至少要选择一个 Z 列数据作为第三个维度。这样的数据结构可以确保在三维空间中准确追踪轨线的路径。3D 轨线图的绘制步骤如下。

在 Origin 中，导入"同步学习文件\第 4 章\数据文件\A3DGX.opju"数据文件，如图 4-121 所示。选中"A3DGX.opju"数据文件中的所有数据，执行菜单栏中的【绘图】→【3D】→【3D 轨线图】命令，或者单击【3D和等高线图形】工具栏中的【3D轨线图】按钮，即可绘制出如图4-122所示的3D轨线图。

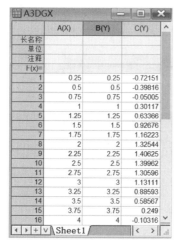

图4-121　"A3DGX.opju"数据

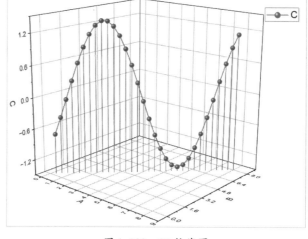

图4-122　3D轨线图

4.8.3 绘制3D矢量图XYZXYZ

在绘制3D矢量图XYZXYZ时，用户需要选择包含两个XYZ坐标对的列，其中第一个XYZ代表矢量的起点，而第二个XYZ代表矢量的终点。这样的数据结构允许在三维空间中准确地表示矢量的方向和大小。3D矢量图XYZXYZ的绘制步骤如下。

在Origin中，导入"同步学习文件\第4章\数据文件\A3DSL.opju"数据文件，如图4-123所示。选中"A3DSL.opju"数据文件中的所有数据，执行菜单栏中的【绘图】→【3D】→【3D矢量图XYZXYZ】命令，或者单击【3D和等高线图形】工具栏中的【3D矢量图XYZXYZ】按钮，即可绘制出如图4-124所示的3D矢量图XYZXYZ。

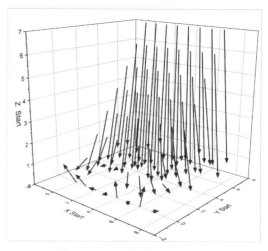

图4-123　"A3DSL.opju"数据　　　　　图4-124　3D矢量图XYZXYZ

4.8.4 绘制3D瀑布图

在绘制3D瀑布图时，至少要选择一个Y列作为数据的基础。这些数据将用于在三维空间中构建瀑布图的形状和高度。3D瀑布图的绘制步骤如下。

步骤01 在Origin中，导入"同步学习文件\第4章\数据文件\A3DPB.opju"数据文件，如图4-125所示。选中"A3DPB.opju"数据文件中的所有数据，执行菜单栏中的【绘图】→【3D】→【3D瀑布图】命令，或者单击【3D和等高线图形】工具栏中的【3D瀑布图】按钮，即可绘制出如图4-126所示的3D瀑布图。

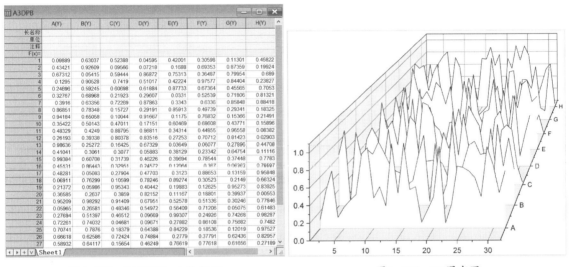

图4-125　"A3DPB.opju"数据　　　　图4-126　3D瀑布图

步骤02 双击曲面，弹出【绘图细节-绘图属性】对话框，在该对话框中，可以对图形的各个参数进行设置，在【组】选项卡中，将【边框颜色】和【区域填充颜色】的【增量】分别改为【逐个】，将【边框颜色】和【区域填充颜色】改为【子组之间】，单击【确定】按钮，如图4-127所示。

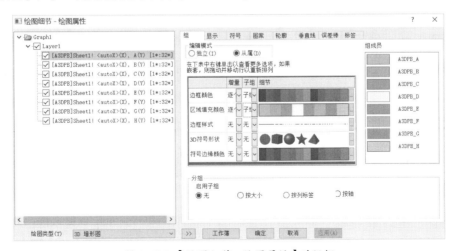

图4-127　【绘图细节-绘图属性】对话框

步骤03 双击图形空白处，弹出【绘图细节-图层属性】对话框，在该对话框的【平面】选项卡中，取消勾选【XY】【YZ】复选框，单击【确定】按钮，如图4-128所示，即可得到如图4-129所示的3D瀑布图。

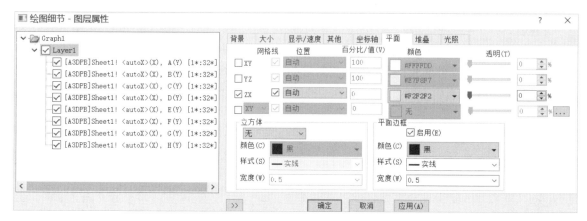

图4-128 【绘图细节-图层属性】对话框

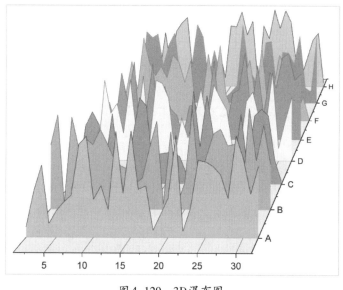

图4-129 3D瀑布图

4.8.5 绘制3D颜色映射曲面图

在绘制3D颜色映射曲面图时，工作表数据至少要包含一个Z列或矩阵，这些Z值将决定曲面图中各点的高低起伏。这些点在三维空间内的位置由XYZ坐标共同确定，并通过栅格线连接形成三维表面。3D颜色映射曲面图的绘制步骤如下。

在Origin中，导入"同步学习文件\第4章\数据文件\A3DQM.opju"数据文件，如图4-130所示。选中"A3DQM.opju"数据文件中的所有数据，执行菜单栏中的【绘图】→【3D】→【3D颜色映射曲面图】命令，或者单击【3D和等高线图形】工具栏中的【3D颜色映射曲面图】按钮，即可绘制出如图4-131所示的3D颜色映射曲面图。

A3DQM :1/1 *

	1	2	3	4	5	6	7	8
1	-1.89929	-1.96193	-1.60836	-0.98999	-0.37162	-0.01805	-0.0807	-0.53272
2	-1.66569	-1.72833	-1.37476	-0.75639	-0.13802	0.21555	0.15291	-0.29912
3	-1.19175	-1.25439	-0.90082	-0.28245	0.33592	0.68949	0.62685	0.17482
4	-0.62806	-0.6907	-0.33713	0.28124	0.89961	1.25317	1.19053	0.73851
5	-0.15374	-0.21638	0.13719	0.75556	1.37393	1.7275	1.66486	1.21283
6	0.08052	0.01788	0.37144	0.98981	1.60818	1.96175	1.89911	1.44709
7	2.62925E-4	-0.06238	0.29119	0.90956	1.52793	1.8815	1.81886	1.36683
8	-0.369	-0.43164	-0.07807	0.5403	1.15867	1.51224	1.4496	0.99757
9	-0.90993	-0.97257	-0.619	-6.32245E-4	0.61774	0.97131	0.90867	0.45664
10	-1.45066	-1.5133	-1.15974	-0.54137	0.077	0.43057	0.36793	-0.08409
11	-1.81938	-1.88202	-1.52845	-0.91009	-0.29172	0.06185	-7.87684E-4	-0.45281
12	-1.89893	-1.96157	-1.608	-0.98963	-0.37126	-0.01769	-0.08034	-0.53236
13	-1.66403	-1.72667	-1.3731	-0.75473	-0.13636	0.21721	0.15457	-0.29746
14	-1.18932	-1.25196	-0.89839	-0.28002	0.33835	0.69192	0.62927	0.17725
15	-0.62564	-0.68828	-0.33471	0.28366	0.90203	1.2556	1.19296	0.74093

MSheet1

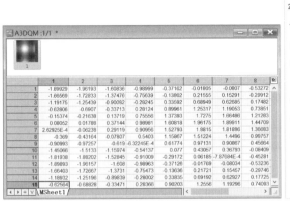

图4-130 “A3DQM.opju”数据

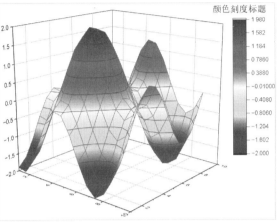

图4-131 3D颜色映射曲面图

4.8.6 绘制3D条状图

在绘制3D条状图时，需要选择包含XYZ列或矩阵的数据。其中，Y列的数据将决定条状图形的高度，而Y列的标题则对应于Z轴。若未指定与Y列相关的X列，Origin将采用默认的X值。3D条状图的绘制步骤如下。

在Origin中，导入“同步学习文件\第4章\数据文件\A3DTZ.opju”数据文件，如图4-132所示。选中“A3DTZ.opju”数据文件中的所有数据，执行菜单栏中的【绘图】→【3D】→【3D条状图】命令，或者单击【3D和等高线图形】工具栏中的【3D条状图】按钮，即可绘制出如图4-133所示的3D条状图。

A3DTZ *

	A(X)	B(Y)	C(Z)
长名称	Country	Age	Male
单位			
注释			
F(x)=			
类别		未排序	
1	United State	under 15	104
2	United State	over 64	76
3	China	under 15	117
4	China	over 64	96
5	France	under 15	105
6	France	over 64	72
7	Russia	under 15	105

Sheet1

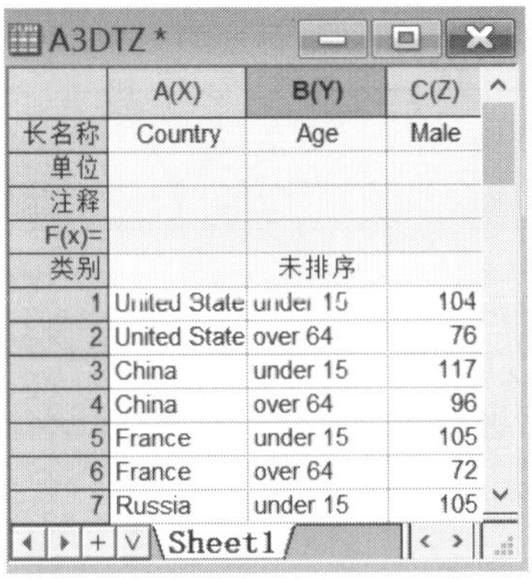

图4-132 “A3DTZ.opju”数据

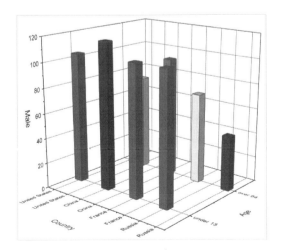

图4-133 3D条状图

4.9 绘制函数图

Origin软件提供了强大的函数绘图功能，支持绘制包括Origin内置函数和用户自定义的Origin C编程函数在内的各种函数图。这些图形可以直观地展示函数的变化趋势和特性，为科学研究和数据分析提供重要的可视化支持。本节将详细介绍二维函数图和三维函数图的绘制方法，如图4-134所示。

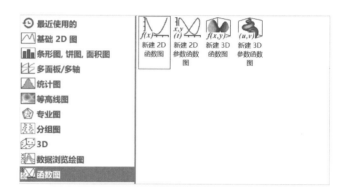

图4-134 函数图

4.9.1 绘制二维函数图

在Origin中，二维函数图是一种将数学函数在二维平面上进行可视化的图表类型，其通常由X轴、Y轴和函数表达式组成。二维函数图的绘制步骤如下。

步骤01 执行菜单栏中的【文件】→【新建】→【图】命令，即可打开如图4-135所示的图形窗口。

步骤02 执行菜单栏中的【插入】→【函数图】命令，或者执行菜单栏中的【文件】→【新建】→【函数图】→【2D函数图】命令，在弹出的【创建2D函数图】对话框中定义要绘图的函数，如图4-136所示。在该对话框中的【函数】选项卡下可以选择各种数学函数和统计分析函数，如图4-137所示。选择函数后，单击【确定】按钮，即可在图形窗口中生成图形。

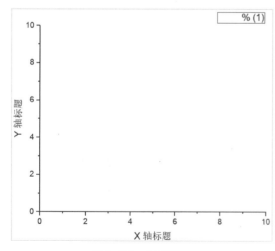

图4-135 图形窗口

图4-136 【创建2D函数图】对话框

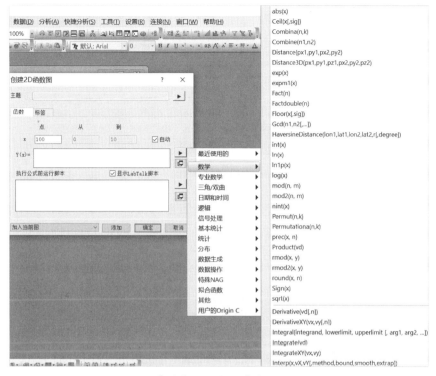

图4-137 【创建2D函数图】对话框定义函数

温馨提示 在【创建2D函数图】对话框的文本框中可以自定义函数。单击【确定】按钮，也可以在图形窗口中生成2D函数图形。

步骤03 本例以选择"cos(x)"函数为例，参数设置如图4-138所示。单击【确定】按钮，即可在图形窗口中生成如图4-139所示的2D函数图。

图4-138 参数设置

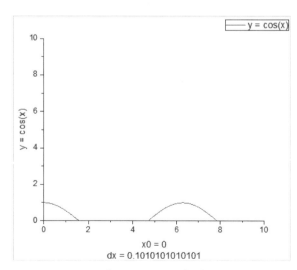

图4-139 2D函数图

步骤04 双击Y坐标轴，弹出【Y坐标轴-图层1】对话框，在该对话框中单击【刻度】选项卡，将Y轴坐标的【起始】和【结束】范围改为【-2】到【2】，如图4-140所示，单击【确定】按钮，会出现如图4-141所示的2D函数图。

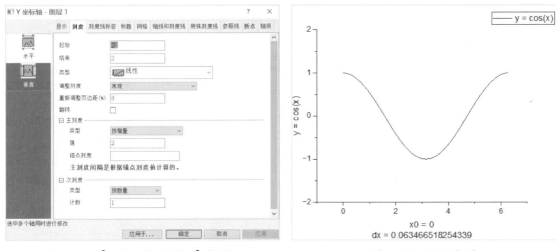

图4-140 【Y坐标轴-图层1】对话框　　　　图4-141　2D函数图

步骤05 在【Y坐标轴-图层1】对话框中，单击【水平】选项卡，即会出现【X坐标轴-图层1】对话框，单击【轴线和刻度线】选项卡，在【右轴】和【上轴】选项组中勾选【显示轴线和刻度线】复选框，如图4-142所示，单击【确定】按钮，即可生成如图4-143所示的显示坐标轴的2D函数图。

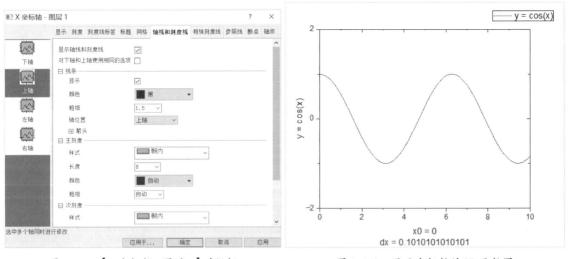

图4-142 【X坐标轴-图层1】对话框　　　　图4-143　显示坐标轴的2D函数图

步骤06 在【X坐标轴-图层1】对话框的【轴线和刻度线】选项卡下，将【主刻度】和【次刻度】的样式均选择为【无】，参数设置如图4-144所示，美化后的2D函数图如图4-145所示。

图 4-144　参数设置

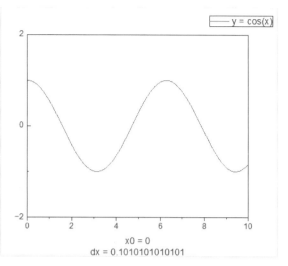

图 4-145　美化后的 2D 函数图

4.9.2 绘制三维函数图

在 Origin 中，三维函数图是一种将数学函数在三维空间中进行可视化的图表类型。其通常由三个坐标轴和函数表达式组成，三个坐标轴通常为 X 轴、Y 轴和 Z 轴，分别代表三个变量。这些变量可以是物理量、参数或其他可测量的量。其函数表达式是通过一个数学函数来描述三个变量间的关系。三维函数图的绘制步骤如下。

步骤01 执行菜单栏中的【文件】→【新建】→【函数图】→【3D 函数图】命令，即可打开如图 4-146 所示的【创建 3D 函数图】对话框，定义要绘图的函数。

步骤02 单击【主题】文本框右侧的 ▶ 按钮，选择【Saddle(System)】选项，参数设置如图 4-147 所示，单击【确定】按钮，即可生成如图 4-148 所示的 3D 函数图。

图 4-146　【创建 3D 函数图】对话框

图 4-147　参数设置

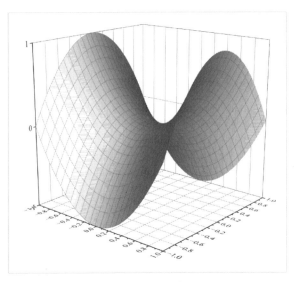

图 4-148　3D 函数图

步骤03　双击图形，会弹出【绘图细节-绘图属性】对话框，单击【填充】选项卡，在【正曲面】栏中单击【来源矩阵的等高线填充数据】单选按钮，如图4-149所示。单击【确定】按钮，填充颜色后的3D函数图如图4-150所示。

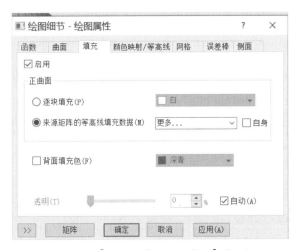

图 4-149　【绘图细节-绘图属性】对话框

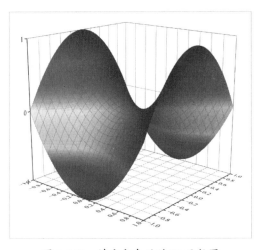

图 4-150　填充颜色后的3D函数图

步骤04　双击图层空白处，会弹出【绘图细节-图层属性】对话框，在该对话框的【显示/速度】选项卡的【显示元素】栏中，取消勾选【X轴】和【Y轴】复选框，单击【确定】按钮，如图4-151（a）所示。在【平面】选项卡中，取消勾选【XY】【YZ】【ZX】复选框，单击【确定】按钮，如图4-151（b）所示，会出现如图4-152所示的显示网格线的3D函数图形。打开【绘图细节-绘图属性】对话框，在【网格】选项卡中取消勾选【显示】复选框，会出现如图4-153所示的未显示网格线的3D函数图。

（a） （b）

图 4-151 参数设置

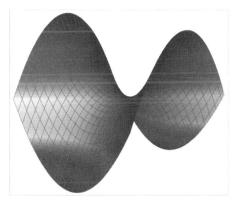

图 4-152 显示网格线的 3D 函数图

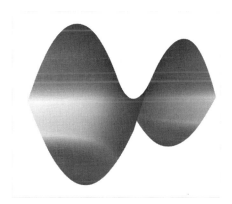

图 4-153 未显示网格线的 3D 函数图

上机实训：绘制双坐标图（双 Y 轴柱状图）

【实训介绍】

本次实训将进行多面板双坐标图绘制的练习。通过本次实训操作，读者能够熟悉并更好地绘制出优美的多面板双坐标图。

【思路分析】

本实训可以分为 5 个步骤，首先导入需要进行绘制多面板双坐标轴的数据，然后执行相关命令绘制图形，接着设置绘图属性和坐标轴相关参数，最后对图形参数进行设置，使图形效果满足需求。

【操作步骤】

步骤01 数据导入。在 Origin 中，导入"同步学习文件\第 4 章\数据文件\YY.opju"数据文件。

步骤02 绘制图形。选中数据文件中的A(X)、B(Y)、C(Y)数据列,执行菜单栏中的【绘图】→【多面板/多轴】→【双Y轴柱状图】命令,即可绘制出双Y轴柱状图,如图4-154所示。

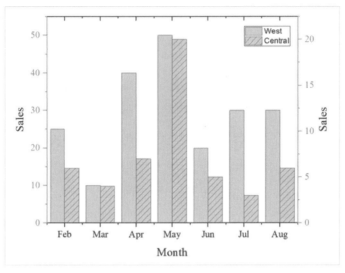

图4-154 双Y轴柱状图

步骤03 设置绘图属性。双击柱状图,会弹出【绘图细节-绘图属性】对话框,在该对话框中,可以对图形的组、显示、图案、间距、组图和标签进行设置,如图4-155所示。

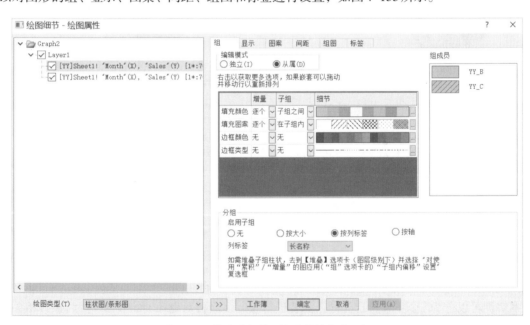

图4-155 【绘图细节-绘图属性】对话框

步骤04 双击坐标轴,会弹出【X坐标轴-图层1】对话框,在该对话框中,可以对坐标轴的显示、刻度、刻度线标签等进行设置,如图4-156所示。

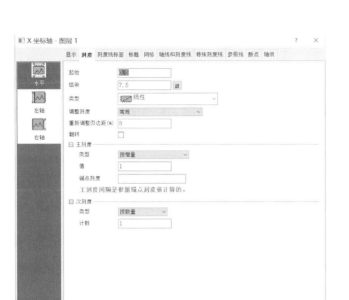

图 4-156 【X 坐标轴-图层 1】对话框

步骤05 设置完成后,美化后的双 Y 轴柱状图如图 4-157 所示。

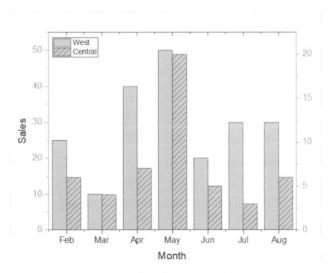

图 4-157 美化后的双 Y 轴柱状图

专家点拨

技巧01 科技绘图类型选择

针对不同类型的科研数据,应选择合适的可视化图表类型以清晰呈现数据特征。下面将介绍一些常见图形的应用范围。

1. 折线图

折线图适用于展示连续型变量（如时间序列数据）的变化趋势，能清晰反映数据随时间（按常用比例设置）变化的趋势。在折线图中，类别数据沿水平轴均匀分布，数值数据沿垂直轴均匀分布，便于图表和数据的对比。

需要注意的是，折线图的数据记录数应该大于3，可用于大数据量的趋势比较，并且最好不要在同一图形上超过5条折线。

应用范围：适用于显示在相等时间间隔下数据的趋势。

2. 散点图

散点图通过直角坐标系上的点来展示两个变量的关系，通过多组数据构成的坐标点来考察它们之间的关联或分布模式。通过观察数据点的分布，可以推断出变量之间的数学关系（如线性/非线性相关）。

需要注意的是，制作散点图需要大量的数据，否则相关性不明显。

应用范围：适用于比较跨类别的聚合数据。

3. 气泡图

气泡图是散点图的进阶形式，通过二维坐标+气泡面积展示三个连续变量间的关系。除了由 X 轴和 Y 轴表示的连续变量的值外，每个气泡的面积代表第三个值。

需要注意的是，气泡的大小是有限的，气泡太多会使图表难以阅读。

应用范围：适用于比较与分析分类数据。

4. 点线图

点线图通过线条连接每个数据点，既保留了点的离散性，又展示了连续点之间的相关性。这种图表类型在数据可视化方面优于单一的线或点图。

应用范围：适用于小到中等大小的数据集。

5. 柱状图

柱状图使用垂直列来比较不同类别之间的数值。它是以长方形长度为变量的统计图表，但列数不宜过多，以免轴标签显示不完整。

应用范围：适用于分析较小的数据集。

6. 条形图

条形图与柱状图相似，但适用于表示数量相对较大的数据。与柱状图相比，条形图的两个轴位置相反，通过宽度相同的条形的高度或长度来展示数据。

应用范围：适用于分析较小的数据集。

7. 饼图

饼图广泛应用于各个领域，用于表示不同类别的比例，并通过弧线比较各种类别。每个数据系列在饼图中具有唯一的颜色或图案，并在图例中表示。饼图不适合展示多个数据系列，但可以制成多层饼图，以展示层次关系和不同类别数据的比例。

应用范围:常用于统计学模块,适用于比较序列大小。

8. 面积图

面积图通过填充折线和轴之间的区域来强调趋势信息。填充色应具有一定的透明度,以便观察不同系列之间的重叠关系。无透明度的填充可能导致系列之间相互覆盖。

应用范围:适用于序列比、时间趋势比。

9. 热图

热图用于指示地理区域中每个点的权重,通常通过颜色来表示密度。

应用范围:适用于区域访问、热量分布、各种事物的分布等。

10. 雷达图

雷达图用于分析多个量化变量,以二维图表的形式展示多变量数据。它从同一点开始的轴上表示三个或更多定量变量。雷达图可用于查看哪些变量具有相似的值或是否存在极限值。

应用范围:适用于尺寸分析、系列比较、系列权重分析等。

技巧02 如何绘制高质量的科学图形

在绘制科研数据图形时,直观明了地展示分析结果至关重要,以便读者更清晰地理解数据。虽然不同图形的绘制方法相对简单,但仍需注意以下几个方面,以确保图形的高质量。

1. 基本作图元素优化

从作图的基本元素出发,不同类型的图形,均可以在【绘图细节-绘图属性】对话框中进行不同的设置,将其基本作图元素进行一定的修改,美化为最合适的设置条件。

以折线图为例,可以对原始图的几个方面进行一些改动:

(1)线条的颜色,选择合适的线条颜色,使其更清晰明了;

(2)线条的宽度,将线条宽度从默认的0.5设置为常用的1.5;

(3)线条的样式,如实线、虚线等;

(4)横纵坐标轴的刻度范围、刻度值及解析方式;

(5)整个图框的大小和长宽比;

(6)图例的位置、排列方向、字体大小和解析方式。

2. 极简主义设计原则

将图形中多余的元素去掉,使其看起来更加干净简洁,可以把横坐标和纵坐标的网格线剔除掉,把多余的边框线去除掉。

3. 数值标签标注规范

在图形中,添加突出的数值标签有助于读者快速识别不同数值之间的差异。

4. 重点数据突出策略

在绘制图形的数据集中,往往会有一些需要特别关注的数据集,可以将其进行特别的标注,使图形看起来更显著,以提高可读性。

5. 调整图例至更合适的位置

将图例放置在更合适的位置，以避免图形显得拥挤，同时提高整体美观性。

本章小结

本章详细阐述了二维图形、三维图形及统计图的绘制技巧。在实际科研工作中，二维图形的使用频率最高，因此熟练掌握其绘制方法至关重要。在Origin软件中，三维图形的绘制过程经过高度优化，用户掌握基本操作后便能高效创建出精致的三维图形。需要特别说明的是，三维图形因其能更真实地呈现研究对象的特性，通常可以转化为多个带有尺寸的二维视图，从而融合两者的优势。

此外，本章还深入探讨了科技绘图类型的选择及如何绘制高质量的科学图形，旨在满足科技论文对图形表达的严格要求。通过本章的学习，读者不仅能全面掌握Origin的绘图技巧，还能提升科研作图效率，为学术研究提供有力支持。

第5章 个性化展示：自定义绘图

【本章导读】

在Origin中，自定义绘图是一项强大的功能，它允许用户根据研究需求、数据特性及审美偏好来创建独特而具有高表现力的图表。通过自定义绘图，用户可以精确控制图表的各个细节，涵盖页面布局、图层设置、数据点样式以及坐标轴标签等，都可以进行个性化的调整。借助自定义绘图功能，科研数据能以最优的视觉方式呈现，赋予用户极大的设计灵活性和创造性，使用户能够针对不同需求创建高度定制化的图表。本章将系统介绍Origin的自定义绘图方法，包括自定义页面、图层、数据图、坐标轴和图例等核心概念，帮助读者快速掌握Origin自定义绘图的操作技巧。

5.1 自定义绘图基础

在数据分析中，自定义绘图是提升数据可视化效果的关键技术。它不仅能清晰展示数据，还能通过个性化的调整和设计，让数据图表更具表现力和吸引力。本节将对自定义绘图的基本知识进行初步介绍。

5.1.1 自定义页面元素

绘图页面是Origin图表的基础工作区，承载必要的图形元素，包括图层、数据、文本和数据图等核心组件。双击页面空白处，会弹出【绘图细节-页面属性】对话框，在该对话框中可以对打印/尺寸、其他、图层、显示、图例/标题等进行设置，如图5-1至图5-5所示。

图5-1 【打印/尺寸】选项卡

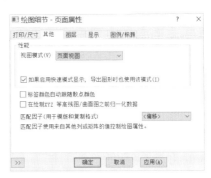

图5-2 【其他】选项卡

图5-3 【图层】选项卡　　　图5-4 【显示】选项卡　　　图5-5 【图例/标题】选项卡

- 【打印/尺寸】选项卡：更改图形的尺寸及打印时的尺寸设置。
- 【其他】选项卡：提供视图模式的调整选项，以根据需要更改视图的展现方式。
- 【图层】选项卡：选择并调整需要显示的图层外观及图层的绘图顺序。
- 【显示】选项卡：涵盖颜色、渐变填充等视觉效果的设置。
- 【图例/标题】选项卡：提供图例生成方式和图例更新模式的选项。

5.1.2 自定义图层元素

图层包括三个基本元素：坐标轴、数据图和相应的文字或图标。

自定义图层元素能够为用户提供更多的创意和个性化选择，使图表制作更加灵活、多样且专业。合理利用这一功能，可以创建出更具吸引力和解释力的图表作品，为数据分析和展示提供有力的支持。双击图形空白处，可以弹出【绘图细节-图层属性】对话框，在该对话框中可以对背景、大小、显示/速度、堆叠等进行设置，如图5-6所示。

- 【背景】选项卡：更改背景颜色、选择渐变填充效果。
- 【大小】选项卡：调整图层区域的大小，并能够进行缩放操作。
- 【显示/速度】选项卡：选择数据绘制选项，如是否显示数据点、线条样式等，并可以对裁剪边距进行精确控制。
- 【堆叠】选项卡：提供多种堆叠方式的选择。

图5-6 【绘图细节-图层属性】对话框

5.1.3 自定义图形元素

自定义图形元素可以涵盖多个方面，通过自定义图形元素，用户能够突破软件预设的限制，实现更为个性化、专业化的图表设计。

双击图形，可以弹出【绘图细节-绘图属性】对话框，在该对话框中，可以对显示、线条、符号、子集、组图、垂直线、标签、质心等进行设置，下面将详细讲解该对话框中的【符号】选项卡。

在【绘图细节-绘图属性】对话框的【符号】选项卡中，可以通过勾选【自定义结构】复选框来根据论文出版要求设置图形的相关类型，如图5-7所示，从而可以达到自定义图形元素中符号的目的。

【自定义结构】复选框下方提供了5个单选项，各单选项的含义如下。

●【几何设定】单选项：定义符号类型，这与【预览】栏中的符号一致。

●【单个字母或Unicode】单选项：设置某些特殊符号，勾选【轮廓】复选框时，可选择是否添加边框。

图5-7 【符号】选项卡

●【字母渐变】单选项：以字母顺序表示每个数据点。

●【行号数值】单选项：以数字"1"开始的阿拉伯数字表示每个数据点。

●【用户自定义符号】单选项：允许使用自定义符号。

5.1.4 图形格式和主题

Origin拥有丰富的图形格式和主题，可满足用户在不同科研场景下的可视化需求，助力创建符合出版标准的专业、美观图表。

（1）图形格式：Origin支持多种标准图表类型，包括折线图、柱状图、饼图、散点图、面积图等。不同的图表都有其特定的应用场景和数据展示优势，用户可以根据数据的性质和分析目的，选择合适的图表类型来展示数据。除基础图表类型外，Origin还提供复合图表类型，如组合图、堆叠图等。这些复合图表能够同时展示多维数据或对比不同分析维度，有助于揭示数据间的内在关联和变化趋势。

（2）主题：Origin内置了多种预设的图表主题，用户可以根据个人需求，选择合适的主题来美化图表。这些主题通常包含特定的颜色方案、字体样式、背景样式等元素，能够节省大量时间，并确保图表的视觉效果符合专业要求。此外，Origin还可以自定义主题。用户可以根据自己的需求，调整颜色、字体、边框等属性，创建出个性化的图表主题，并将其保存为模板，以便在未来的图表制作中重复使用。

5.2 绘制自定义页面、图层和数据图

在熟悉了Origin的自定义绘图的方法后，本节将介绍绘制自定义页面、多层图和单个数据点图。

5.2.1 绘制自定义页面

在Origin中，自定义页面包括设置页面尺寸和方向、背景颜色和图案、边框和边距、坐标轴和刻度、图例和图释等，下面将以绘制自定义三维图形、自定义统计图和自定义分组图为例进行介绍。

1. 绘制自定义三维图形

自定义三维图形可以涵盖多个方面，它涉及多个维度和层面，使我们能够绘制出更为精致且富有创意的图形。

双击图形，可以弹出【绘图细节-绘图属性】对话框，如图5-8所示，在该对话框中，可以对显示、图案、轮廓、误差棒及标签等关键属性进行个性化的设置。这种自定义功能极大地增强了图形的表现力和可视化效果，使用户能够根据自己的需求和审美，打造出独一无二的三维图形。

图5-8 三维图形的【绘图细节-绘图属性】对话框

2. 绘制自定义统计图

自定义统计图允许用户根据自己的需求和数据特点，创建出独一无二的图表样式和布局。这种统计图能够展示数据的分布、趋势和关系，还能通过个性化的设计，增强图表的可读性和吸引力。

在自定义统计图中，用户可以自由选择图表的类型，如柱状图、折线图、散点图、饼图等，还能够自定义图表的颜色、字体、标签等元素，根据数据的特性进行适当调整，使图表更加符合用户的审美风格和展示需求。

除基本的图表类型和样式外，自定义统计图还提供了丰富的交互功能。可以通过鼠标单击或拖动等操作，查看数据的详细信息、筛选数据或调整图表的布局。这种交互性使图表更加生动和直观，有助于用户更深入地理解数据。

双击图形，可以弹出【绘图细节-绘图属性】对话框，如图5-9所示，在该对话框中，可以对统计图进行自定义设置。

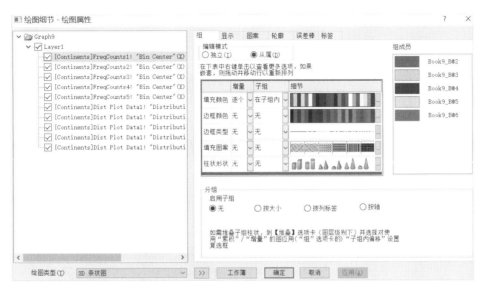

图 5-9　统计图的【绘图细节-绘图属性】对话框

3. 绘制自定义分组图

在 Origin 中，自定义分组图能够根据数据的特性和分析需求，创建出个性化的分组图表，其核心在于将数据按照特定的条件或属性进行分组。将数据划分为不同的组别，可以在图表中以不同的颜色、形状或标记进行区分。不同的分组方式会突出数据间的差异和共性，从而更好地揭示数据的内在规律和结构。

自定义分组图可以对图表的细节进行精细调整，用户能够自定义坐标轴的范围、刻度、标签等属性，以优化图表的显示效果。同时，还可以调整分组图的颜色、线型、填充方式等视觉元素，使图表更加美观和易于理解。

双击图形，可以弹出【绘图细节-绘图属性】对话框，如图 5-10 所示。在该对话框中，可以自定义设置组、显示、符号、图案、间距、组图等核心元素，同时还能够调整数据、分布、百分位数等关键参数。此外，线条及连接线的样式也能在该对话框中进行自定义设置。

图 5-10　分组图的【绘图细节-绘图属性】对话框

5.2.2 绘制自定义多层图

在Origin中，多层图是在同一图形中叠加多个图层，以展示不同数据集之间的复杂关系和相互作用。自定义多层图的核心在于图层的叠加与组合，其需要创建多个图层，并在每个图层上绘制不同的图形或数据序列。这些图层可以是相同类型的图表，也可以是不同类型的图表。通过调整各图层的顺序、透明度和样式，用户可以创建出丰富多样的多层图效果。

双击图形，可以弹出【图层内容:绘图的添加,删除,成组,排序–Layer1】对话框，如图5-11所示。在该对话框中，可以自定义设置图层元素，也可以分别对图层进行设置。

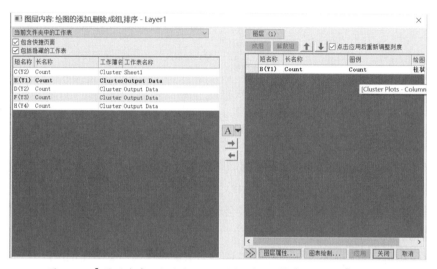

图5-11 【图层内容:绘图的添加,删除,成组,排序–Layer1】对话框

当需要进一步设置图层的详细属性时，可单击【图层属性】按钮，会弹出【绘图细节–图层属性】对话框，如图5-12所示。此对话框为用户提供了对背景、大小、显示/速度、堆叠和桥图等关键属性的全面设置选项，以满足不同的绘图需求。

图5-12 多层图的【绘图细节–图层属性】对话框

5.2.3 自定义单个数据点图

在Origin中，单个数据点图能够针对特定数据点进行详细的展示和分析，它不仅能突出单个数据点的重要性，还可以通过个性化的设置增强图表的可读性和信息含量。

自定义单个数据点图可以根据需要选择特定的数据点，并在图表中对其进行高亮显示。也能够通过调整数据点的颜色、形状、大小等属性突出显示这些数据点，使其在图表中脱颖而出。同时，Origin还提供了丰富的样式和格式选项，用户可以根据自己的需求和审美风格，选择合适的颜色、形状和大小，以及调整数据点的标签和注释，使图表更加清晰和易于理解。

双击图形，可以弹出【绘图细节-绘图属性】对话框，如图5-13所示。在这个对话框中，用户可以灵活自定义设置多个核心元素。

图5-13　单个数据点图的【绘图细节-绘图属性】对话框

5.3 自定义坐标轴

坐标轴是图表中至关重要的组成部分，它负责标定数据的范围、尺度和单位，帮助读者准确理解和解读图表中的信息。在Origin软件中，用户可以根据不同的需求对坐标轴进行自定义修饰，以提升图表的专业性和可读性。本节将系统讲解坐标轴的类型、双坐标轴的设置方法、如何在坐标轴上插入断点，以及调整坐标轴的位置的相关技巧，帮助用户更好地掌握坐标轴自定义修饰的精髓。

5.3.1 坐标轴的类型

坐标轴的类型多种多样，具体选择时应基于数据的特性和展示需求，以能够更好地向读者传达有用的信息为准。

我们通常会按照表现形式和功能对坐标轴进行分类。

（1）按表现形式分类：坐标轴可以大致分为数值型坐标轴和类别型坐标轴。

①数值型坐标轴沿水平或垂直方向标注连续数字，如1、2、3、4等，常用于表示连续的数值或顺序。

②类别型坐标轴以离散字母或文字作为刻度标签，如A、B、C、D等，常用于表示分类变量或非连续型数据。

（2）按功能分类：坐标轴的类型更具多样性。

不同的图表类型和展示需求可能需要不同类型的坐标轴。例如，有些坐标轴可能专门用于表示时间序列，有的则用于显示频率分布，还有的用于表示不同类别的比较等。

5.3.2 双坐标轴的设置方法

有时我们需要绘制带有两个坐标轴的图形。绘制出双坐标轴的图形后，双击坐标轴，会弹出【X坐标轴-图层1】对话框，如图5-14所示，在该对话框中，用户可以方便地对水平和垂直坐标轴进行个性化设置。不仅如此，用户还可以进一步对显示、刻度、刻度线标签、标题、网格、轴线和刻度线、特殊刻度线、参照线、断点、轴须等进行设置，以满足不同的绘图需求，实现更精准的坐标轴展示效果。

图5-14 【X坐标轴-图层1】对话框

5.3.3 在坐标轴上插入断点

双击坐标轴后，在弹出的对话框中，用户可以单击【断点】选项卡，如图5-15所示。在此选项卡中，能够指定是水平坐标轴还是垂直坐标轴需要设置断点，并勾选【启用】复选框以激活断点功能。随后，用户可以根据需要选择断点标记长度和断点数，以满足特定的绘图需求。完成这些设置后，单击【确定】按钮，即可在坐标轴上插入断点，从而更灵活地展示数据的变化趋势。

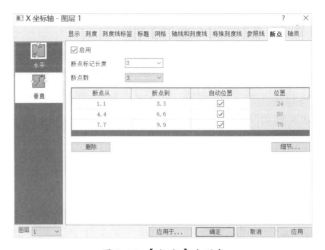

图5-15 【断点】选项卡

5.3.4 调整坐标轴的位置

在Origin中，作图绘制出的坐标轴的位置往往是比较固定的，X轴位于最右边，Y轴位于最下边。但是有时会根据不同的需求对坐标轴的位置进行调整，使读者更清晰直观地观察图形。调整坐标轴位置的方法如下。

（1）直接拖动坐标轴至合适的位置。

（2）双击坐标轴，在打开的对话框中单击【轴线和刻度线】选项卡，如图5-16所示。在【轴位置】下拉菜单中选择合适的选项，单击【确定】按钮，能够调整坐标轴的位置。

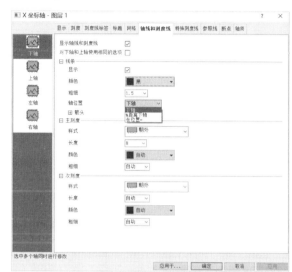

图5-16 【轴线和刻度线】选项卡

5.4 自定义数据图颜色

自定义数据图颜色是数据可视化过程中的一个重要环节，它能够增强数据图的视觉表现力，使图表更加通俗易懂。在Origin中，用户可以通过多种方式自定义数据图颜色，以适应不同应用场景和个性化设计需求。本节将对自定义数据图颜色的方法与技巧进行讲解。

5.4.1 颜色管理器

颜色管理器能够对颜色设置进行精细化的控制，确保自定义图形在专业领域中的颜色准确性。

执行菜单栏中的【工具】→【颜色管理器】命令，如图5-17所示。即可弹出【颜色管理器】对话框，如图5-18所示。在此管理器中，可以轻松选择并确定所需的具体颜色，以满足用户的个性化需求或特定项目的配色要求。

图5-17 【工具】下拉菜单

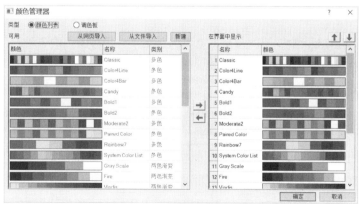

图5-18 【颜色管理器】对话框

5.4.2 图形颜色应用

在Origin中，图形的颜色可以灵活应用于多个方面，以增强数据可视化效果和可读性。以下是关于图形颜色应用的具体描述。

（1）背景色

背景色是图形中占据大面积的颜色，通常用于突出数据系列或创建特定的视觉氛围。要更改图片的背景色，常用的方法是使用填充功能来实现。此外，Origin还支持渐变填充功能，能够为背景添加渐变效果。

（2）图形填充色

图形填充色是指为数据系列或特定区域填充的颜色。为数据系列设置不同的填充色，可以突出显示不同数据之间的对比关系或展示数据的分布特征。用户可以在数据系列的属性设置中选择合适的填充色，并根据需要调整填充色的透明度和样式。

（3）边框颜色

边框颜色是图形中线条的颜色，用于区分不同的数据系列或图形元素。用户可以在边框的属性设置中选择合适的颜色，并调整边框的粗细和样式，以满足特定的视觉需求。

（4）形状填充色

对于图形中的形状元素（如点、散点图等），用户可以设置其填充色以改变它们的外观。为形状设置不同的填充色，可以突出显示特定数据点或增强图形的视觉吸引力。用户可以在形状的属性设置中选择合适的填充色，并调整形状的透明度和样式。

（5）字体颜色

字体颜色在图形中同样重要，它直接影响图形信息的传达效果。字体颜色可以分为坐标轴的标尺颜色和单位字体的颜色。用户可以根据图形的整体风格和需求，为坐标轴的标尺和单位字体选择合适的颜色，以确保信息的清晰传达。

5.5 自定义图例

在Origin中，图例是至关重要的存在，它是对图表中各种符号、标记和颜色所代表含义进行解释说明的重要工具。通过图例，读者能够更清晰地理解图表中各个元素所代表的意义，从而更准确地解读图表所传达的信息。

当图形绘制完成后，Origin通常会自动在图表的某个角落或空白区域创建一个默认的图例，以便读者能够轻松地识别和理解每个数据系列所代表的含义。这个图例会根据用户在绘制图表时选择的数据系列自动生成对应的图例项，每个图例项通常包括一个符号（如线条、点或颜色块）和一个标签（通常与数据系列的名称相对应）。本节将对自定义图例的方法进行讲解。

通过右击图例，在弹出的快捷菜单中选择【属性】命令，如图5-19所示，会弹出【文本对象-Legend】对话框，如图5-20所示。在该对话框中，可以进行图例的自定义设置，涵盖文本内容、符号样式、边框属性及位置调整等多个方面。这些功能能够根据具体需求，灵活调整图例的外观和布局，以增强图形的可读性和视觉效果。

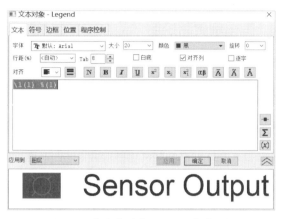

图 5-19 【属性】快捷菜单命令　　　　图 5-20 【文本对象-Legend】对话框

5.5.1 添加和更新默认图例

在Origin中创建图表时，Origin通常会自动为图表添加一个默认的图例。如果默认图例没有自动出现，需要手动调整图例的位置和样式，可以执行工具栏中的【图】→【图例】→【更新图例】命令，如图5-21所示。在弹出的【更新数据图图例：legendupdate】对话框中，就能手动添加图例，还能对图例的类型进行设置，如图5-22所示。

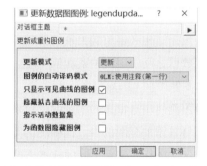

图 5-21 【图】菜单　　　　图 5-22 【更新数据图图例：legendupdate】对话框

成功创建默认图例后，当图表中的数据发生变化时，如添加新的数据系列、删除数据点或更改数据值，Origin会自动更新默认图例。

我们也可以手动触发更新图例，只需要右击图形中的图例，在弹出的快捷菜单中选择【图例】→【更新图例】命令，会弹出对话框。在该对话框中，可以对图例进行更新或重构。

5.5.2 图例更新控制

在 Origin 中，图例更新控制能够精确地管理图例与图表数据之间的同步关系。图例的更新控制分为两种，一种是自动更新图例，一种是手动更新图例。下面将介绍这两种图例更新控制的方法。

（1）自动更新图例

在默认情况下，当图表中的数据发生变化时，Origin 会自动更新图例。这包括添加或删除数据系列、更改数据点的样式或属性等。

（2）手动更新图例

手动更新图例的方法分为以下两种。

①使用工具栏。执行菜单栏中的【图】→【图例】→【更新图例】命令，在弹出的对话框中，进行设置更新即可。

②右键菜单。选中图例后，右击鼠标并执行【图例】→【更新图例】命令，其他操作不变。

5.5.3 特殊图例类型

在 Origin 中，除默认的图例类型外，还提供了多种特殊图例类型以满足不同科研图表的可视化需求。这些特殊图例类型不仅丰富了图表的视觉效果，还增强了数据信息的传达能力。下面将介绍 Origin 中一些常见的特殊图例类型。

（1）分组图例（Grouped Legend）

分组图例将不同的数据系列按照特定的分组方式组织在一起。每个分组内包含多个数据系列，它们共享相同的图例条目，但可以使用不同的颜色、标记或线型进行区分。这种图例类型适用于需要展示多个相关数据集的情况，例如比较不同实验组或处理条件下的数据变化。

（2）嵌套图例（Nested Legend）

嵌套图例允许在一个图例条目内部包含另一个图例，形成层次化的结构。这种图例类型适用于具有复杂数据结构和多层次关系的情况，如嵌套的数据集或包含子集的分类数据。嵌套图例可以清晰地展示数据之间的层次关系和依赖性。

（3）图像图例（Image Legend）

图像图例使用自定义的图像或图标来表示数据系列。用户可以为每个数据系列指定一个特定的图像，并将其添加至图例中。这种图例类型适用于需要展示非标准数据标记或特殊符号的情况，例如使用自定义图标来表示不同的样本类型或处理状态。

（4）文本图例（Text Legend）

文本图例主要依赖文字描述来标识数据系列，而不是使用符号或标记。每个数据系列在图例中

第 5 章
个性化展示：自定义绘图

都有一个对应的文本标签，用于说明其含义或来源。这种图例类型适用于数据点较多或需要更多文字解释的情况，例如展示不同时间点的数据变化或说明数据背后的实验条件。

5.5.4 快速编辑图例提示

在 Origin 中，快速编辑图例提示对于提升图形的可读性和准确性至关重要。用户可以通过以下两种方法实现图例编辑。第一种是直接编辑模式，首先通过单击图例区域选中整个图例，再次双击图例提示的文本即可进入编辑模式，并输入新的文本内容。第二种方法是利用编辑框功能来编辑图例提示，右击图例，在弹出的快捷菜单中选择【属性】命令，弹出【文本对象】对话框，在该对话框中能够对图例提示进行编辑。这两种方法都能实现图例提示的实时更新，为用户提供快速编辑图例提示的便捷途径。

然而，在编辑图例提示时，务必确保编辑后的内容与图表中的数据保持一一对应，以避免误导读者。同时，保持图例的简洁明了也十分重要，不宜使图例变得过于复杂。通过这样的操作，用户能够有效地管理和呈现图形中的数据，从而提高图形的可读性。

上机实训：自定义颜色

【实训介绍】

本次实训旨在通过实际操作，让读者能够熟练掌握在 Origin 中自定义颜色的方法，并将其应用于实际图形绘制中，提升图形的视觉效果和可读性。

【思路分析】

首先，需要导入要进行绘制的数据，这是自定义颜色操作的基础。接下来，将针对绘制出的图形进行颜色的自定义设置，通过选择合适的颜色和调色方案，使图形更加符合我们的需求和审美。

【操作步骤】

步骤01 执行菜单栏中的【工具】→【颜色管理器】命令，即可弹出【颜色管理器】对话框，该对话框是我们管理颜色的主要界面。

步骤02 单击【颜色管理器】对话框中的【新建】按钮，即可弹出【创建颜色】对话框，如图 5-23 所示，该对话框为我们提供了自定义颜色的详细设置选项。

步骤03 在【创建颜色】对话框中，我们可以定义一系列颜色。通过调整 RGB 值或直接选择颜色样本，我们可以精确设置所需的颜色。同时，我们还可以对自定义颜色进行重命名，以便于后续的使用和管理。选择【调色板】或【颜色列表】中的相应选项，可以帮助我们快速应用预设的颜色方案。设置完成后，单击【确定】按钮以保存并关闭对话框。

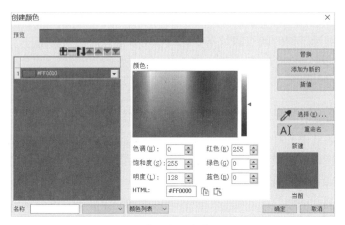

图 5-23 【创建颜色】对话框

专家点拨

技巧01 图层的管理技巧

在 Origin 中，管理图层的运用也是至关重要的。下面将介绍一些关键技巧，帮助读者能够更有效地管理和自定义图层，使其更加清晰易懂。

（1）创建与叠加图层

在同一图形中能够创建和叠加多个图层，从而展示不同数据集之间的对比或关联。通过叠加图层，可以在同一视图下呈现更丰富的信息。

（2）调整图层顺序

在包含多个图层的图形中，调整图层的顺序可以改变数据的展示优先级。通过执行相关命令，可以调整图层的堆叠顺序。

（3）设置图层属性

每个图层都可以独立设置其属性，如颜色、线条样式、填充等。通过调整这些属性，可以突出显示关键数据或改善图形的视觉效果。

（4）编辑图层内容

编辑图层内容包括编辑图层中的数据点、标签等元素。这能够修复错误数据或增强图形的信息传达能力。

技巧02 自定义符号和标记

（1）选择符号和标记类型

在绘制散点图时，可以双击数据点，即可弹出【绘图细节-绘图属性】对话框，在【符号】选项卡中选择符号类型。Origin 提供了丰富的符号库，包括圆形、方形、三角形、菱形等各种形状，还可以调整标记的大小、颜色和边框属性。

（2）自定义符号形状

如果 Origin 提供的符号库不能满足需求，可以自定义符号形状。如自定义散点图，可以双击数据点，即可弹出【绘图细节-绘图属性】对话框，在【符号】选项卡下，勾选【自定义结构】复选框，选中【用户自定义符号】单选项，可以使用绘图工具绘制自己想要的符号形状。

（3）批量应用符号和标记

如果需要对多个数据系列或多个图形应用相同的符号和标记，可以使用 Origin 的批量处理功能。选中多个数据系列，然后在【绘图细节-绘图属性】对话框中设置符号和标记属性。通过这些技巧，读者可以在 Origin 中创建独特而富有表现力的图形。

本章小结

本章对 Origin 在自定义绘图方面的应用进行了系统介绍。通过学习本章内容，读者可以掌握 Origin 自定义绘图的各种方法和技巧，包括自定义页面、图层、坐标轴等，为后续的学习打下坚实的基础。

第6章 细节完善：图形管理与注释

【本章导读】

在科学绘图过程中，通常需要对图形添加各种注释，在绘图完成后也需要对图形进行有效管理。在本章中，我们将详细介绍Origin的图形管理与注释的各种方法，包括图形数据的读取技巧、图形注释的添加方式及在图形中插入对象的具体步骤。

6.1 图形管理

在Origin中，可以通过对图形页面的缩放和平移、图形移动、数据选择、编辑数据点、隐藏/显示数据点、旋转图形等操作来实现对图形的管理。本节将详细阐述这几种图形的管理方法。

6.1.1 页面缩放和平移

页面缩放允许用户放大或缩小整个图形视图，以便更详细地查看特定区域或概览整个图表。平移功能则允许用户在不改变缩放级别的情况下移动图形视图，以便查看当前视图之外的区域。在Origin中，通过页面左侧工具栏中的【放大-平移工具】按钮 可以实现对图形页面的缩放和平移，使用者只需拖动鼠标即可平移，滚动鼠标滚轮即可缩放页面。原始图形如图6-1所示，缩小后的图形如图6-2所示。

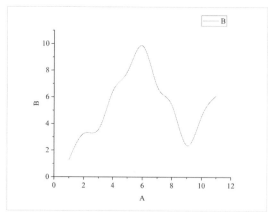

图6-1 原始图形

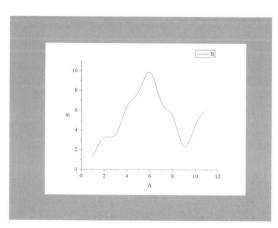

图6-2 缩小后的图形

6.1.2 图形移动

图形移动是指将整个图表或其中的特定元素（如数据系列）在视图中重新定位。这有助于用户调整图表布局，以更好地适应其展示需求或突出显示特定数据点。在Origin的图形页面中，只需要使用鼠标移动特定数据点即可将其拖动至新的位置。

6.1.3 数据选择

数据选择允许用户通过单击、框选或其他交互方式选择图表中的特定数据点或数据系列。选中的数据可以用于进一步分析、编辑或导出。在Origin中，通过单击页面左侧工具栏中的【当前图形上的选择】按钮可以选择相应的数据，或者单击工具栏中的【数据选择器】按钮也可以选择相应的数据。打开"同步学习文件\第6章\数据文件\Data Points Choice.opju"数据文件，单击【当前图形上的选择】按钮选择数据，如图6-3所示。单击选择区域，会出现【复制数据】按钮，单击该按钮，将数据复制至新工作表中，完成数据选择，如图6-4所示。

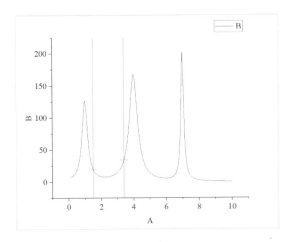

图6-3　选择数据　　　　　　　　图6-4　复制数据到新工作表

6.1.4 编辑数据点

编辑数据点是指对已选择的数据点进行更改，如修改其数值、颜色、形状等。用户可以直接在图表上调整数据，以反映新的信息或更正错误。在Origin中，通过单击页面左侧工具栏中的【数据绘制】按钮，可以选择所要编辑的数据点。打开"同步学习文件\第6章\数据文件\Data Points Edit.opju"数据文件，原始图形如图6-5所示。单击【数据绘制】按钮，选择数据点，如图6-6所示，在显示的方框中即可编辑数据点。

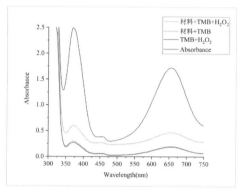
图 6-5　原始图形

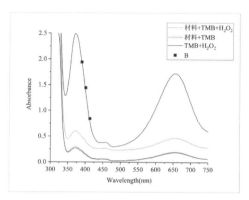
图 6-6　编辑选择的数据点

6.1.5 隐藏/显示数据点

　　隐藏或显示数据点是一种灵活控制图表中信息展示的方式。用户可以隐藏不感兴趣或不需要的数据点，以简化图表并突出显示关键信息。同样，也可以根据需要显示之前隐藏的数据点。在 Origin 中，首先单击【当前图形上的选择】按钮 ，选择一段数据，如图 6-7 所示，然后单击【设置显示范围】按钮 ，即可隐藏选择数据段外的数据，如图 6-8 所示。需要显示数据点则再次单击选择数据段，单击【重置为全范围】按钮 即可，如图 6-9 所示，显示数据点后的图形如图 6-10 所示。

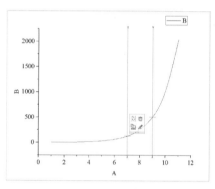
图 6-7　选择数据

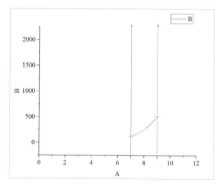
图 6-8　隐藏数据

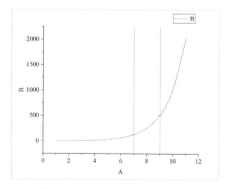
图 6-9　重置为全范围按钮
图 6-10　显示数据点后的图形

6.1.6 旋转图形

旋转图形允许用户改变图表的方向或角度，以适应特定的展示需求或改善视觉效果。这在某些情况下非常有用，特别是当需要以特定角度查看图表或与其他图形进行对齐时。在Origin中，通过【旋转工具】按钮 可以实现图形的旋转。

6.2 读取图形数据

在科学数据分析中，经常需要从图形中精确读取关键数据点。在Origin中，我们可以利用多种专业工具来实现图形数据的精确提取，包括屏幕读取工具、数据读取工具、数据光标工具和距离注释工具。本节将详细讲解这几种读取图形数据的方法。

6.2.1 屏幕读取工具

屏幕读取工具允许用户从图表中直接获取数据点的坐标信息。这对于需要精确测量或记录图表中特定位置的数据非常有用。在Origin中，通过【屏幕位置读取】按钮 可以读取屏幕坐标信息，坐标信息显示于屏幕右下角的XY坐标值处，如图6-11所示。

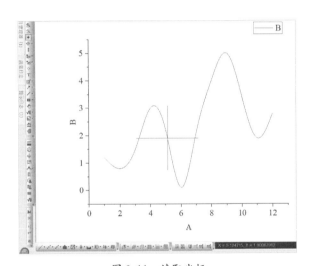

图6-11 读取坐标

6.2.2 数据读取工具

数据读取工具提供了更高级的数据提取功能，可以自动或半自动地识别并读取图表中的数据点。这些工具通常具有更高的准确性和效率，适用于处理大量数据或进行复杂的数据分析。在Origin中，通过【数据选择器】按钮 可以读取所需数据，将所选数据段的数据复制至新的工作表中即可完成读取。单击【数据选择器】按钮后，通过移动数轴选择所需数据所处的区间，双击区间中的空白区域，数轴变了颜色，此时右击鼠标复制数据至新工作表即可，如图6-12至图6-14所示。

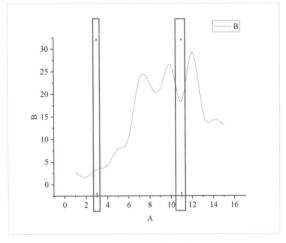

图6-12 选择数轴

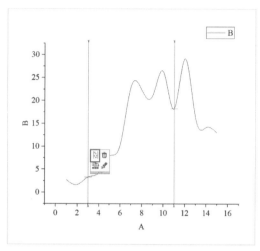

图 6-13　确定读取区间　　　　　　　图 6-14　复制数据至新工作表

6.2.3 数据光标工具

数据光标工具是一种交互式工具，当用户将鼠标光标悬停在图表上时，它会显示鼠标光标位置处的数据值或其他相关信息。这有助于用户快速了解图表中不同位置的数据情况。在 Origin 中，通过【数据高亮显示功能】按钮 ✥ 可以高亮显示数据表或行，如图 6-15 和图 6-16 所示。

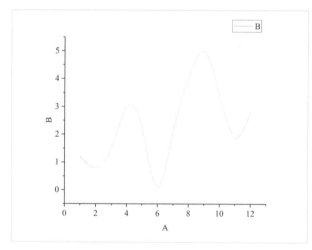

图 6-15　数据高亮显示图形　　　　　　　图 6-16　数据高亮显示图表

6.2.4 距离注释工具

距离注释工具允许用户在图表上测量并注释两点之间的距离。这对于需要量化图表中元素之间空间关系的场景非常有用，如测量时间序列中的时间间隔或空间分布中的距离。单击左侧工具栏中的【距离标注】按钮 ✎，在图中对所要注释的数据点进行连线，即可进行距离注释，如图 6-17 所示。

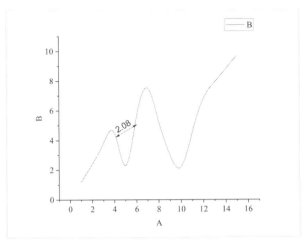

图 6-17 距离注释

6.3 图形注释

在完成图形的绘制后，添加注释是至关重要的，它有助于读者更好地理解和解读图形内容。在 Origin 软件中，图形注释常用的有箭头、直线、矩形、数据点及文字等多种形式。本节将以"同步学习文件\第6章\数据文件\6.3演示.opju"数据文件为例，详细阐述如何为图形添加这些注释，以提高图形的可读性和信息传达效率。

6.3.1 绘制箭头

在图形中绘制箭头可以通过单击左侧工具栏中的【箭头工具】按钮↗来完成。单击该按钮后，选中想要绘制箭头的数据点，即可绘制箭头，如图6-18所示。

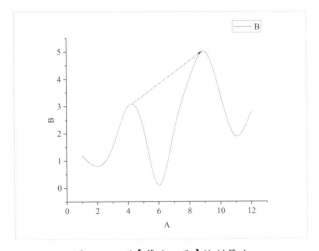

图 6-18 用【箭头工具】绘制箭头

6.3.2 绘制直线

在图形中绘制直线可以通过单击左侧工具栏中的【直线工具】按钮来完成。单击该按钮后，选中想要绘制直线的数据点，即可绘制直线，如图 6-19 所示。

6.3.3 绘制矩形

在图形中绘制矩形可以通过单击左侧工具栏中的【矩形工具】按钮来完成。单击该按钮后，选中想要绘制矩形的数据点，即可绘制矩形，如图 6-20 所示。

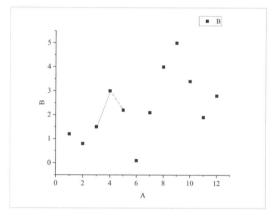

图 6-19　用【直线工具】绘制直线

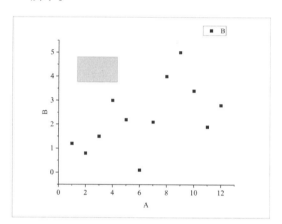

图 6-20　用【矩形工具】绘制矩形

6.3.4 绘制数据点

在图形中绘制数据点可以通过单击左侧工具栏中的【数据绘制】按钮来完成。单击该按钮后，弹出选择对话框，单击对话框中的【开始】按钮，双击选中想要绘制的数据点，即可绘制数据点，如图 6-21 所示。在选择完成后，单击【结束】按钮，即可结束绘制数据点。选择的数据点会默认保存在一个新工作表中，如图 6-22 所示。

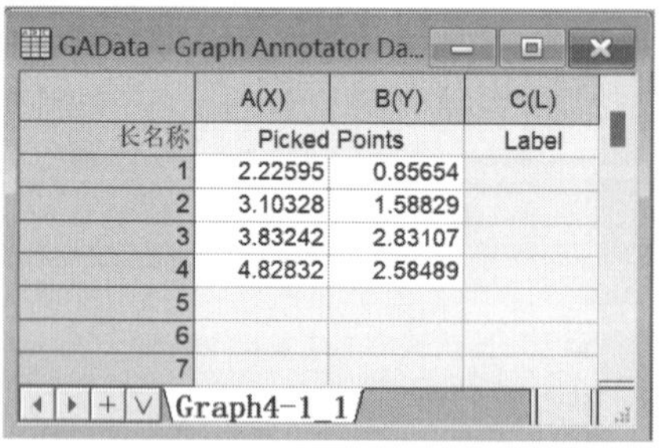

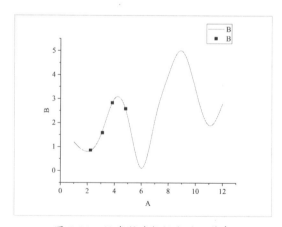

图 6-21　用【数据绘制】按钮绘制数据点

图 6-22　保存所选数据点的工作表

6.3.5 添加注释

在图形中添加文本注释可以通过单击左侧工具栏中的【文本工具】按钮 T 来完成。单击该按钮后，选择想要添加文本注释的地方，即可添加文本注释，如图6-23所示。

6.4 在图形中插入对象

为了更深入地理解图形内容，有时需要在图形中插入各种对象。在Origin软件中，可插入的对象包括公式、图形、表格和时间等。本节将以"同步学习文件\第6章\数据文件\6.4演示.opju"数据文件为例，详细阐述如何在图形中插入这些对象，以便读者能够更高效地利用Origin进行数据处理和图形分析。

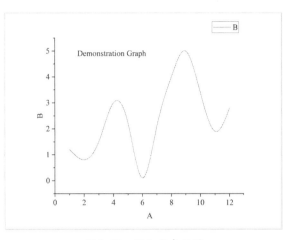

图 6-23　添加文本注释

6.4.1 在图形中插入公式

在图形中插入公式可以通过单击左侧工具栏中的【插入公式】按钮来完成。单击该按钮后，会弹出【LaTeX公式编辑器】对话框，如图6-24所示，在对话框中输入公式，单击【确定】按钮，即可在图形中插入公式，如图6-25所示。

图 6-24　【LaTeX公式编辑器】对话框

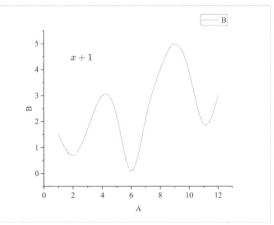

图 6-25　在图形中插入公式

6.4.2 在图形中插入图形

在图形中插入图形可以通过单击左侧工具栏中的【插入图】按钮来完成。单击该按钮，会弹出【图形浏览器】对话框，在该对话框中选择需要插入的图形，即可完成图形的插入。下面将以实例来演示如何插入图形。

步骤01 打开"同步学习文件\第6章\数据文件\6.4.2演示.opju",在"Graph 1"图上单击【插入图】按钮,此时会显示【插入图】和【插入工作表】选项,这里选择【插入图】选项,会弹出【图形浏览器】对话框,如图6-26所示。

步骤02 在对话框中选择【Graph 2】插入,即可完成图形的插入,如图6-27所示。

步骤03 重新选择【插入工作表】选项,可直接插入绘制该图形的工作表,如图6-28所示。

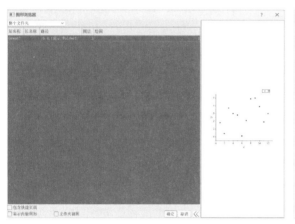

图6-26 【图形浏览器】对话框　　　　图6-27 插入图形

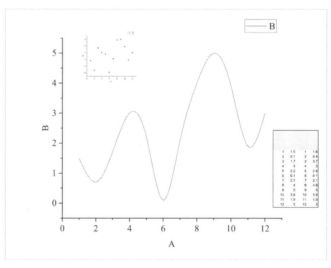

图6-28 插入工作表

6.4.3 在图形中插入表格

在图形中插入表格可以通过单击左侧工具栏中的【新建链接表】按钮来完成。单击该按钮,会弹出【新建表格:add_table_to_graph】对话框,如图6-29所示。在该对话框中设置要插入表格的图层、列数、行数,即可插入表格。

6.4.4 在图形中插入时间

在图形中插入时间可以通过选择左侧工具栏中的【日期&时间】按钮来完成。单击该按钮后,可以设置日期与时间显示的格式,单击【确定】按钮,日期与时间即可显示在图形中,如图6-30所示。

图6-29 【新建表格:add_table_to_graph】对话框

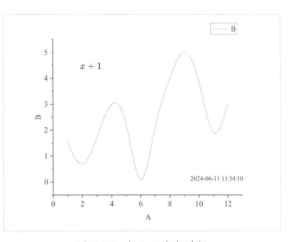

图6-30 插入日期与时间

6.4.5 插入工作路径

在图形中插入工作路径可以通过选择左侧工具栏中的【项目路径】按钮来完成。保存项目后,单击该按钮,可以使用项目名称和路径标记该窗口,如图6-31所示。

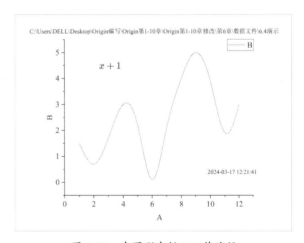

图6-31 在图形中插入工作路径

上机实训:在图形中加入各种注释

【实训介绍】

本节实训需要将Origin中的实验数据绘制成图形,并在图形中加入各种注释。

【思路分析】

本次实训的操作思路可分为以下三个步骤。第一步,将实验数据准确导入Origin软件中,确保数据的完整性和准确性。第二步，利用 Origin 的【绘图】菜单命令，绘制相应的图形，并利用左侧工具栏加入各种注释。第三步，将加入注释的图形导出为 PNG 格式，以便后续的数据分析和报告撰写。

【操作步骤】

步骤01 数据导入。执行菜单栏中的【数据】→【连接到文件】→【Excel】命令，如图6-32所示，导入"同步学习文件\第6章\素材文件\上机实训6.xlsx"Excel文件，如图6-33所示。

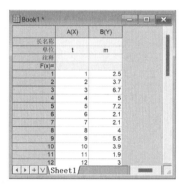

图6-32 选择文件并导入　　　　　　　　　图6-33 导入Excel文件

步骤02 绘制样条图。选择A(X)、B(Y)数据列，选择【绘图】→【样条图】命令，效果如图6-34所示。

步骤03 添加注释。在样条图中添加注释，效果如图6-35所示。

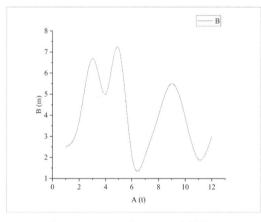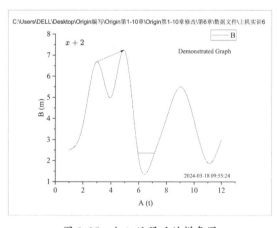

图6-34 用原始数据绘制的样条图　　　　　图6-35 加入注释后的样条图

步骤04 导出图形。选择【文件】→【导出图】命令，在弹出的【导出图：expG2img】对话框中将【图像类型】设置为【PNG】格式，如图6-36所示。单击【确定】按钮，将加入注释后的样条图导出成PNG格式，效果如图6-37所示。

图 6-36 【导出图：expG2img】对话框

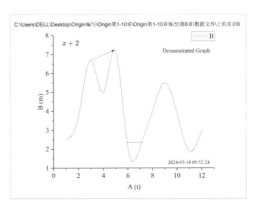

图 6-37 PNG 格式的样条图

专家点拨

技巧 01 读取图形数据

在 Origin 中，读取图形数据除了运用前面所讲的方法外，还可以通过 Origin 工具栏中的【工具】→【图像数字化工具】命令提取导入图形的数据，以"同步学习文件\第6章\数据文件\技巧01演示.opju"数据文件为例，讲解一下如何利用这种方法读取图形数据。

步骤01 单击工具栏中的【工具】→【图像数字化工具】命令，如图 6-38 所示，然后会弹出【图像数字化工具】对话框，如图 6-39 所示。

图 6-38 【图像数字化工具】选项

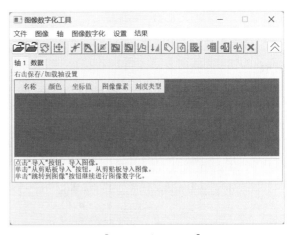

图 6-39 【图像数字化工具】对话框

步骤02 单击对话框中的【导入】选项，选择"同步学习文件\第6章\数据文件\技巧01演示.tif"文件，导入后的图形如图 6-40 所示。

步骤03 单击【轴】→【编辑轴】命令，如图 6-41 所示，将图 6-40 的四条轴线分别对齐原坐标轴的位置，如图6-42所示。编辑轴后在【图像数字化工具】对话框中重新输入每个轴对应的值，如图6-43所示。

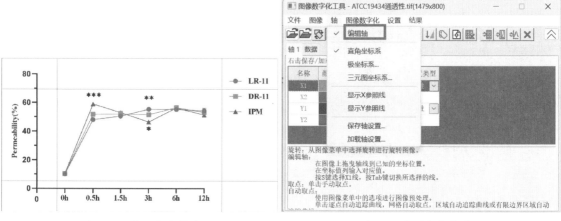

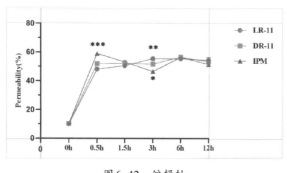

图6-40 导入后的图形

图6-41 【编辑轴】选项

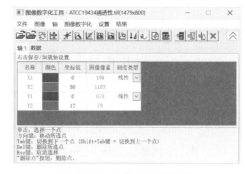

图6-42 编辑轴

图6-43 编辑坐标轴的值

步骤04 选择【网格自动取点】选项，在图形中框出需要取点的部分，取点后的图形如图6-44所示。

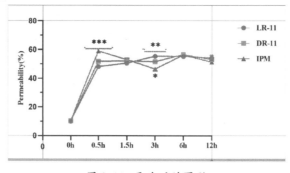

图6-44 取点后的图形

步骤05 此时Origin会自动生成一个新的工作表，命名为"Digitize1"，单击进去即可看到取点后生成的新工作表，如图6-45所示。此时便完成了读取图形数据。

	A(X)	B(Y)	C(L)
长名称		PickedData	
单位			
注释			
F(x)=			
刻度类型	线性刻度	线性刻度	
10	17.37194	3.28	
11	18.26281	4.3	
12	18.26281	3.88	
13	18.26281	3.66	
14	19.15367	4.8	
15	19.15367	4.3	
16	19.15367	4.04	
17	20.04454	9.18	
18	20.04454	5.28	
19	20.04454	4.72	
20	20.04454	4.42	
21	20.93541	9.06	
22	20.93541	5.76	
23	20.93541	5.14	
24	20.93541	4.8	
25	21.82628	9.06	
26	21.82628	6.24	
27	21.82628	5.54	
28	21.82628	5.18	
29	22.71715	9.06	
30	22.71715	6.74	
31	22.71715	5.96	
32	22.71715	5.56	
33	23.60802	9.06	
34	23.60802	7.22	
35	23.60802	6.38	
36	23.60802	5.94	
37	24.49889	9.06	
38	24.49889	7.7	

Digitize1

图6-45　取点后生成的新工作表

技巧02 科学图形注释

在对图形进行注释时，并非所有注释都需要在同一图形中呈现。我们应选取那些有助于理解图形的注释进行标注。若在同一图形中显示过多注释，将使图形显得杂乱无章，降低其可读性。下面以一个具体的示例来说明如何进行科学的图形注释。

图6-46　原始样条图

打开“同步学习文件\第6章\数据文件\技巧02演示.opju”数据文件，绘制样条图，原始样条图如图6-46所示。一般情况下，我们只需添加该直线的函数式即可，无需额外进行标注，如图6-47所示。在该样条图上加上其他的注释以作对比，如图6-48所示。图6-48相对于图6-47，加了其他不必要的注释，版面显得较为拥挤，因此科学的图形注释就是要取自己需要的注释进行标注即可。

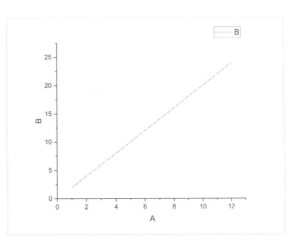

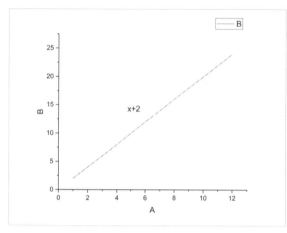
图6-47　加注函数式的样条图

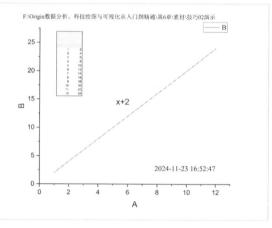
图6-48　多种标注下的样条图

本章小结

Origin软件具备强大的图形管理与注释功能。本章详细阐述了图形管理的方法，包括页面缩放和平移、图形移动、数据选择等；还深入探讨了如何读取图形数据，帮助用户准确提取关键数据用于深度分析。此外，本章还讲解了图形注释的技巧，介绍如何在图形中绘制箭头、直线、矩形等注释，以提升数据可视化效果。最后，本章还介绍了在图形中插入对象的方法，如公式、表格、时间等，以增强图形的信息传达能力。通过本章内容的学习，读者能够熟练掌握图形管理与注释的方法，从而更好地理解图形中表达的深层含义。

第7章 布局优化：图形布局管理与输出

【本章导读】

在Origin中完成图形绘制后，为了便于数据可视化结果的查看、对比、校验和共享，需要进行专业的图形布局管理和输出设置。本章将详细介绍布局窗口的使用、图形分享的方法，以及图形和布局窗口的输出、图形打印的技巧。

7.1 图形布局窗口

布局窗口是Origin中用于专业排版的核心工具。通过布局窗口，用户可以对现有的数据和图表进行科学的版面设计，在有限的空间内合理调整可视化元素的位置、尺寸和比例关系，实现信息呈现的最优化。

7.1.1 在布局窗口添加图形和工作表

在Origin中对图形进行布局时，首先需要新建布局窗口，然后在布局窗口中添加图形和工作表。

1. 新建布局窗口

新建布局窗口可以通过三种方法来实现。一是在窗口空白区域右击，在弹出的快捷菜单中执行【文件】→【新建】→【布局】命令，如图7-1所示；二是直接执行菜单栏中的【文件】→【新建】→【布局】命令，如图7-2所示；三是单击【标准】工具栏上的【新建布局】按钮 。

图7-1 新建布局窗口方法1

图7-2 新建布局窗口方法2

新建的空白布局窗口，默认为横向布局窗口，如图7-3所示。在布局窗口的灰白区域右击，即可弹出如图7-4所示的快捷菜单，在快捷菜单中选择【旋转页面】命令，横向布局窗口将旋转为纵向布局窗口，如图7-5所示。

图7-3 新建的空白布局窗口　　　　图7-4 快捷菜单　　　　图7-5 纵向布局窗口

2. 在布局窗口添加图形和工作表

在新建好布局窗口后，向布局窗口添加图形和工作表有以下两种方法。

方法1：在新建布局窗口已经打开的情况下，执行菜单栏中的【插入】→【图】或【工作表】命令，如图7-6所示。

方法2：在布局窗口中的空白处右击，在弹出的快捷菜单中选择【添加图形窗口】或【添加工作表】命令，如图7-7所示。

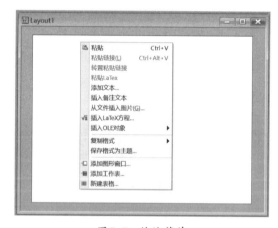

图7-6 【插入】菜单　　　　　　　　图7-7 快捷菜单

通过上面两种方法都可以打开【图形浏览器】对话框或【工作表浏览器】对话框，在该对话框中选择需要加入的图形或工作表，如图7-8和图7-9所示。然后单击【确定】按钮，在布局窗口中单击，即可将所需的图形或工作表添加到布局窗口中。

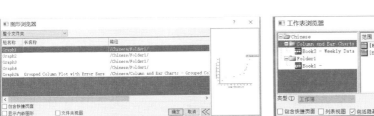

图7-8 【图形浏览器】对话框　　　　图7-9 【工作表浏览器】对话框

此外，也可以在目标图形窗口活动的情况下，执行【编辑】→【复制页面】命令，随后转到布局窗口中执行【编辑】→【粘贴】命令，完成图形或工作表的添加。

在布局窗口中单击，即可将所需的图形或工作表添加到布局窗口中，单击图形或工作表通过鼠标拖动其方框的控点可以调整图形或工作表的大小和尺寸。释放鼠标，即可成功将图形或工作表添加到布局窗口中。所添加的图形或工作表也可以通过鼠标左键任意拖动其在布局窗口中的位置。

温馨提示 ⚠ 如果所添加的对象原来是图形窗口，则该图形窗口中所有内容都将在布局窗口中显示；如果所添加的对象是工作表窗口，则在布局窗口中仅显示工作表中的单元格数据和栅格，工作表中的标签不显示。添加的图形或工作表将保持其在原窗口中的显示状态。

7.1.2 布局窗口对象的编辑

布局窗口中的图形和工作表作为对象进行管理时，虽然不能直接编辑这些对象的内容，但可以进行移动、调整大小和设置背景等操作。

● 页面设置：执行菜单栏中的【文件】→【页面设置】命令，即可弹出【页面设置】对话框，如图7-10所示。利用该对话框可以对布局窗口的纸张大小、方向和页边距进行设置。

● 对象属性：在布局窗口中的对象上右击，在弹出的如图7-11所示的快捷菜单中选择【属性】命令，即可弹出【对象属性-GPage】对话框，如图7-12所示。在该对话框中，可以对布局窗口中的对象进行尺寸、图像和程序控制的设置。单击不同的选项卡即可弹出不同的设置选项。

● 编辑修改：当需要对所添加的图形或工作表

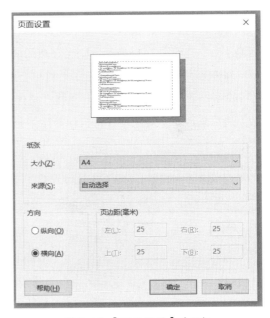

图7-10 【页面设置】对话框

进行编辑修改时，需要返回原图形或工作表窗口中进行编辑修改。右击需要编辑修改的对象，在弹出的快捷菜单中选择【跳转到窗口】命令，即会返回到原图形或工作表，再对其进行编辑修改。

● 刷新操作：在原图形或工作表窗口中进行编辑修改后，再返回布局窗口时，执行菜单栏中的【窗口】→【刷新】命令，如图7-13所示，或者单击【标准】工具栏中的【刷新】按钮，即可更新并显示布局窗口中的对象。

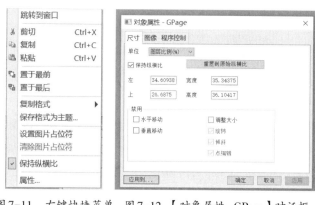

图7-11 右键快捷菜单　　图7-12 【对象属性-GPage】对话框　　图7-13 【窗口】下拉菜单

7.1.3 排列布局窗口中的对象

在Origin中，布局窗口中的对象排列可以通过利用栅格辅助、【对象编辑】工具栏中的工具、【对象属性】对话框三种方法实现。

1. 利用栅格辅助

利用栅格辅助排列对象的具体的操作步骤如下。

步骤01 选中布局窗口，将布局窗口置于当前，执行菜单栏中的【查看】→【显示】→【页面网格】命令，如图7-14所示，则会在布局窗口中显示栅格，如图7-15所示。

步骤02 右击布局窗口中的图形对象，则会显示出如图7-16所示的快捷菜单，选择【保持纵横比】命令，布局窗口中的图形对象将严格保持其原始图形窗口的宽高比例。当拖动图形右侧的调整控点进行缩放时，对象尺寸将自动等比例变化。

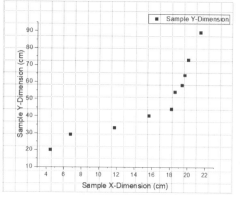

图7-14 【查看】菜单栏　　　　图7-15 显示栅格的图形对象　　　　图7-16 快捷菜单

步骤03 可以通过借助栅格调整图形对象的位置，选中要调整位置的图形对象，按住鼠标左键拖动图形，将其移动到栅格上的合适位置，并可以根据栅格的线条来对齐图形的边缘或中心，以确保图形的位置准确。在移动图形时，可以使用键盘上的方向键进行微调，以便更精确地调整图形的位置。

2. 利用【对象编辑】工具栏中的工具

利用【对象编辑】工具栏中的工具也可以排列布局窗口中的对象，如图7-17所示。

图7-17 【对象编辑】工具栏

各工具的作用介绍如下。

- （左）：左对齐。
- （右）：右对齐。
- （顶端）：顶端对齐。
- （底部）：底部对齐。
- （垂直）：垂直对齐。
- （水平）：水平对齐。
- （统一宽度）：统一宽度（矩形、椭圆和UIM对象）。
- （统一高度）：统一高度（矩形、椭圆和UIM对象）。
- （水平分布）：水平分布。
- （垂直分布）：垂直分布。
- （最前）：把选取的对象/图层置于最前。
- （最后）：把选取的对象/图层置于最后。
- （置前）：把选取的对象/图层置前。
- （置后）：把选取的对象/图层置后。
- [置前（数据）]：把选取的对象置于数据绘图之前。
- [置后（数据）]：把选取的对象置于数据绘图之后。
- （组合）：组合。
- （解散组合）：解散组合。

如果【对象编辑】工具栏没有显示在工作界面中，可以执行菜单栏中的【查看】→【工具栏】命令，在弹出的工具栏【自定义】对话框中勾选【对象编辑】复选框，此时【对象编辑】工具栏则会在工作界面中显示。

如果布局窗口中含有多个图形对象，则可以在按住【Shift】键的同时单击需要选择的对象，再单击【对象编辑】工具栏中的工具，这样就可以对选中的多个图形对象同时进行排列了。

3. 利用【对象属性】对话框

通过【对象属性】对话框，可同时对多个对象进行精确布局，从而可以使其实现精准定位。利用【对象属性】对话框排列对象的具体操作步骤如下。

步骤01 将布局窗口置于当前，右击布局窗口中的图形对象，在弹出的快捷菜单中执行【属性】命令，则会打开【对象属性-GPage】对话框，如图7-18所示。

步骤02 在【对象属性-GPage】对话框中，单击【尺寸】选项卡，输入相应的尺寸和位置数值，即可完成对象的布局排列。也可以勾选【保持纵横比】复选框，使其保持相适应的纵横比。

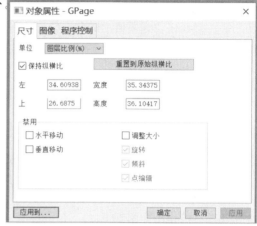

图7-18 【对象属性-GPage】对话框

7.2 图形分享

在Origin中创建的图形对象支持通过OLE（Object Linking and Embedding，对象连接与嵌入）技术共享到各类办公软件，其中典型的软件包括Word、Excel、PowerPoint等。

7.2.1 导出图形到其他软件

Origin提供了4种专业的数据交换方式，可以将图形对象导出至其他软件的文件中。

1. 通过剪贴板实现数据交换

在Origin中可以通过剪贴板实现数据交换，该方法能够将Worksheet和Matrix类型的对象使用【粘贴】命令复制到如".xls"格式之类的数据表文件或是".doc"".txt"格式的文本文件中。具体的操作步骤如下。

步骤01 选中需要输出的图形对象，执行菜单栏中的【编辑】→【复制页面】命令，复制选中的图形对象。

步骤02 在选择的目标文档中执行【粘贴】命令，这样就可以将复制的图形对象粘贴到目标文件中了。

> **温馨提示** ⚠ 如果需要将Excel或文本文件中的多列数据导入Origin工作表或矩阵表中，推荐使用导入向导中的"剪贴板导入"功能，该方法能有效避免因格式转换导致的数据错位问题。

2. 插入Origin图形窗口文件

将Origin图形保存为图形窗口文件（*.ogg），可以在其他应用程序文件中作为对象插入，具体的操作步骤如下。

步骤01 在Origin中，执行菜单栏中的【文件】→【保存窗口为】命令，会弹出如图7-19所示的【保存窗口为: window_saveas】对话框，在【文件类型】下拉列表框中选择【OGG】选项，即可将图形窗口保存为图形窗口文件。

步骤02 在目标应用程序中（以Word为例），执行【插入】→【文本】→【对象】命令，会弹出【对象】对话框，单击【由文件创建】选项卡，如图7-20所示，单击【浏览】按钮，在打开的【浏览】对话框中选择插入刚刚保存的".ogg"格式文件，单击【打开】按钮。

图7-19 【保存窗口为：window_saveas】对话框　　图7-20　Word中的【对象】对话框

步骤03 在【对象】对话框中，取消勾选【链接到文件】复选框，单击【确定】按钮，即可将Origin图形插入Word应用程序的文件中。

3. 创建并插入新的Origin图形对象

前面两种方式是将已有的Origin文件插入其他软件中，实际上也可以直接在其他软件中进行操作，同样以Word为例，具体的操作步骤如下。

步骤01 在目标应用程序中，这里在Word文档中，执行【插入】→【文本】→【对象】命令，打开【对象】对话框，然后在【新建】选项卡下的列表框中选择【Origin Graph】选项，如图7-21所示。

步骤02 单击【确定】按钮，Origin会打开一个新的图形窗口，新建的图形窗口默认为坐标轴，如图7-22所示，因此需要再新建一个工作表，执行菜单栏中的【文件】→【新建】→【工作簿】→【构造】命令。

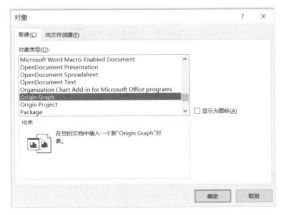

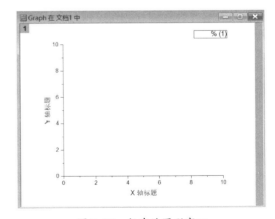

图7-21 【对象】对话框　　　　　　　　　图7-22　新建的图形窗口

步骤03 在Origin新建的工作表中输入或导入数据，然后双击□处即可打开【图层内容：绘图的添加,删除,成组,排序-Layer1】对话框,并使用该对话框选中相应的工作表名称,以添加数据至图层中,如图7-23所示,其余步骤与常规Origin作图操作相同。

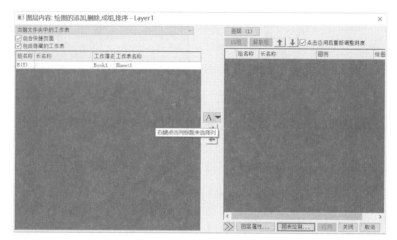

图7-23 【图层内容:绘图的添加,删除,成组,排序-Layer1】对话框

步骤04 执行菜单栏中的【文件】→【更新】命令,返回图形给Word即可。

4. 使用嵌入式图表

此外,我们还可以用嵌入的方式在其他软件中插入Origin图表,具体的操作步骤如下。

步骤01 在Origin中,执行菜单栏中的【设置】→【选项】命令,在弹出的【选项】对话框中选择【图形】选项卡,勾选右下角的【启用OLE就地编辑】复选框,如图7-24所示。

步骤02 单击【确定】按钮,再通过使用剪贴板把图形复制到目标应用程序中,如Word之类的软件中。最后图形就成功嵌入文档中了,设置好嵌入的图形可直接在文档中编辑,不用再打开Origin软件。

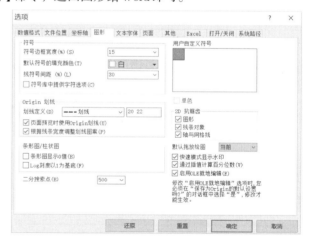

图7-24 【选项】对话框

7.2.2 在其他软件中创建和编辑图形链接

Origin提供了两种在其他软件中创建Origin图形链接的方法。创建链接后,用户既可以在Origin中编辑原始项目文件或图形窗口文件,也可以在目标应用程序中直接修改链接的图形。

1. 创建Origin项目文件(*.opj)中的图形链接

在其他软件中创建Origin项目文件(*.opj)中的图形链接,具体的操作步骤如下。

步骤01 在Origin中,打开所需的项目文件,将需要创建在Origin项目文件中的图形窗口置于当前。

步骤02 执行菜单栏中的【编辑】→【复制页面】命令，则该图形窗口会复制到剪贴板上。

步骤03 在其他应用程序中，以Word为例，在Word中执行【开始】→【剪贴板】→【选择性粘贴】命令，则会打开如图7-25所示的【选择性粘贴】对话框。

步骤04 在【选择性粘贴】对话框中，选择【形式】列表框中的【Origin Project 对象】选项，单击【确定】按钮，此时Origin的图形就被链接到应用程序Word文档中了。

2. 创建现存的图形窗口文件（*.ogg）的图形链接

在其他软件中创建现存的图形窗口文件（*.opg）的图形链接，具体的操作步骤如下。

图7-25 【选择性粘贴】对话框

步骤01 在目标应用程序中，以Word为例，执行【插入】→【文本】→【对象】命令，则会打开【对象】对话框，如图7-26所示。

步骤02 在【对象】对话框中，单击【由文件创建】选项卡，在【文件名】文本框中输入"*.ogg"，单击【浏览】按钮，即会打开【浏览】对话框，选择需要插入的文件，单击【打开】按钮。

步骤03 在【对象】对话框的【由文件创建】选项卡中，勾选【链接到文件】复选框，单击【确定】按钮，Origin中的图形就能够成功地链接到目标应用程序Word的文件中。

图7-26 【对象】对话框

3. 编辑创建好的图形链接

在目标应用程序中建立Origin图形的链接后，可以通过以下步骤进行编辑和更新。在Origin中，打开包含原始图形的项目文件或图形窗口文件。对图形进行修改后，执行菜单栏中的【编辑】→【更新客户端】命令，如图7-27所示，目标应用程序中的链接图形将自动更新。

在目标应用程序中建立Origin图形的链接后，用户也可以直接在目标应用程序中编辑链接的Origin图形，双击目标应用程序中的链接图形，Origin将自动启动并加载该图形。在Origin中完成

图7-27 【更新客户端】命令

图形的编辑修改后，执行菜单栏中的【编辑】→【更新客户端】命令，目标应用程序中链接的图形将同步更新。

7.3 图形和布局窗口输出

在Origin中，用户可以将图形和布局窗口导出为图形文件，供其他应用程序使用。然而，通过这种方法导出的图形在目标应用程序中为静态图像，无法直接通过Origin进行编辑。若在Origin中修改了原始图形，用户需要重新导出图像文件，并在目标应用程序中手动替换旧文件才能实现更新。

7.3.1 通过剪贴板输出

通过剪贴板输出图形和布局窗口的具体的操作步骤如下。

步骤01 在Origin中，将需要输出的图形窗口置为当前窗口，执行菜单栏中的【编辑】→【复制页面】命令，即可将图形复制到剪贴板中。

步骤02 打开需要的目标应用程序，在该程序中执行【粘贴】命令，即可通过剪贴板将Origin的布局窗口和图形输出到该目标程序中。

需要注意的是，通过剪贴板输出的图形默认比例为100:1，这表示输出图形与图纸之间的比例关系。若用户希望调整这一比例，可以在Origin中执行菜单栏中的【设置】→【选项】命令，在【选项】对话框中选择【页面】选项卡，在【复制图】选项组的【大小因子】下拉列表框中，选择或设置所需的输出比例，如图7-28所示。

图7-28 【选项】对话框

7.3.2 图形输出基础

通过图形输出基础的具体操作步骤如下。

步骤01 在Origin中，将需要输出的图形或布局置为当前，执行菜单栏中的【文件】→【导出图（高级）: expGraph】命令，会弹出如图7-29所示的对话框。

步骤02 在【导出图（高级）: expGraph】对话框中，在【图像类型】下拉列表框中选择

图7-29 【导出图（高级）: expGraph】对话框

所需输出的图像类型，输入文件名字和路径，单击【确定】按钮，即可将图形保存为文件。

在Origin中，支持多种图形格式，每种格式都有其特定的使用场景。

7.3.3 图形格式选择

在Origin中，可导出的图形文件类型分为矢量图和位图。

矢量图通过数学公式（线段、曲线和几何形状）描述图像，因此得名。它不仅包含色彩和位置信息，还具有许多优秀特性。矢量图可以无限缩放不失真；输出分辨率与设备无关，可确保印刷质量；文件体积通常较小（适用于简单图形）。

常见的矢量图格式包括 Encapsulated Postscript（*.eps）、扩展图元文件（*.emf）、SVG(*.svg)、AutoCAD 图形交换（*.dxf）等。

位图（又称点阵图像）通过像素阵列记录图像信息。其特点是放大后会出现锯齿；文件体积较大（尤其是高分辨率时）；支持复杂色彩表现（如照片）。

常见的位图格式包括位图（*.bmp）、Zsoft PC Paintbrush位图（*.pcx）、图形交换格式（*.gif）、联合照片专家组（*.jpg,*.jpc,*.jpeg）、标签图像文件（*.tif,*.tiff）、便携式网络图形（*.png）等。

鉴于矢量图的这些优势，一般推荐使用矢量图格式。在常见的矢量图格式中，Encapsulated Postscript（*.eps）是一种与平台和打印机无关的矢量格式，是所有矢量图的首选格式，而扩展图元文件（*.emf）格式是Windows平台最常用的矢量格式，也是最佳选择之一。在Origin中，导出扩展图元文件格式（*.emf）时，可在输出对话框（如图7-30所示）的【文件名字】选项中采用默认的长名称自动命名。导出文件后，在Word中可通过执行【插入】→【插入图片】命令导入该文件，调整大小时需保持图形的纵横比不变，以避免图形变形。

需要注意的是，部分出版社可能仅支持位图格式，如标签图像文件（*.tif, *.tiff），需提前确认投稿指南。由于位图受到多个因素的影响，因此其参数要比矢量图复杂一些，尤其是图形的分辨率，建议将DPI（分辨率）设置为 600 DPI 或 1200 DPI。输出 TIF 格式的对话框如图7-31所示。

图7-30　输出扩展图元文件格式　　　　　图7-31　输出TIF格式

7.4 图形打印

在 Origin 中，可自定义打印图形窗口中的所有可见元素。用户可通过设置精确控制需要输出的显示内容（如坐标轴、图例、数据曲线等）。但需注意，仅当元素在图形窗口中处于可见状态时，才能被打印输出；若元素被隐藏，则无法打印该元素。

7.4.1 元素显示控制

在 Origin 的菜单栏中拥有能够控制图形窗口中的元素显示的命令，执行菜单栏中的【查看】→【显示】命令，在弹出的下拉菜单中可以选择需要显示在打印图形上的元素，如图层图标、图层网格、页面网格等，如图7-32所示。当下拉菜单中的选项前有勾选符号时，即表示该选项已经被选中，就可以在打印的图形中显现出来。

图 7-32 【显示】下拉菜单

7.4.2 打印页面设置和预览

在 Origin 中还可以对打印页面效果进行设置。

1. 打印页面设置

在打印 Origin 中的图形文件前，可以先对需要打印的图形文件按照个人所需设置其页面，具体的操作步骤如下。

步骤01 打开 Origin 中需要打印的图形窗口，执行菜单栏中的【文件】→【页面设置】命令，就会弹出如图7-33所示的【页面设置】对话框。

步骤02 在【页面设置】对话框中，可以选择设置纸张、方向和页边距，按照要求设置好后，单击【确定】按钮，即可完成打印的页面设置。

2. 打印页面预览

在 Origin 中，打印图形文件前提供了打印预览功能，执行菜单栏中的【文件】→【打印预览】命令，就会弹出需要打印的图形文件的预览窗口，如图7-34所示。

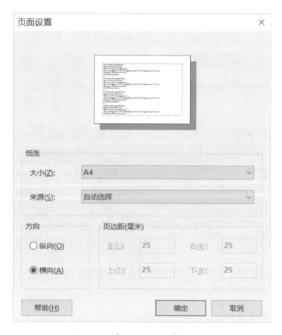

图 7-33 【页面设置】对话框

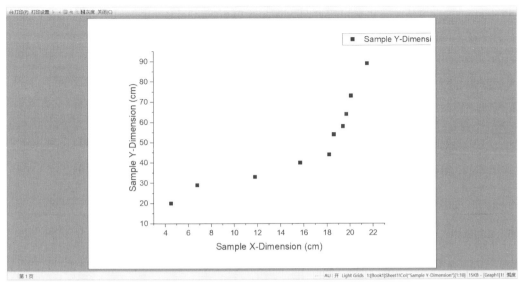

图 7-34　预览窗口

7.4.3 【打印】对话框设置

1. 打印图形窗口

在 Origin 中，打印图形窗口，只需要执行菜单栏中的【文件】→【打印】命令，在弹出的【打印】对话框中进行设置即可，可以在【名称】下拉列表框中选择打印机，如图 7-35 所示。

2. 打印工作表窗口或矩阵窗口

在 Origin 中，打开工作表窗口或矩阵窗口，执行菜单栏中的【文件】→【打印】命令，打开如图 7-36 所示的【打印】对话框，勾选【选择】复选框。可以选择需要打印的行和列的起始、结束序列。

3. 打印到文件

PostScript 是一种页面描述语言，当把内容打印到 PostScript 文件时，实际上是将 Origin 中的图形以 PostScript 语言的格式进行保存。PostScript 文件能够提供高质量的图形输出，它采用矢量图形描述方式，这与位图不同。许多专业的图形编辑软件和排版软件都

图 7-35　选择打印机

图 7-36　【打印】对话框

支持 PostScript 文件格式，并且可以对其进行进一步的编辑。这为图形的后期处理提供了很大的便利。在科学技术论文写作时，可能需要根据整体的排版风格和要求对 Origin 中的图形进行二次加工，PostScript 文件的可编辑性就能够满足这种需求。

打印到 PostScript 文件的操作步骤如下。

步骤01 打开需要打印的窗口，执行菜单栏中的【文件】→【打印】命令，弹出【打印】对话框。

步骤02 在【打印】对话框中，勾选【打印到文件】复选框，在【名称】下拉列表框中选择一台 PostScript 的打印机。单击【确定】按钮，就会弹出如图 7-37 所示的【打印到文件】对话框。

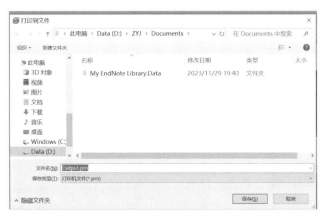

图 7-37 【打印到文件】对话框

步骤03 在【打印到文件】对话框中，输入文件名，选择一个保存文件的位置，单击【保存】按钮，即可打印到指定的文件中。

上机实训：绘制二维折线图并导出 TIF 格式的图片

【实训介绍】

本次实训旨在巩固和深化图形导出的方法，特别是关于如何导出不同类型和质量的图片。通过本次实训，读者将能够更加熟悉并掌握导出图形的具体操作技巧。

【思路分析】

将制作完成的图形导出至其他目标应用程序，一般包含两个主要步骤。第一步，需要对图形进行相应的设置，包括图像类型、大小及其他图像属性。第二步，设置完成后，即可直接在目标应用程序中执行【粘贴】命令，完成图形的导出。

【操作步骤】

步骤01 导入数据。在 Origin 中，导入"同步学习文件\第7章\数据文件\Book1.opju"数据文件。

步骤02 绘制图形。选中"Book1.opju"数据文件中的A(X)、B(Y)数据列,执行菜单栏中的【绘图】→【基础2D图】→【折线图】命令,即可绘制出折线图,如图7-38所示。

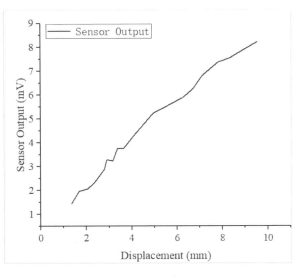

图7-38 折线图

步骤03 设置导出图形布局。将需要输出的图形或布局置为当前,执行菜单栏中的【文件】→【导出图(高级)】命令,如图7-39所示。

步骤04 导出图形。在【导出图(高级):expGraph】对话框中,在【图像类型】下拉列表框中选择所需输出的图像类型,输入文件名字和路径,单击【确定】按钮,即可将图形保存为文件,如图7-40所示。

 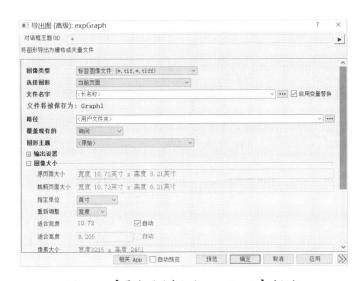

图7-39 菜单栏　　　　　图7-40 【导出图(高级):expGraph】对话框

专家点拨

在数据可视化和分析过程中，将Origin中的图形导出至其他软件具有重要意义。它允许用户充分利用不同软件的优势，进行更广泛的图形处理、文档制作或演示准备。

技巧01 导出图形至PowerPoint

将图形导出至PowerPoint的方法与导出至Word的方法颇为相似。下面将介绍一种简洁高效的方法，即通过剪贴板将图形导出至PowerPoint。

步骤01 单击需要导出的图形对象，在空白区域处右击，会出现如图7-41所示的快捷菜单。

步骤02 选择快捷菜单中的【复制】→【复制图为图片】命令，即可成功复制图形对象到剪贴板。

步骤03 在PowerPoint中执行【粘贴】命令，这样就可以将复制的图形对象导出到PowerPoint。

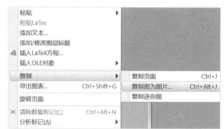

图7-41 【复制】快捷菜单

技巧02 导出工作表为Excel表格

导出工作表为Excel表格的具体的操作步骤如下。

步骤01 在Origin中，单击需要导出的工作表，执行菜单栏中的【文件】→【导出】→【Excel】命令，如图7-42所示，会弹出如图7-43所示的【Excel:expXLS】对话框。

步骤02 在该对话框中，将文件名、文件路径等设置好后，单击【确定】按钮，即可将工作表导出为Excel表格。

图7-42 【导出】菜单命令

图7-43 【Excel：expXLS】对话窗口

本章小结

本章详细介绍了图形布局窗口、图形分享、图形和布局窗口输出及图形打印的相关内容。在 Origin 中，图形可以以布局页面的形式进行输出和打印。此外，本章还提供了导出图形至 PowerPoint 和导出工作表为 Excel 表格的实用技巧。读者可以根据自己的科技论文出版需求和个人使用习惯进行相应的调整。

第8章

洞察数据：数据分析

【本章导读】

Origin作为专业的数据处理软件，不仅提供全面的数值运算工具，还能对数字信号进行精细处理，以满足各类科研分析需求。本章将系统讲解Origin在数值计算、数据处理、曲线拟合及信号处理方面的应用方法。通过本章内容的学习，读者将能够熟练运用Origin进行实验数据的计算、处理与可视化转换的核心技能。

8.1 数值计算

在Origin中，数值计算主要包括数据插值与外推、简单曲线运算、数据标准化、微分与积分等。

8.1.1 数据插值与外推

数据插值和外推是数值分析中常用的两种方法。简单来说，数据插值是根据已知数据点估算函数在其他点的值，而数据外推则是基于已知数据预测函数在范围外的值。数据插值可以分为一维、二维和三维插值，本节将详细介绍插值的方法。

1. 一维插值

在已知（X，Y）离散数据点集的情况下，一维插值通过数学方法构建连续函数关系 $y = f(x)$，从而计算给定 x 值对应的插值 y 值。一维插值按照插值类型不同，分为在工作表中插值、在绘制的图形上插值和轨线插值三种类型。

（1）在工作表中插值

有时我们需要在工作表中插入新的数值，以生成新的Y值，下面将以实例来讲解如何在工作表中进行插值。

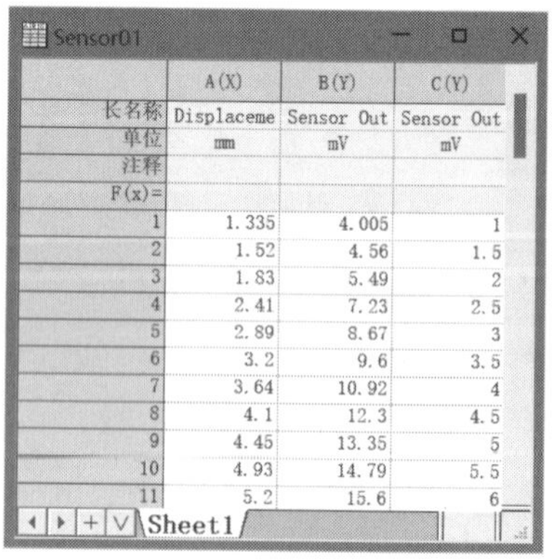
Sensor01

	A(X)	B(Y)	C(Y)
长名称	Displaceme	Sensor Out	Sensor Out
单位	mm	mV	mV
注释			
F(x)=			
1	1.335	4.005	1
2	1.52	4.56	1.5
3	1.83	5.49	2
4	2.41	7.23	2.5
5	2.89	8.67	3
6	3.2	9.6	3.5
7	3.64	10.92	4
8	4.1	12.3	4.5
9	4.45	13.35	5
10	4.93	14.79	5.5
11	5.2	15.6	6

Sheet1

图8-1　原始数据

打开“同步学习文件\第8章\数据文件\3D Interpolation.opju”数据文件，如图8-1所示。选中工作表1中的A(X)、B(Y)数据列，执行菜单栏中的【分析】→【数学】→【从X插值/外推Y】命令，此时会弹出一个对话框，按照如图8-2所示进行设置，单击【确定】按钮，即可进行插值计算。此时工作表中新增一列D(Y)数据列，即插值计算的结果，如图8-3所示。

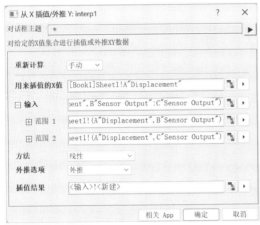

图8-2 【从X插值/外推Y: interp1】对话框　　　　图8-3 插值计算的结果

（2）在绘制的图形上插值

有时我们也需要在绘制的图形上进行插值以对比前后图形的差异，下面将以实例来讲解如何在绘制的图形上插值。在"3D Interpolation.opju"数据文件中，选中工作表1中的A(X)、B(Y)数据列，绘制散点图，如图8-4所示。然后执行菜单栏中的【分析】→【数学】→【插值/外推】命令，在弹出的对话框中进行如图8-5所示的设置后，单击【确定】按钮，进行插值计算。

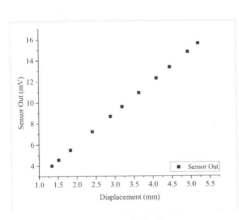

图8-4 散点图　　　　图8-5 【插值/外推: interp1xy】对话框

> **温馨提示** ⚠ 【插值/外推: interp1xy】对话框中部分选项的功能：【重新计算】默认选择【手动】；【输入】可以输入需要插值/外推的行或列；【方法】有线性、三次样条、三次B样条和Akima样条插值四种方法；【点的数量】默认选择【自动】。

插值计算后会出现插值曲线，如图8-6所示，插值曲线相应的数据则保存在工作表1中，如图8-7所示。

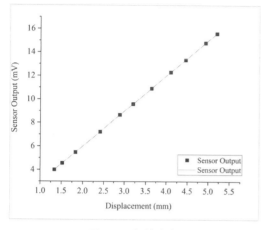

图8-6　插值曲线　　　　　　　　　　图8-7　插值曲线相应的数据

（3）轨线插值

轨线插值是指在曲线中插入新的数值，轨线插值可以进行趋势插值操作，即在原有的曲线上均匀地插入n个数据点，默认是100个点，插入后即能在原图上看到插入的数据点。在散点图中进行轨线插值的具体操作步骤如下。

步骤01 打开"同步学习文件\第8章\数据文件\Nonlinear FIT.opju"数据文件，选中工作表中的A(X)、B(Y)数据列，绘制如图8-8所示的散点图。

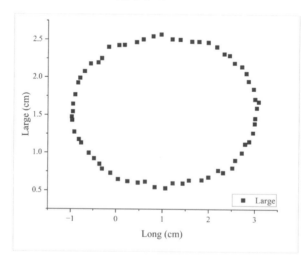

图8-8　数据文件散点图

步骤02 执行菜单栏中的【分析】→【数学】→【轨线插值】命令，弹出【轨线插值：interp1trace】对话框，如图8-9所示。设置完成后，单击【确定】按钮，进行插值计算。

步骤03 插值后的散点图如图8-10所示。

图 8-9 【轨线插值：interp1trace】对话框

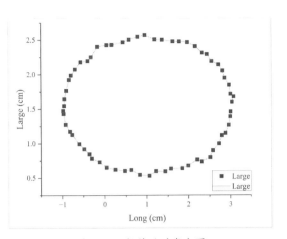
图 8-10 插值后的散点图

2. 二维插值

二维插值是指在（X，Y）数据插入第三维Z值，即变为（X，Y，Z），与一维插值和三维插值类似，二维插值可以通过不同颜色、大小的3D散点图来观察效果。

步骤01 打开"同步学习文件\第8章\数据文件\3D Interpolation.opju"数据文件，执行菜单栏中的【分析】→【数学】→【从XY插值Z】命令，弹出【从XY插值Z: interp2】对话框，如图8-11所示。

步骤02 设置完成后，单击【确定】按钮，完成插值，二维插值数据如图8-12所示。

图 8-11 【从XY插值Z: interp2】对话框　　　图 8-12 二维插值数据

3. 三维插值

三维插值是指在（X，Y，Z）数据插入第四维F值，即变为（X，Y，Z，F），三维插值可以通过不同颜色、大小的3D散点图来观察效果。

步骤01 打开"3D Interpolation.opju"数据文件，执行菜单栏中的【分析】→【数学】→【3D插值】命令，弹出【3D插值: interp3】对话框，如图8-13所示。其中【计算控制】栏用于设定各个方向上的最大值和最小值。

步骤02 设置完成后，单击【确定】按钮，完成插值，插值数据如图8-14所示。

图 8-13 【3D 插值:interp3】对话框   图 8-14 插值数据

8.1.2 简单曲线运算

【简单曲线运算】命令可用于对数据或曲线进行基本的加、减、乘、除运算。对于图形而言，加、减运算可以实现图形沿Y轴或X轴的垂直或水平位移，而乘、除运算则可以调整曲线的幅度或比例。因此，简单的曲线运算不仅用于基本的数学运算，还常用于多条曲线的比较和分析。

1. 曲线的"加、减、乘、除"

我们在绘制曲线图时，有时会遇到多条曲线交叠的情况，这时候可以运用曲线的"加、减、乘、除"将曲线分开以便直观地比较曲线。

步骤01 打开"同步学习文件\第8章\数据文件\Multiple Peaks.opju"数据文件，选中所有数据，如图 8-15 所示，绘制曲线图，如图 8-16 所示。我们会发现所有曲线重叠在一起，不方便观察和描述，因此我们要运用简单曲线运算将曲线分开。

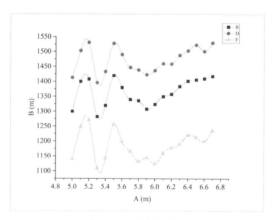

图 8-15 选中所有数据   图 8-16 绘制曲线图

步骤02 执行菜单栏中的【分析】→【数学】→【简单曲线运算】命令，将弹出【简单曲线运算：

mathtool】对话框，如图8-17所示。在对话框中，【运算符】下拉列表框中提供了加、减、乘、除、幂五种基本的数学运算供选择；【运算数】下拉列表框中提供了【参照数据】、【常量】两种类型。【参照数据】表示使用数据集作为操作数；【常量】表示使用常量作为操作数。

步骤03 观察原来的数据，并通过【简单曲线运算：mathtool】对话框中的加、减、乘、除四种操作来分别调整三条曲线的数值，使三条曲线分开，结果如图8-18所示。

图8-17 【简单曲线运算：mathtool】对话框　　　图8-18 调整后的曲线图

2. 曲线的垂直和水平移动

曲线的垂直和水平移动都是针对曲线运动而设置的命令，曲线的垂直移动是将曲线沿着Y轴做上下移动，而曲线的水平移动是将曲线沿着X轴做左右移动，下面将介绍如何使曲线做垂直和水平移动。

步骤01 打开"同步学习文件\第8章\数据文件\Multiple Peaks.opju"数据文件，选中B(Y1)数据列绘制样条图，如图8-19所示。

步骤02 执行菜单栏中的【分析】→【数据操作】→【垂直平移】命令，此时图形上将出现一条水平线，如图8-20所示。

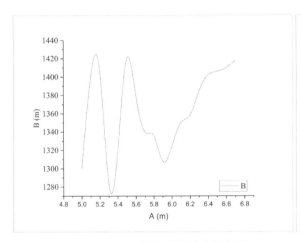

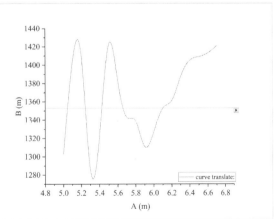

图8-19 B(Y1)数据列绘制的样条图　　　图8-20 出现水平线

步骤03 选中水平线并按住鼠标，将图形垂直移动到需要的地方，如图8-21所示。

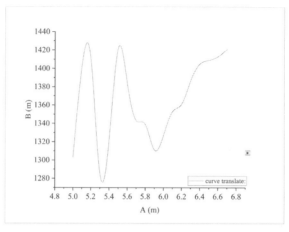

图 8-21　垂直移动图形

水平移动的方法和垂直移动完全一致。执行菜单栏中的【分析】→【数据操作】→【水平平移】命令，Origin 将计算横坐标的差值，该曲线的 X 值即可发生变化。

8.1.3 数据标准化

在 Origin 中，数据标准化主要通过数据排序和曲线归一化来实现。数据排序是对工作表中的数据进行排序，以确保数据按照一定的顺序排列，这是数据标准化的一个关键步骤。曲线归一化则是对图形窗口中的曲线进行规范化操作，以确保不同曲线之间可以进行比较和分析。通过这两个步骤，用户可以更好地理解和分析数据。

1. 数据排序

在 Origin 中，对工作表数据的排序是根据某列或某些列数据的升降顺序进行的。Origin 可以进行单列、多列到整个工作表数据的排序。排序的方法分为简单排序和嵌套排序，以下将详细讲解这两种方法。

（1）简单排序

简单排序可按单列、多列或整个工作表按升序或降序进行排序处理，其操作方法大致相同，只是选择排序的目标区域不一样。下面以单列数据的简单排序为例来讲解其操作方法与步骤。

步骤01 打开"同步学习文件\第8章\数据文件\Displacement.opju"工作表，选择一列数据，如图 8-22 所示。

步骤02 执行菜单栏中的【工作表】→【列排序】命令，选择相应的排序方法，分为【升序】排序和【降序】排序两种，执行不同命令的结果分别如图 8-23 和图 8-24 所示。

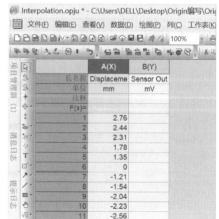

图 8-22　选择数据

工作表中多列数据或部分工作表数据的排序操作同单列数据排序，但是如果选择工作表中多列数据或部分工作表数据的排序，则排序仅在选择范围内进行。其他数据排序的命令也可以在【工作表】菜单命令中找到，如图8-25所示。

	A(X)
长名称	Displaceme
单位	mm
注释	
F(x)=	
1	-2.56
2	-2.23
3	-2.04
4	-1.54
5	-1.21
6	0
7	1.35
8	1.78
9	2.31
10	2.44
11	2.76

图8-23 【升序】排序

	A(X)
长名称	Displaceme
单位	mm
注释	
F(x)=	
1	2.76
2	2.44
3	2.31
4	1.78
5	1.35
6	0
7	-1.21
8	-1.54
9	-2.04
10	-2.23
11	-2.56

图8-24 【降序】排序

图8-25 【工作表】菜单命令

（2）嵌套排序

嵌套排序应用于对工作表的部分数据进行排序。例如，要对未经排序的"Displacement.opju"工作表进行嵌套排序，具体的操作步骤如下。

步骤01 打开"同步学习文件\第8章\数据文件\Displacement.opju"数据文件，选择A(X)列数据，然后执行菜单栏中的【工作表】→【列排序】→【自定义】命令，打开【嵌套排序】对话框，如图8-26所示进行排序设置。

> **温馨提示** ⚠ 【嵌套排序】对话框可以对所选列或整个工作表进行排序，数据类型可以是文本也可以是数值，其中【缺失值作为】可设为【最小】或【最大】，一般选择默认的【最小】即可。

步骤02 嵌套排序也能够应用于整个工作表的排序，一般系统默认的设定如图8-26所示。设置好参数后单击【确定】按钮，即可生成嵌套排序结果，如图8-27所示。

图8-26 【嵌套排序】对话框

	A(X)
长名称	
单位	
注释	
F(x)=	
1	1.2
2	1.4
3	1.6
4	1.8
5	2
6	2.2
7	2.4
8	2.6
9	2.8
10	3
11	3.2

图8-27 嵌套排序结果

2. 曲线归一化

曲线归一化是一种在数据处理和分析中常用的技术，特别是在需要将不同尺度的数据映射到相同尺度范围内以进行更准确的比较和分析时。下面将简单介绍曲线归一化的步骤。

步骤01 打开"同步学习文件\第8章\数据文件\Displacement.opju"数据文件，选择A(X)和B(Y)数据列绘制图表，如图8-28所示。

步骤02 执行菜单栏中的【分析】→【数学】→【曲线归一化】命令，打开【曲线归一化：cnormalize】对话框，如图8-29所示进行设置。

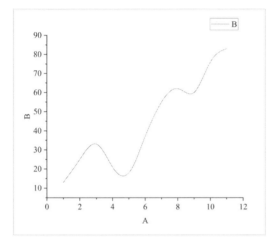

图8-28 原始数据曲线图

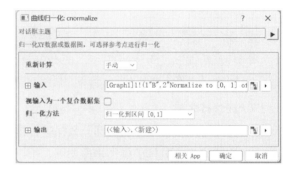

图8-29 【曲线归一化：cnormalize】对话框

温馨提示 勾选【曲线归一化：cnormalize】对话框中的【视输入为一个复合数据集】复选框，可以将输入的多个数据集视为一个复合数据集，若取消勾选，每个数据集则为单独的数据集。本案例中为单独的数据集，因此取消勾选该复选框。

步骤03 设置完成后，单击【确定】按钮，工作表中即可出现曲线归一化的结果，如图8-30所示。原始数据曲线图中也会显示曲线归一化后的曲线图，如图8-31所示。

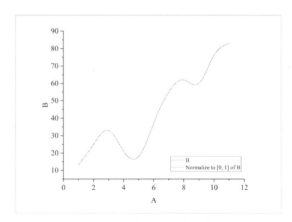

图8-30 曲线归一化结果　　　　　图8-31 曲线归一化的曲线图

8.1.4 微积分

曲线微积分分为曲线微分和曲线积分。本节主要介绍如何进行曲线微分和曲线积分的计算。

1. 曲线微分

曲线微分可以通过计算曲线中相近两点的平均斜率而得。公式如下：

$$y' = \frac{1}{2}\left(\frac{y_{i+1} - y_i}{x_{i+1} - x_i} + \frac{y_i - y_{i-1}}{x_i - x_{i-1}}\right)$$

在科学研究和工程应用中，微分曲线常用于分析函数的局部特性和变化，如斜率的变化、极值点的确定等。微分曲线还可以用于求解微分方程、分析函数的凸性和凹性，以及判断曲线的拐点等。下面介绍如何使用曲线微分方程。

步骤01 打开"同步学习文件\第8章\数据文件\Curve.opju"数据文件，进行绘图，结果如图8-32所示。

步骤02 执行菜单栏中的【分析】→【数学】→【微分】命令，会弹出【微分：differentiate】对话框，如图8-33所示。

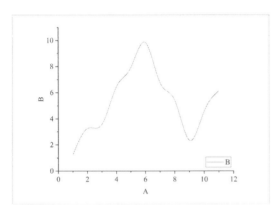
图8-32 原始数据图

图8-33 【微分：differentiate】对话框

> **温馨提示** ⚠ 【微分：differentiate】对话框中的参数介绍如下。
> 【输入】：选择所要进行微分分析的数据列。
> 【导数的阶】：导数的阶分为1～9，依照所需选择，案例中为1阶。
> 【平滑】：曲线的平滑度，系统默认设置，不可更改。
> 【输出】：输出新的工作表，默认为新建工作表。
> 【画出导数曲线】：勾选该复选框则可在输出新工作表时画出导数曲线。

步骤03 在【微分：differentiate】对话框中根据需要完成参数设置后，单击【确定】按钮，即可生成曲线微分结果，如图8-34所示。

步骤04 选中C(Y)数据列，绘制样条图，即可得到微分曲线图，如图8-35所示。

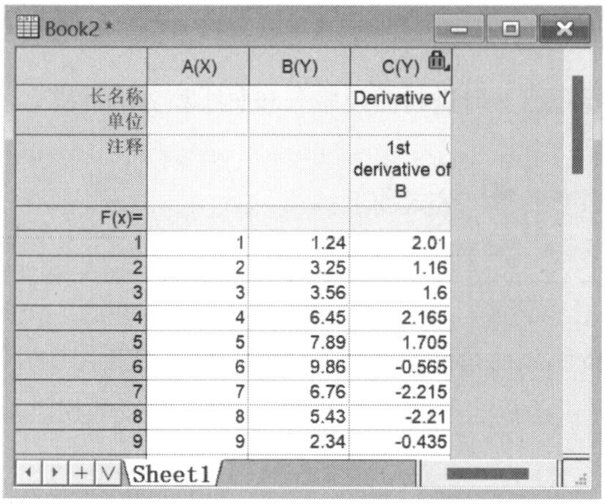

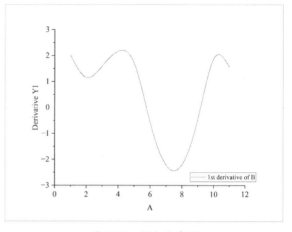

图 8-34 曲线微分结果

图 8-35 微分曲线图

2. 曲线积分

曲线积分是指对当前的数据曲线用梯形法进行积分。曲线积分是微积分中的一个重要概念,用于计算沿曲线的函数值的总和。在 Origin 中,曲线积分通常用于计算曲线下的面积或沿曲线的某种累积效应。

步骤01 再次打开"同步学习文件\第8章\数据文件\Curve.opju"数据文件,进行绘图。

步骤02 执行菜单栏中的【分析】→【数学】→【积分】命令,即可打开【积分:integ1】对话框,如图 8-36 所示。

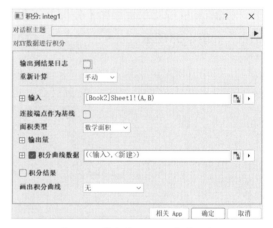

图 8-36 【积分:integ1】对话框

温馨提示 【积分:integ1】对话框中的参数解释如下。

【连接端点作为基线】:连接首尾两端的端点作为基线以比较曲线中的数据。

【面积类型】:可选【数学面积】和【曲线面积】选项。

【输出量】:设置输出的样本量,一般为默认。

【积分曲线数据】:即为导出的新工作表,默认为【新建】。

【积分结果】:勾选则会在新工作表中显示积分结果。

【画出积分曲线】:选择【无】则不画出积分曲线,选择【新建图形窗口】选项则在导出新工作表时同时画出积分曲线。

步骤03 设置【积分:integ1】对话框中的相关参数,设置完成后,单击【确定】按钮,即可生成曲线积分结果,如图 8-37 所示。

步骤04 选中 D(Y) 数据列,绘制样条图,即可得到积分曲线图,如图 8-38 所示。

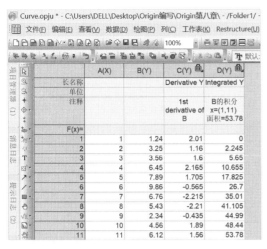

图 8-37 曲线积分结果

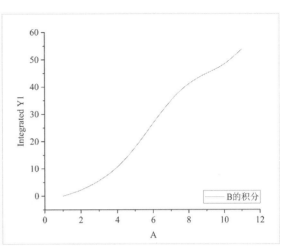

图 8-38 积分曲线图

8.1.5 平均多条曲线

在 Origin 中，平均多条曲线是一个常见的数据处理任务，它可以帮助用户从多条相似的曲线中提取出一个代表性的平均曲线。求多条曲线的平均值是指计算选中的数据列 Y 值的平均值。对于 X 值单调上升或下降的数据，利用菜单栏中的【计算多条曲线的均值】命令可以实现对多条曲线的均值计算。

步骤01 打开"同步学习文件\第 8 章\数据文件\Multiple Peaks.opju"数据文件，选中 B(Y1) 和 D(Y2) 数据列，绘制的样条图如图 8-39 所示。

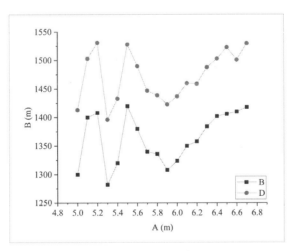

图 8-39 绘制的样条图

步骤02 执行菜单栏中的【分析】→【数学】→【计算多条曲线的均值: avecurves】命令，打开【合并和计算多条曲线的均值: avecurves】对话框，如图 8-40 所示。该对话框中的【方法】下拉列表框中包括【求均值】和【合并】两个选项。

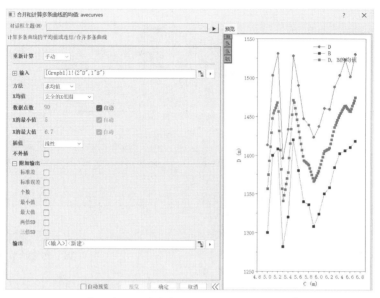

图 8-40 【合并和计算多条曲线的均值：avecurves】对话框

> **温馨提示** 选择【求均值】选项会对所有曲线求均值；选择【合并】选项会将所有曲线的结果合并。

步骤03 选择数据范围和求值方法，单击【确定】按钮，即可计算选中的数据列Y值的平均值，最终图形如图8-41所示。计算结果保存在一个新的工作表中，如图8-42所示。

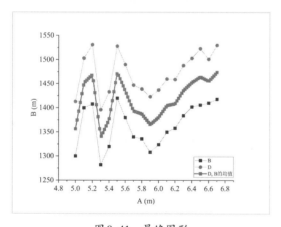

图 8-41 最终图形　　　　　　　图 8-42 计算结果

8.2 数据处理

在Origin中，数据处理主要通过两种方法实现：缩减数据和扣除参考数据。本节将分别介绍这两种方法的原理及具体实现步骤。

8.2.1 缩减数据

在数据处理过程中，有时我们可能需要缩减数据，以适应特定的分析需求或提高计算效率。本节将详细介绍如何使用 Origin 来执行这一操作。缩减数据通常包括两种方式：删减数据和屏蔽数据。

1. 删减数据

Origin 提供了多种数据删减工具和方法，可以帮助用户有效地管理和处理数据集，下面将介绍如何删减数据。

打开"同步学习文件\第 8 章\数据文件\Remove Data.opju"数据文件后，选择需要删除的数据列，这里选中 A(X) 或 B(Y) 列，右击，在弹出的快捷菜单中选择【删除】命令，即可删除选中的数据列，如图 8-43 所示。需要删除数据行时，则先选中所要删除的数据行并在其上右击，在弹出的快捷菜单中选择【删除行】命令，如图 8-44 所示。

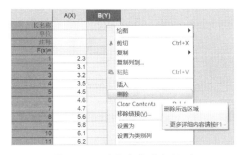

图 8-43　删除选中的数据列

图 8-44　选择【删除行】命令

2. 屏蔽数据

有时在进行数据处理时，会遇到大量数据在一个工作表中的情况。这时我们可以通过隐藏数据行或数据列来屏蔽不需要的数据，如图 8-45 和图 8-46 所示。

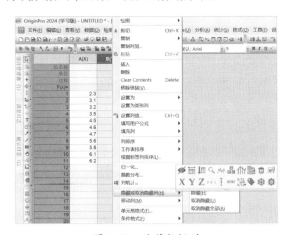

图 8-45　隐藏数据列

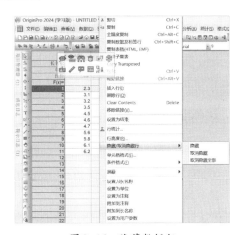

图 8-46　隐藏数据行

8.2.2 扣除参考数据

扣除参考数据是数据处理中的常见操作，主要用于消除背景信号或基线干扰。在空白试验或基线校正场景下，该方法尤为有用。在Origin中，通过"减去直线"功能实现该操作，其核心原理是从当前数据列中减去一条用户定义的参考直线。当原有数据在实验过程中明显偏离基线时，可以通过这种方式进行人为修正。具体的操作步骤如下。

步骤01 打开"同步学习文件\第8章\数据文件\Remove Baseline.opju"数据文件，选中B(Y)数据列绘制样条图，如图8-47所示。

步骤02 执行菜单栏中的【分析】→【数学】→【减去直线】命令，通过鼠标双击确定减去直线的起点和终点，绘制一条用于扣除的直线，结果如图8-48所示。被扣除的直线无法在图中显示出来，只是在扣除后才会显示出值的不同。

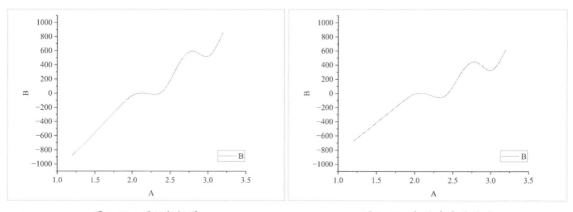

图8-47　原始数据图　　　　　　　　　图8-48　扣除直线的结果

8.3 曲线拟合

曲线拟合是实验数据处理的重要方法，用于建立变量间的数学关系模型，包括经验公式推导和理论模型验证。本节将系统介绍线性拟合、非线性拟合及曲线模拟等关键方法。通过学习这些内容，读者能够熟练掌握在Origin软件中进行各种曲线拟合的技巧和应用。

8.3.1 线性拟合

线性拟合是回归分析的基础方法，适用于描述变量间的线性相关性。其核心是通过最小二乘法最小化观测数据与拟合直线之间的残差平方和，从而确定最佳拟合参数（斜率和截距）。

1. 简单线性拟合

下面通过一个案例详细讲解线性拟合的操作步骤。

步骤01 打开"同步学习文件\第8章\数据文件\Outliner.opju"数据文件，选中A(X)、B(Y)数据列，生成散点图，如图8-49所示。

步骤02 执行菜单栏中的【分析】→【拟合】→【线性拟合】命令，在弹出的【线性拟合】对话框中设置相关参数，如图8-50所示。

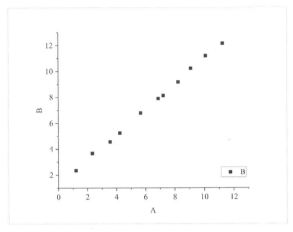

图 8-49 原始数据散点图

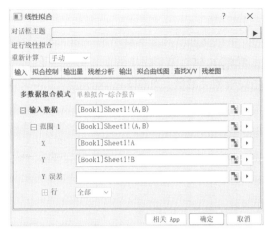

图 8-50 【线性拟合】对话框

温馨提示 ⚠ 【线性拟合】对话框中的参数介绍如下。

【输入数据】：选择需要进行线性拟合的数据列。

【范围1】：选择数据列后会自动填充范围，即线性拟合的范围。

【行】：选择进行线性拟合的行数，一般默认选择【全部】。

步骤03 在参数设置完成后，单击【确定】按钮，即可显示拟合曲线及分析报表。拟合曲线能够直接在原来的散点图上显示出来，如图8-51所示，报表则会生成一个新的工作表，如图8-52所示。

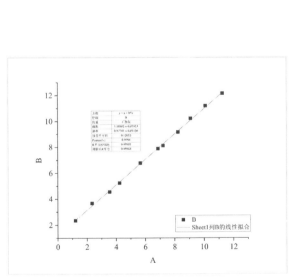

图 8-51 拟合曲线图

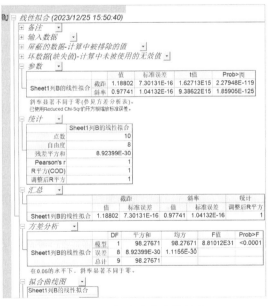

图 8-52 拟合曲线分析报表

2. 屏蔽数据的线性拟合

Origin 也可以进行屏蔽数据的线性拟合，具体的操作步骤如下。

步骤01 打开"同步学习文件\第8章\数据文件\Linear fit delet point.opju"数据文件，选中A(X)、B(Y)数据列，生成散点图，如图8-53所示。

步骤02 执行菜单栏中的【分析】→【拟合】→【线性拟合】命令，在弹出的【线性拟合】对话框中设置相关参数，如图8-54所示。

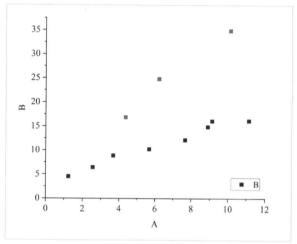

图8-53 原始数据散点图

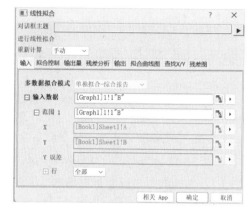

图8-54 【线性拟合】对话框

步骤03 在参数设置完成后，单击【确定】按钮，即可显示拟合曲线及报表，如图8-55和图8-56所示。

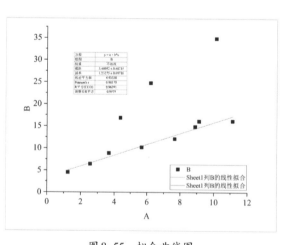

图8-55 拟合曲线图

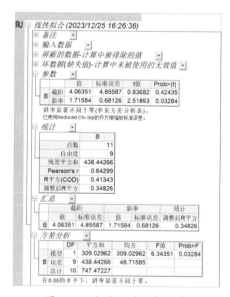

图8-56 拟合曲线分析报表

步骤04 单击左侧工具栏中的【屏蔽活动绘图上的点】按钮，选择需要屏蔽的点，如图8-57所示。软件会自动计算新的线性回归拟合方程，生成新的拟合曲线及分析报表，如图8-58和图8-59所示。

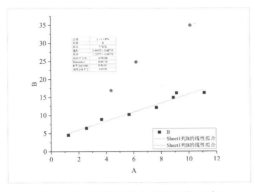

图 8-57 屏蔽数据点后的拟合曲线

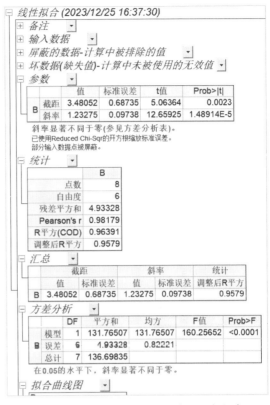

图 8-59 屏蔽数据后拟合曲线的分析报表

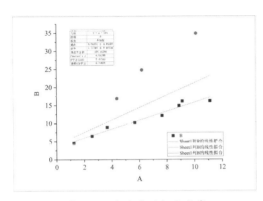

图 8-58 新生成的拟合曲线

3. 带误差棒的线性拟合

在进行实验数据分析时，误差分析是不可或缺的一部分。Origin 软件可以进行带误差棒的线性拟合，这能够直观地展示曲线拟合时数据的误差情况。下面将详细讲解如何进行带误差棒的线性拟合，具体的操作步骤如下。

步骤 01 打开"同步学习文件\第8章\数据文件\GroupX.opju"数据文件，原始数据如图 8-60 所示，选择 A(X)、B(Y) 数据列，执行菜单栏中的【分析】→【拟合】→【带 X 误差的线性拟合】命令，在弹出的【带 X 误差的线性拟合】对话框中设置相关参数，将【Y 误差】设置为 C(Y) 列，如图 8-61 所示。

图 8-60 原始数据　　　　　　　　　图 8-61 【带 X 误差的线性拟合】对话框

步骤02 单击【确定】按钮,输出分析报表,如图8-62所示。双击分析报表中的拟合曲线图,即可查看带Y误差的线性拟合曲线,如图8-63所示。

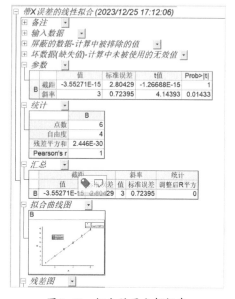

图8-62 拟合结果分析报表

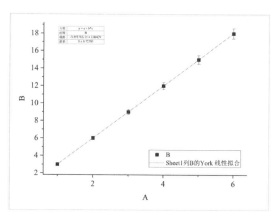

图8-63 带Y误差的线性拟合曲线

步骤03 如果在【带X误差的线性拟合】对话框中将【X误差】设置为C(Y)列,如图8-64所示,单击【确定】按钮,输出的拟合结果分析报表如图8-65所示。

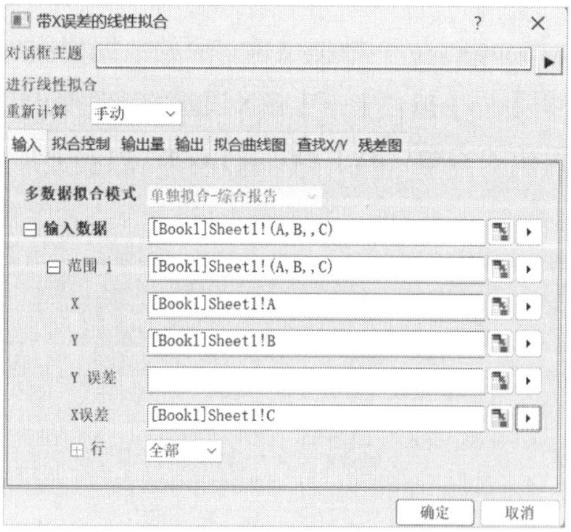

图8-64 【带X误差的线性拟合】对话框

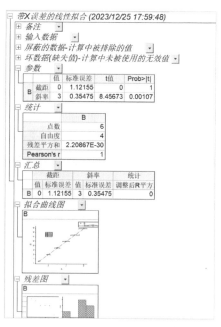

图8-65 拟合结果分析报表

步骤04 双击分析报表中的拟合曲线,即可查看带X误差的线性拟合曲线,如图8-66所示。

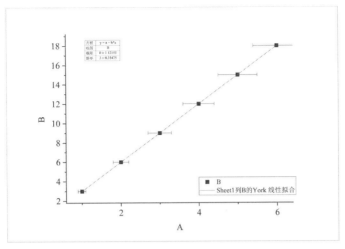

图 8-66 带 X 误差的线性拟合曲线

4. 快速线性拟合

在 Origin 中，还可以通过【Linear (System)】命令实现快速线性拟合，如图 8-67 所示。

例如，要对直线进行快速线性拟合，可以使用 Origin 菜单栏中的【快捷分析】→【快速拟合】→【Linear (System)】命令，以生成快速线性拟合曲线。具体的操作步骤如下。

图 8-67 【快捷分析】菜单命令

步骤01 打开"同步学习文件\第8章\数据文件\quick linear fit.opju"数据文件，原始数据如图 8-68 所示，选择 A(X)、B(Y) 数据列，生成散点图，如图 8-69 所示。

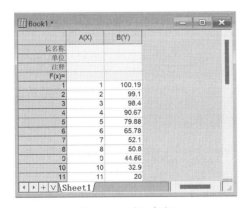

图 8-68 原始数据

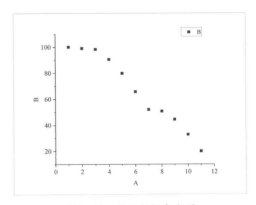

图 8-69 原始数据散点图

步骤02 执行菜单栏中的【快捷分析】→【快速拟合】→【Linear (System)】命令，如图 8-70 所示，移动矩形框可以对矩形框内的数据进行快速拟合，如图 8-71 所示。

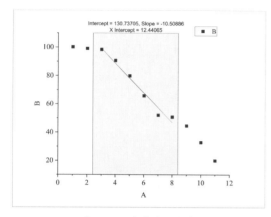

图 8-70 快速线性拟合

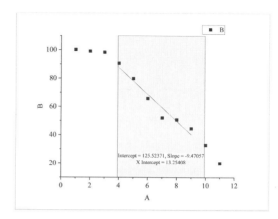

图 8-71 快速线性拟合曲线

步骤03 再次移动矩形框,选定区域内的数据就会进行快速拟合,其拟合直线和主要结果会在散点图上直接显示出来,如图 8-72 所示。

步骤04 单击矩形框右上角的【菜单】按钮▶,在弹出的下拉菜单中选择【新建输出】选项,如图 8-73 所示。快速拟合曲线结果如图 8-74 所示,拟合结果日志如图 8-75 所示。

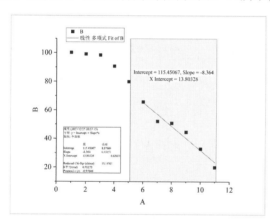

图 8-72 移动后的快速拟合曲线

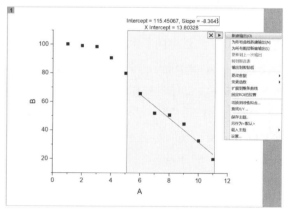

图 8-73 【新建输出】选项

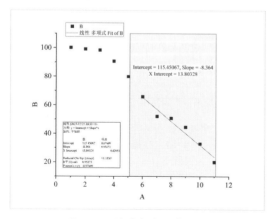

图 8-74 快速拟合曲线结果

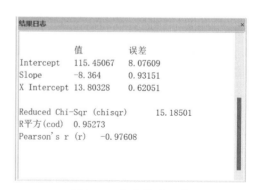

图 8-75 拟合结果日志

8.3.2 多项式拟合

当数据值之间的关系为多项式的关系时，我们在进行曲线拟合时就需要使用多项式拟合。设 X 为自变量，Y 为因变量，多项式的阶数为 k，线性回归方程为：

$$Y = A + B_1X_1 + B_2X_2 + B_3X_3 + \cdots + B_kX_k$$

其中，A、B_1、B_2、$B_3\cdots B_k$ 是待估计的系数。下面将讲解如何进行多项式拟合及如何估计这些系数。本节以 "Polynomial Fit.opju" 文件为案例，通过在散点图中添加多项式拟合曲线来演示多项式拟合的操作。多项式拟合的操作步骤如下。

步骤01 导入 "同步学习文件\第8章\素材\Polynomial Fit.opju" 数据文件，选中工作表中的 A(X) 和 B(Y) 数列，如图 8-76 所示，绘制散点图，如图 8-77 所示。

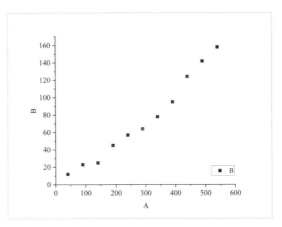

图 8-76 原始数据　　　　　　　　图 8-77 原始数据散点图

步骤02 执行菜单栏中的【分析】→【拟合】→【多项式拟合】命令，在弹出的【多项式拟合】对话框中设置【多项式阶】为【2】，如图 8-78 所示。其中的参数设置可参考线性拟合，设置内容基本相同。

步骤03 设置好参数后，单击【确定】按钮，多项式拟合的回归曲线和拟合结果如图 8-79 所示。

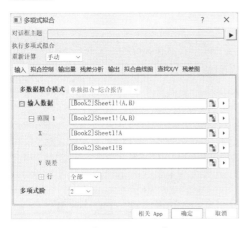
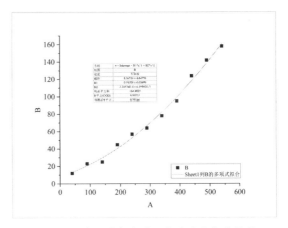

图 8-78 【多项式拟合】对话框　　　　图 8-79 多项式拟合的回归曲线和拟合结果

步骤04 在拟合结果与拟合曲线给出的同时也会给出多项式的分析报表。多项式拟合的分析报表如图8-80所示。

多项式拟合 (2023/12/26 22:07:16)

备注

输入数据

屏蔽的数据-计算中被排除的值

坏数据(缺失值)-计算中未被使用的无效值

参数

		值	标准误差	t值	Prob>|t|
B	截距	8.36559	4.64798	1.79983	0.10958
	B1	0.10708	0.03699	2.89498	0.02005
	B2	3.24476E-4	6.19992E-5	5.23354	7.89466E-4

已使用Reduced Chi-Sqr的开方根缩放标准误差。

统计

	B
点数	11
自由度	8
残差平方和	164.9035
R平方(COD)	0.99333
调整后R平方	0.99166

汇总

	截距		B1		B2		统计
	值	标准误差	值	标准误差	值	标准误差	调整后R平方
B	8.36559	4.64798	0.10708	0.03699	3.24476E-4	6.19992E-5	0.99166

方差分析

		DF	平方和	均方	F值	Prob>F
B	模型	2	24540.73287	12270.36643	595.27502	<0.0001
	误差	8	164.9035	20.61294		
	总计	10	24705.63636			

在0.05水平，拟合方程明显好于方程 y=constant.

拟合曲线图

B

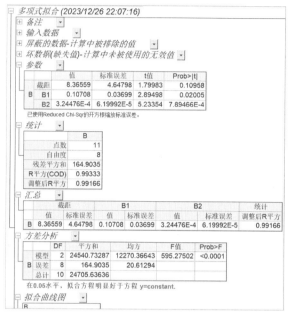

图8-80　多项式拟合的分析报表

8.3.3 多元线性回归

多元线性回归用于分析多个自变量和一个因变量之间的线性关系。在Origin中进行多元线性回归时，需要将工作表中的一列设计为因变量（Y），其他列设置为自变量（X_1，X_2，X_3，…，X_k）。一般多元线性回归方程的形式为：

$$Y = A + B_1X_1 + B_2X_2 + B_3X_3 + \cdots + B_kX_k$$

要在Origin中实现多元线性回归，可以执行【多元线性回归】命令，然后在打开的对话框中按照提示设置工作表中的列，确保因变量和自变量正确对应。设置完成后，Origin将自动计算回归方程的系数，并生成相应的图表和统计信息。具体的操作步骤如下。

步骤01 打开"同步学习文件\第8章\数据文件\Multiple Linear.opju"数据文件，如图8-81所示。

步骤02 执行菜单栏中的【分析】→【拟合】→【多元线性回归】命令，在弹出的【多元回归】对话框中设置【因变量数据】与【自变量数据】，如图8-82所示。

步骤03 单击【确定】按钮，系统将自动输出多元线性回归分析报表，如图8-83所示。

Book1 *

	A(X1)	B(X2)	C(Y2)	D(Y2)
长名称				
单位				
注释				
F(x)=				
Method			2+3X1+4X2	Linear interp of C
1	1	2	13	13
2	2	3	20	20
3	3	4		27
4	4	5		34
5	5	6		41
6	6	7		48
7	7	8		55
8	8	9		62
9	9	10		69

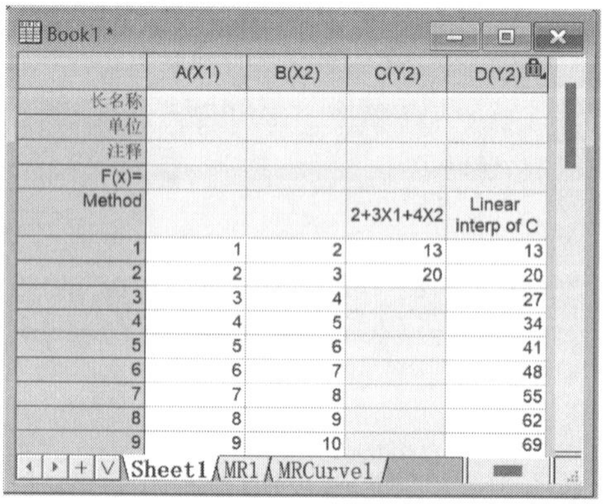

图8-81　原始数据工作表

第 8 章
洞察数据：数据分析

图 8-82 【多元回归】对话框

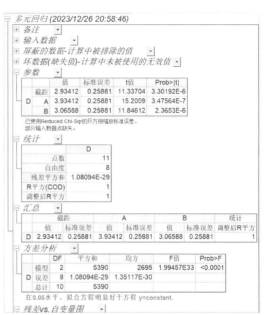

图 8-83 多元线性回归分析报表

8.3.4 非线性拟合

当实验数据无法简单地通过直线关系进行拟合时，就需要使用非线性拟合方法。非线性拟合主要包括非线性曲线拟合、非线性曲面拟合和非线性隐函数拟合等几种方式。本节将详细介绍这三种非线性拟合方法。

1. 非线性曲线拟合

非线性曲线拟合主要是通过执行【非线性拟合】命令来完成的。这里以 "Allometric.opju" 文件为案例来讲解，通过在散点图中添加非线性拟合曲线来讲解非线性拟合操作。

步骤01 导入"同步学习文件\第8章\数据文件\Allometric.opju"数据文件，选中 B(Y) 数据列，如图 8-84 所示，执行菜单栏中的【绘图】→【基础2D图】→【散点图】命令，绘制的散点图如图 8-85 所示。

步骤02 执行菜单栏中的【分析】→【拟合】→【非线性曲线拟合】命令，打开【NLFit】对话框，如图 8-86 所示。

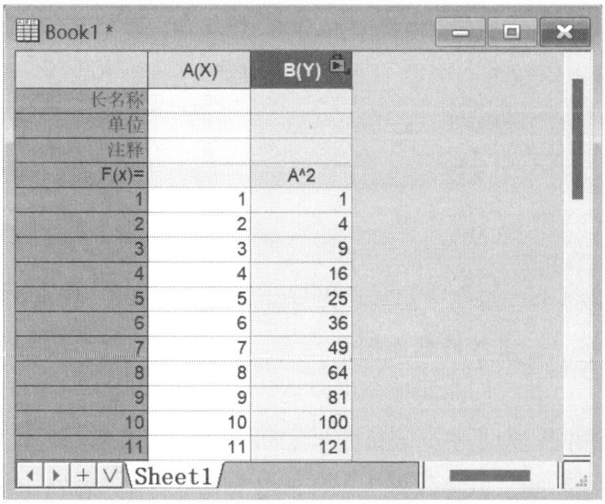

图 8-84 原始数据

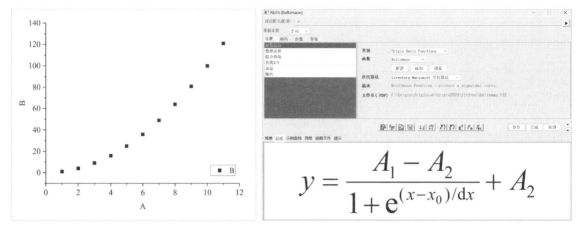

图 8-85　散点图　　　　　　　　　图 8-86　【NLFit】对话框

步骤03 在该对话框中的【设置】选项卡下选择【函数选取】选项,【类别】选择【Origin Basic Functions】,【函数】选择【Allometric1】,根据具体数据设置其他参数,然后单击【拟合】按钮,该函数的拟合就完成了。函数拟合结果图如图8-87所示,拟合报表如图8-88所示。

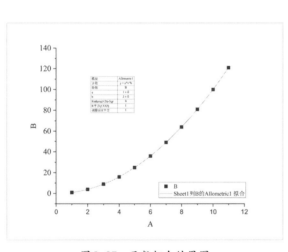
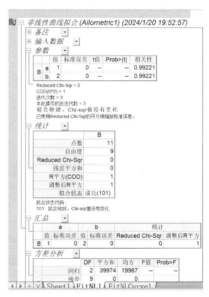

图 8-87　函数拟合结果图　　　　　　　　　图 8-88　拟合报表

2. 非线性曲面拟合

非线性曲面拟合主要是针对三维数据进行拟合。非线性曲面拟合的操作基本与非线性曲线拟合相同,但是不同表格数据之间拟合的要求略有差异。

如果拟合数据为工作表数据时,工作表数据就必须具有X、Y、Z三个数据列。拟合时选中X、Y、Z三个数据列,执行菜单栏中的【分析】→【拟合】→【非线性曲面拟合】命令,即可完成非线性曲面拟合。

如果拟合数据是矩阵表数据时,直接选中矩阵表中的数据,执行菜单栏中的【分析】→【拟合】→【非线性曲面拟合】命令，即可完成非线性曲面拟合。

如果拟合的是三维曲面时，该三维曲面必须采用矩阵绘制。因为曲面拟合有两个自变量，散点图又无法表示平面的残差，因此必须采用轮廓图。非线性曲面拟合的操作步骤如下。

步骤01 打开“同步学习文件\第8章\数据文件\XYZGauss.opju”数据文件，选中A(X)、B(Y)、C(Z)数据列，执行菜单栏中的【工作表】→【转换为矩阵】→【XYZ网格化】命令，即可弹出【XYZ网格化：将工作表转换为矩阵】对话框，如图8-89所示。

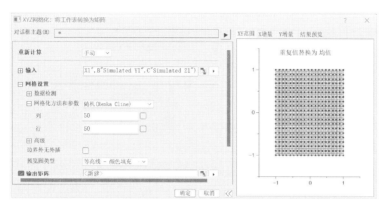

图8-89 【XYZ网格化：将工作表转换为矩阵】对话框

> **温馨提示** 【XYZ网格化：将工作表转换为矩阵】对话框中的参数介绍如下。
> 【数据检测】：检测所选数据集中数据的误差，一般选择默认的即可。
> 【网格化方法和参数】：将XYZ列中的数据转化为矩阵的方法。
> 【列】/【行】：选择转化为矩阵的列/行数。
> 【边界外无外插】：启用该选项时，拟合曲线将严格限制在原始数据的自变量范围内，不对超出范围的数据点进行外插预测。
> 【预览图类型】：生成的结果图的类型。

步骤02 在该对话框中的【网格设置】栏中设置【列】为【50】，【行】为【50】，设置好参数后，单击【确定】按钮，得到的矩阵窗口如图8-90所示。

	1	2	3	4	5	6	7	8	9	10
1	-0.00962	-0.0162	-0.01896	-0.01452	-0.00644	-0.0012	-0.00248	-0.00523	-0.0038	0.00247
2	-0.01711	-0.01358	-0.00314	0.00456	0.00887	0.00349	3.06998E-4	-0.00109	0.00474	0.01081
3	-0.01914	-0.00232	0.01497	0.02012	0.01298	0.00296	-0.00125	0.00426	0.01232	0.01599
4	-0.01075	0.00918	0.02374	0.02232	0.00915	-0.00383	-0.00432	0.00491	0.01641	0.01944
5	0.00332	0.0105	0.02031	0.01338	-0.00152	-0.01872	-0.01387	0.00281	0.01849	0.02185
6	0.01039	0.01343	0.01133	7.11024E-4	-0.01703	-0.02755	-0.0188	0.00168	0.01712	0.02082
7	0.00118	0.00255	6.46851E-4	-0.00764	-0.02365	-0.0296	-0.01924	-6.5282E-4	0.00929	0.01169
8	-0.01366	-0.00782	-0.00377	-0.01048	-0.02033	-0.02536	-0.01664	-0.00774	-5.93596E-	0.00231
9	-0.01656	-0.00713	-0.00316	-0.00851	-0.01641	-0.01962	-0.01506	-0.00787	-0.00249	-0.00132
10	-8.30106E-4	0.00447	-0.00199	-0.00845	-0.01421	-0.01158	-0.00523	0.00139	0.00729	0.00782
11	0.01634	0.00688	-0.00266	-0.00776	-0.00659	-6.89918E-	0.00805	0.01665	0.02049	0.01987
12	0.01711	0.00543	-0.00337	-0.004	0.00184	0.01205	0.02102	0.02801	0.02765	0.02596
13	0.00517	-0.00221	-0.0028	0.00105	0.01112	0.02334	0.0309	0.02972	0.02728	0.02617
14	-0.00473	-0.00465	-0.0015	0.00605	0.01763	0.02767	0.03059	0.0281	0.02572	0.02624

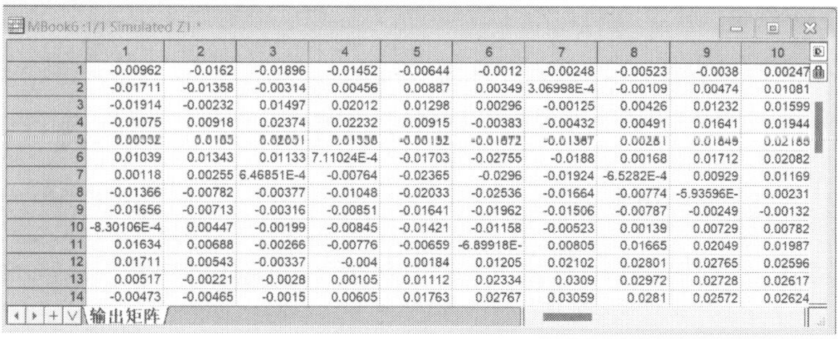

图8-90 矩阵窗口

步骤03 执行菜单栏中的【绘图】→【3D】→【3D线框图】命令，绘制出如图8-91所示的3D

线框图。

步骤04 在矩阵簿窗口中执行菜单栏中的【分析】→【非线性矩阵拟合】命令，弹出【NLFit (Plane)】对话框，在【函数】下拉列表框中选择【Plane】曲面函数，如图8-92所示。

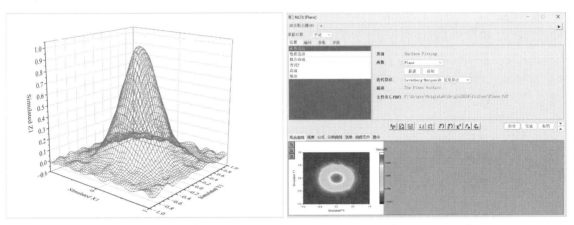

图8-91　3D线框图　　　　　　　　　　　图8-92　【NLFit (Plane)】对话框

步骤05 单击【拟合】按钮，完成曲面拟合，拟合得到的数据如图8-93所示。拟合工作报表如图8-94所示。

图8-93　拟合得到的数据

步骤06 单击拟合工作报表中的图形可以查看拟合曲线，如图8-95所示。

 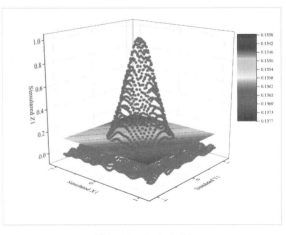

图8-94　拟合工作报表　　　　　　　　　　图8-95　拟合曲线

3. 非线性隐函数拟合

我们一般做的拟合都是针对显函数的拟合,但是有时会遇到需要对隐函数进行拟合的情况,这时就需要用到非线性隐函数拟合。下面以一个椭圆为例子讲解如何做非线性隐函数拟合。

步骤01 打开"同步学习文件\第8章\数据文件\Nonlinear FIT.opju"数据文件,选中A(X)、B(Y)数据列,执行菜单栏中的【绘图】→【基础2D图】→【散点图】命令,绘制如图8-96所示的散点图。

步骤02 执行菜单栏中的【分析】→【拟合】→【非线性隐函数拟合】命令,弹出【NLFit (Ellipse)】对话框,选择【Ellipse】函数,如图8-97所示。根据具体数据设置其他参数,然后单击【拟合】按钮,该函数的拟合就完成了。拟合后的图形如图8-98所示,拟合报表如图8-99所示。

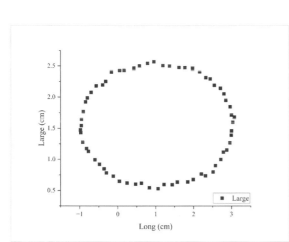

图 8-96 散点图

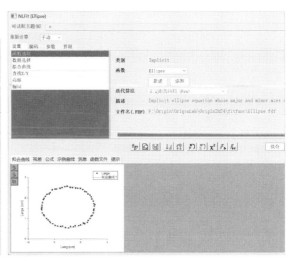

图 8-97 【NLFit (Ellipse)】对话框

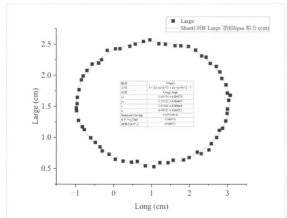

图 8-98 拟合后的图形

图 8-99 拟合报表

8.3.5 指数拟合

在 Origin 中，我们可以对指数函数进行拟合，其中包括指数衰减拟合和指数增长拟合两种类型。下面将详细介绍指数衰减拟合的操作步骤。

步骤01 打开"同步学习文件\第8章\数据文件\Polynomial Fit.opju"数据文件，选择B(Y)数据列绘制散点图，如图8-100所示。

步骤02 执行菜单栏中的【分析】→【拟合】→【指数拟合】命令，弹出【NLFit (ExpDec1)】对话框，在【函数】下拉列表框中选择【ExpDec1】选项，如图8-101所示，即可使用一阶指数衰减函数拟合。如果需要更改指数衰减函数的阶数，可以在【函数】下拉列表框中进行选择。

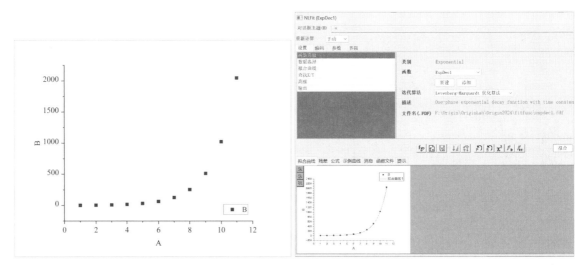

图 8-100　散点图　　　　　　　　图 8-101　【NLFit (ExpDec1)】对话框

步骤03 单击【NLFit (ExpDec1)】对话框中的【参数】选项卡，如图8-102所示，设置对象参数性质，将【y0】和【A1】设置为常数。

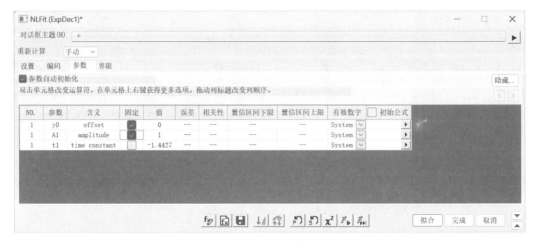

图 8-102　设置对象参数性质

步骤04 在【NLFit (ExpDec1)】对话框中单击【拟合】按钮，即可进行一阶指数衰减函数拟合，如图8-103所示。图8-104为生成的拟合函数报表。

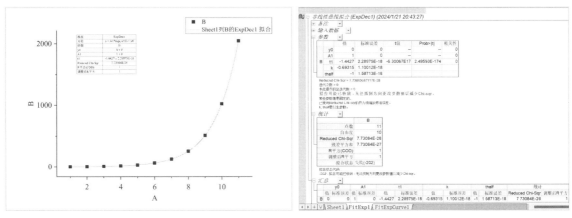

图8-103 一阶指数衰减函数拟合曲线　　　　　图8-104 拟合函数报表

8.3.6 曲线模拟

曲线模拟是指运用已知曲线来生成数据，在Origin中，利用【拟合曲线模拟】命令可以进行已知曲线生成工作表数据的操作。本节以"XYZ Gauss.opju"文件为案例来讲解表面模拟的应用，通过打开【拟合曲线模拟】对话框设置参数，生成所需的拟合曲线图与相应的数据。

步骤01 打开"同步学习文件\第8章\数据文件\XYZ Gauss.opju"数据文件，执行菜单栏中的【分析】→【拟合】→【拟合曲线模拟】命令，弹出【拟合曲线模拟：simcurve】对话框，如图8-105所示进行设置，在【类别】下拉列表框中选择【Origin Basic Functions】选项，在【函数】下拉列表框中选择【Boltzmann】选项。根据具体数据设置其他参数，然后单击【确定】按钮，该函数的拟合就完成了。函数拟合结果如图8-106所示。

 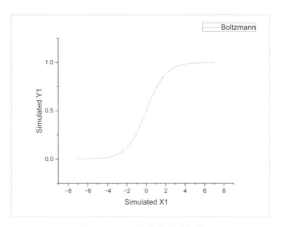

图8-105 【拟合曲线模拟：simcurve】对话框　　　　　图8-106 函数拟合结果

步骤02 双击拟合曲线图形，如图8-107所示，弹出【绘图细节-绘图属性】对话框，单击【工作簿】按钮，即可通过函数图像得到如图8-108所示的拟合数据。

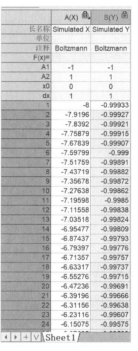

图8-107 【绘图细节-绘图属性】对话框

图8-108 拟合数据

8.3.7 表面模拟

表面模拟类似曲线模拟，也是利用已知曲面生成数据。在Origin中，执行【拟合曲面模拟】命令可以根据已知曲面生成工作表数据。本节以"XYZ Gauss.opju"文件为案例来讲解表面模拟的应用。

步骤01 打开"同步学习文件\第8章\数据文件\XYZ Gauss.opju"数据文件，执行菜单栏中的【分析】→【拟合】→【拟合曲面模拟】命令，弹出【拟合曲面模拟：simsurface】对话框，如图8-109所示进行设置，在【函数】下拉列表框中选择【Gauss2D】选项。

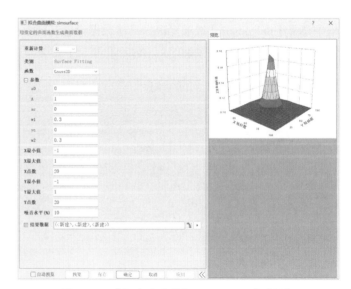

图8-109 【拟合曲面模拟：simsurface】对话框

根据具体数据设置其他参数，然后单击【确定】按钮，该函数的拟合就完成了。拟合后得到的数据如图 8-110 所示。

步骤02 选中 A 到 C 数据列，执行菜单栏中的【绘图】→【3D】→【3D 颜色映射曲面】命令，或者单击【3D 和等高线图形】工具栏中的【3D 颜色映射曲面】按钮 来绘制图形。绘制后得到的图形如图 8-111 所示。

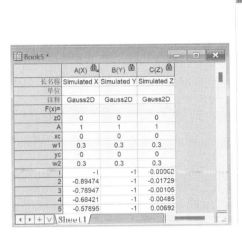

图 8-110　拟合数据

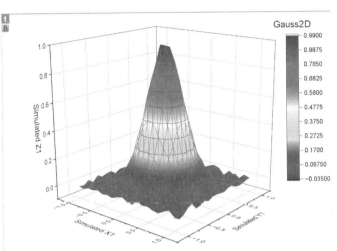

图 8-111　拟合后的 3D 图形

8.3.8 多峰拟合

有时我们需要对谱图数据等具有多重峰的数据进行处理，在 Origin 中，可以利用多峰拟合对这些峰的数据进行拟合。多峰拟合采用 Gaussian 或 Lorentzian 峰函数，可以将复杂峰分离成多个高斯函数峰的线性叠加，使其与实验数据的峰值重合。下面将以实例来讲解多峰拟合的操作步骤。

步骤01 打开"同步学习文件\第 8 章\数据文件\Hilbert Transform.opju"数据文件，选择 A(X)、B(Y) 数据列绘制线图，如图 8-112 所示。

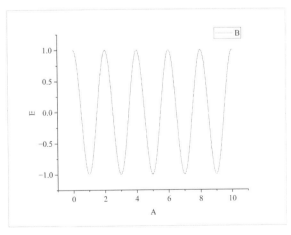

图 8-112　原始数据线图

步骤02 执行菜单栏中的【分析】→【峰值及基线】→【多峰拟合】命令,弹出【多峰拟合:nlfitpeaks】对话框,如图8-113所示进行设置。

步骤03 单击【确定】按钮后开始取点,用鼠标双击图中3个峰处进行确认,完成曲线拟合,如图8-114所示。

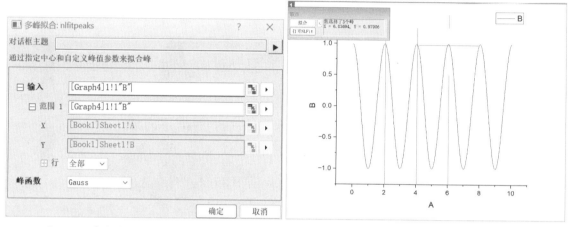

图8-113 【多峰拟合:nlfitpeaks】对话框   图8-114 取点及拟合

拟合后生成的工作报表如图8-115所示。拟合后会生成一个新的拟合曲线,如图8-116所示。

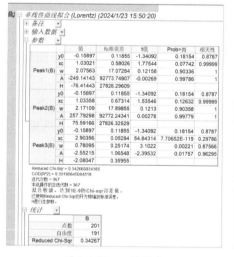
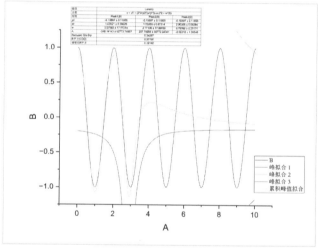

图8-115 工作报表   图8-116 最终拟合曲线

8.4 信号处理

在Origin中,数字信号处理是指利用数值计算的方法对信号进行加工处理,旨在将信号转换成符合特定要求的形式,从而提取有效信息并应用于实际场景。本节将重点介绍Origin中几种常用的信号处理方法，包括平滑、傅里叶变换、小波变换等。通过学习本节内容，读者能够熟练掌握如何在 Origin 中进行数字信号处理。

8.4.1 平滑

平滑是一种通过计算相邻数据点的统计量来降低信号噪声和波动的数据处理技术，能够有效提升曲线的平滑度。在 Origin 中，提供了多种平滑方法，包括 Savitzky-Golay 滤波器平滑、相邻平均法平滑、数字滤波器平滑和快速傅里叶变换（Fast Fourier Transform，FFT）滤波器平滑等。

下面依次对"Smooth.opju"数据文件中的部分数据采用 Savitzky-Golay 滤波器、相邻平均法、百分比滤波器和 FFT 滤波器 4 种平滑方法，对数据进行平滑处理，具体的操作步骤如下。

步骤01 打开"同步学习文件\第 8 章\数据文件\Smooth.opju"数据文件，原始数据工作表如图 8-117 所示。选择 A(X)、B(Y) 数据列，执行菜单栏中的【绘图】→【基础2D图】→【折线图】命令，绘制的折线图如图 8-118 所示。

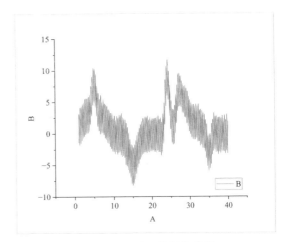

图 8-117　原始数据工作表　　　　　图 8-118　原始数据折线图

步骤02 执行菜单栏中的【分析】→【信号处理】→【平滑】命令，打开【平滑：smooth】对话框，如图 8-119 所示。

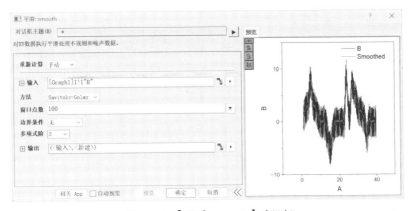

图 8-119　【平滑：smooth】对话框

步骤03 在对话框中的【方法】下拉列表框中依次选择采用Savitzky-Golay滤波器、相邻平均法、百分比滤波器和FFT滤波器4种平滑方法，对数据进行平滑处理。

步骤04 设置完成后，单击【确定】按钮，即可生成平滑分析后的图形，如图8-120至图8-123所示。平滑数据自动存放于原数据的工作表内，如图8-124所示。

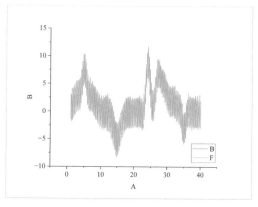

图8-120　Savitzky-Golay滤波器平滑结果

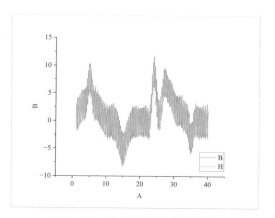

图8-121　相邻平均法平滑结果

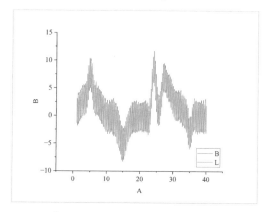

图8-122　百分比滤波器平滑结果

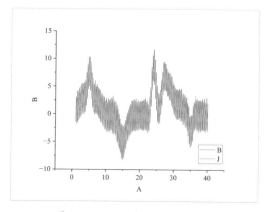

图8-123　FFT滤波器平滑结果

	A(X)	B(Y)	C(Y)	D(Y)	E(Y)	F(Y)
长名称						
单位						
注释						
F(x)=						
Method			100 pts SG smooth of B	5 pts AAv smooth of B	5 pts FFT smooth of B	5 pts PF smooth of B
1	1	-1.3483	0.8019	-1.3483	1.07902	-1.3483
2	1.01905	-0.27967	0.83603	-0.25607	1.34688	-0.27967
3	1.0381	0.85976	0.86979	0.79668	1.60069	0.85976
4	1.05716	1.9451	0.90319	1.69773	1.83761	1.9451
5	1.07621	2.80651	0.93622	2.35348	2.0411	2.80651
6	1.09526	3.15696	0.96889	2.70874	2.18225	2.80651
7	1.11431	2.99905	1.00119	2.76295	2.22628	2.80651
8	1.13337	2.63606	1.03313	2.56478	2.14263	2.63606
9	1.15242	2.21618	1.0647	2.2158	1.91588	2.21618
10	1.17147	1.81566	1.09591	1.79534	1.55441	1.81566
11	1.19052	1.41205	1.12676	1.29383	1.09425	1.41205
12	1.20957	0.89674	1.15724	0.68834	0.59655	0.89674
13	1.22863	0.1285	1.18735	0.00514	0.13867	0.1285
14	1.24768	-0.81126	1.2171	-0.64024	-0.19937	-0.81126
15	1.26673	-1.60034	1.24649	-1.07017	-0.35044	-1.25293

图8-124　原数据与平滑数据工作表

8.4.2 傅里叶变换

傅里叶变换是一种将信号分解成不同频率的正弦函数进行叠加的方法。快速傅里叶变换（FFT）是滤波、卷积和功率谱分析中常用的计算方法，属于傅里叶变换中的一种。在Origin软件中，FFT数字滤波器被广泛应用于数据滤波分析。

1. 快速傅里叶变换（FFT）

快速傅里叶变换（FFT）是离散傅里叶变换（DFT）的一种高效算法。它将信号从时域（或空间域）转换到频域，从而能够分析信号的频率成分。FFT广泛应用于信号处理、通信、图像处理等领域。这里将以"FFTfilter.opju"文件为案例来讲解FFT的应用。

步骤01 打开"同步学习文件\第8章\数据文件\FFTfilter.opju"数据文件，原始数据如图8-125所示。选择B(Y)数据列绘制折线图，如图8-126所示。

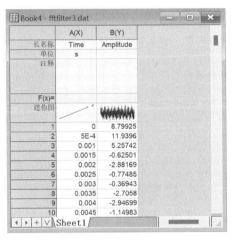
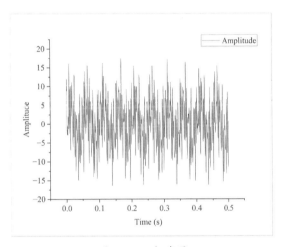

图8-125　原始数据　　　　　图8-126　折线图

步骤02 执行菜单栏中的【分析】→【信号处理】→【FFT】→【FFT】命令，弹出【FFT: fft1】对话框，在该对话框中进行数据选择和参数设置，如图8-127所示。

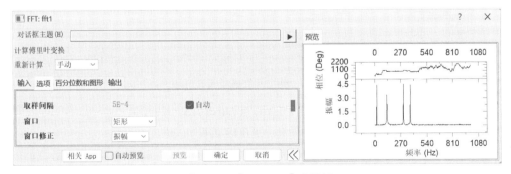

图8-127　【FFT: fft1】对话框

步骤03 设置完成后，单击【确定】按钮，即可进行傅里叶变换，如图8-128所示。结果图分别为相谱图、分量图、虚分量图（有2个）、幅度图、dB图和功率图，其中最重要的是相谱图。工作表如图8-129所示。

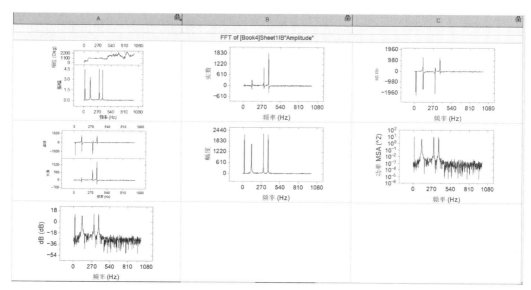

图8-128 傅里叶变换结果图

长名称	A(X)	B(Y)	C(Y)	D(Y)	E(Y)	F(Y)	G(Y)	H(Y)	I(Y)
	频率	复数	实数	虚部	幅度	振幅	相位	功率 MSA	dB
单位	Hz						Deg	^2	dB
注释	FFT of [Book4]Sheet1!B"Amplitude"	FFT of [Book4]Sheet1!B"Amplitude"	FFT of [Book4]Sheet1!B"Amplitude"	FFT of [Book4]Sheet1!B"Amplitude"	FFT of [Book4]Sheet1!B"Amplitude"	FFT of [Book4]Sheet1!B"Amplitude"	FFT of [Book4]Sheet1!B"Amplitude"	FFT of [Book4]Sheet1!B"Amplitude"	FFT of [Book4]Sheet1!B"Amplitude"
F(x)=									
1	0	-30.72743	-30.72743	0	30.72743	0.0307	180	9.4229E-4	-30.25816
2	1.998	0.93004 - 17.44904i	0.93004	-17.44904	17.47381	0.03491	273.05099	6.09448E-4	-29.14033
3	3.996	-10.96244 + 28.30723i	-10.96244	28.30723	30.3558	0.06065	111.16971	0.00184	-24.34325
4	5.99401	-5.39424 + 10.95988i	-5.39424	10.95988	12.21544	0.02441	116.20552	2.97838E-4	-32.2499
5	7.99201	-11.39171 - 14.38944i	-11.39171	-14.38944	18.35285	0.03667	231.63235	6.72309E-4	-28.71401
6	9.99001	25.12678 - 3.48014i	25.12678	-3.48014	25.36664	0.05068	352.11453	0.00128	-25.90282
7	11.98801	6.19937 + 22.78022i	6.19937	22.78022	23.6087	0.04717	434.77629	0.00111	-26.52664
8	13.98601	-3.14259 + 3.57399i	-3.14259	3.57399	4.75913	0.00951	491.32498	4.52082E-5	-40.43753
9	15.98402	-13.19442 - 1.58361i	-13.19442	-1.58361	13.28912	0.02655	546.84395	3.52496E-4	-31.51816
10	17.98202	-25.28617 - 43.56183i	-25.28617	-43.56183	50.36888	0.10064	599.86628	0.00506	-19.94484
11	19.98002	91.46337 - 2220.91468i	-2220.91468	2222.79724	4.44115	632.35826	9.86192	12.94992
12	21.97802	-1.98386 + 28.52583i	-1.98386	28.52583	28.59473	0.05713	453.9783	0.00163	-24.86236
13	23.97602	-9.17653 + 12.00285i	-9.17653	12.00285	15.10884	0.03019	487.39896	4.55643E-4	-30.40346
14	25.97403	6.28154 - 4.14186i	6.28154	-4.14186	7.52414	0.01503	326.60037	1.12999E-4	-36.45894
15	27.97203	1.68783 + 19.51488i	1.68783	19.51488	19.58773	0.03914	445.05682	7.65826E-4	-28.1484
16	29.97003	-2.37085 + 15.69665i	-2.37085	15.69665	15.87469	0.03172	458.58913	5.03005E-4	-29.97397
17	31.96803	-31.68087 + 0.9427i	-31.68087	0.9427	31.69489	0.06333	538.29561	0.00201	-23.9683
18	33.96603	12.905 + 19.25071i	12.905	19.25071	23.17604	0.04631	416.1635	0.00107	-26.6873
19	35.96404	-7.78055 + 42.62333i	-7.78055	42.62333	43.32765	0.08657	460.34498	0.00375	-21.25278
20	37.96204	5.83491 + 27.05693i	5.83491	27.05693	27.67894	0.0553	437.83036	0.00153	-25.14509
21	39.96004	-10.20677 + 3.8773i	-10.20677	3.8773	10.9184	0.02181	519.19945	2.37947E-4	-33.2249
22	41.95804	11.35059 + 15.61017i	11.35059	15.61017	19.3006	0.03856	413.97805	7.43538E-4	-28.27667
23	43.95604	-18.47832 + 2.03352i	-18.47832	2.03352	18.58988	0.03714	533.71993	6.89787E-4	-28.60255
24	45.95405	4.02039 + 5.61406i	4.02039	5.61406	6.90515	0.0138	414.39246	9.51718E-5	-37.20462

图8-129 傅里叶变换结果工作表

2. 反向快速傅里叶变换（Inverse Fast Fourier Transform，IFFT）

IFFT的操作方法与FFT类似，下面将简单讲解IFFT的操作方法。

步骤01 打开"同步学习文件\第8章\数据文件\FFTfilter.opju"数据文件，原始数据如图8-125所示。选择B(Y)数据列绘制折线图，如图8-126所示。

步骤02 执行菜单栏中的【分析】→【信号处理】→【FFT】→【IFFT】命令，弹出【IFFT：ifft1】对话框，在该对话框中进行数据选择和参数设置，如图8-130所示。

第 8 章 洞察数据：数据分析

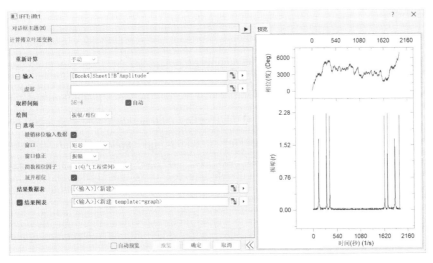

图 8-130 【IFFT: ifft1】对话框

温馨提示【IFFT: ifft1】对话框中的参数介绍如下。

【虚部】：信号在频域通常以复数形式表示，包括实部和虚部，虚部确保了频域信号到时域信号的完整转换，并保留了原始信号的相位信息。

【绘图】：用于优化 IFFT 结果的图形显示。

【指数相位因子】：指数相位因子通常与频域信号的复数表示相关，并影响最终转换回的时域信号，一般以默认的【-1】为准。

步骤03 设置完成后，单击【确定】按钮，即可进行反向快速傅里叶变换，IFFT 结果图如图 8-131 所示，工作表如图 8-132 所示。

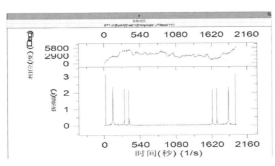

图 8-131 IFFT 结果图

	A(X)	B(Y)	C(Y)	D(Y)	E(Y)
长名称	时间(秒)	实数	虚部	振幅(r)	相位(度)
单位	1/s				Deg
注释	IFFT of [Book4]Sheet1!B"Amplitude"	IFFT of [Book4]Sheet1!B"Amplitude"	IFFT of [Book4]Sheet1!B"Amplitude"	IFFT of [Book4]Sheet1!B"Amplitude"	IFFT of [Book4]Sheet1!B"Amplitude"
F(x)=					
1	0	-0.0307		0.0307	180
2	1.998	-8.74396E-4	-0.01743	0.01746	267.12883
3	3.996	-0.01077	-0.02835	0.03033	249.18993
4	5.99401	0.00529	0.011	0.0122	424.33395
5	7.99201	-0.01156	0.01423	0.01833	489.08693
6	9.99001	-0.02504	-0.00387	0.02534	548.78458
7	11.98801	0.00662	-0.02264	0.02359	646.30263
8	13.98601	0.00306	0.00364	0.00475	769.93376
9	15.98402	-0.01322	0.00125	0.01328	894.59461
10	17.98202	0.02648	-0.04279	0.05032	1021.7521
11	19.98002	0.02171	2.22047	2.22058	1169.43994
12	21.97802	0.07010E-4	0.02855	0.02857	1167.99973
13	23.97602	-0.00871	-0.01233	0.01509	1314.75888
14	25.97403	-0.0061	-0.00439	0.00752	1295.7373
15	27.97203	0.00254	-0.0194	0.01957	1357.46067
16	29.97003	0.00163	0.01578	0.01586	1524.10818
17	31.96803	-0.03156	-0.00253	0.03166	1624.58151
18	33.96603	-0.0139	0.01852	0.02315	1566.89345
19	35.96404	-0.00536	-0.04295	0.04328	1702.89178
20	37.96204	-0.00743	0.02663	0.02765	1545.58623
21	39.96004	-0.00993	-0.00451	0.01091	1644.39695
22	41.95804	-0.01234	0.01481	0.01928	1569.79913
23	43.95604	-0.01828	-0.003	0.01857	1630.23612
24	45.95405	-0.00441	0.0053	0.0069	1569.74341

图 8-132 IFFT 结果工作表

3. 短时傅里叶变换（Short-Time Fourier Transform，STFT）

STFT是一种基于傅里叶变换的时频分析方法，它用于确定非平衡信号的局部频率和相位特性。与全局性的傅里叶变换不同，STFT通过将信号分割成多个短时段的信号（通常称为"窗口"），并对每个窗口内的信号进行傅里叶变换，从而得到信号随时间变化的频谱特性。这使STFT能够分析非平稳信号，即那些频率随时间变化的信号。这里将以"STFT.opju"文件为案例进行STFT的讲解。

步骤01 打开"同步学习文件\第8章\数据文件\STFT.opju"数据文件，工作表如图8-133所示。

步骤02 执行菜单栏中的【分析】→【信号处理】→【FFT】→【STFT】命令，弹出【STFT: stft】对话框，在该对话框中进行数据选择和参数设置，如图8-134所示。

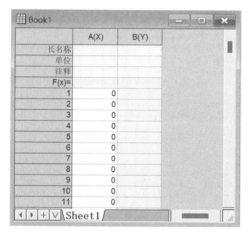

图8-133 原始数据工作表　　　　图8-134 【STFT: stft】对话框

> 温馨提示 ⚠ 【STFT: stft】对话框中的参数介绍如下。
> 【FFT长度】：每个分析窗口内用于快速傅里叶变换的数据点数。较长的FFT长度可提高频域分辨率，但会降低时域分辨率；较短的FFT长度可提高时域分辨率，但会降低频域分辨率。一般默认FFT长度为256。
> 【窗口类型】：定义信号分段处理的加权方式，抑制频谱泄漏。最简单的窗口为矩形窗口，它在时间域内是一个矩形，意味着在每个时间窗内，信号的所有数据点都被平等对待。本案例中所用的是Blackman窗口，它的主要特点是在频域上具有较为平坦的幅度响应和较小的波纹，这在低通量滤波器中十分常用。

步骤03 设置完成后，单击【确定】按钮，即可进行短时傅里叶变换，STFT计算结果如图8-135所示。STFT结果工作表如图8-136所示。

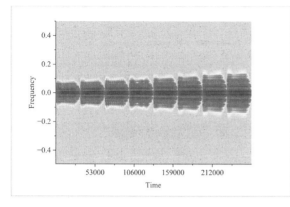

图 8-135　STFT 计算结果　　　　　　　图 8-136　STFT 结果工作表

8.4.3 快速傅里叶变换滤波器

傅里叶变换主要包括快速傅里叶变换（FFT）、反向快速傅里叶变换（IFFT）和短时傅里叶变换（STFT）等几种类型。快速傅里叶变换滤波器是滤波器中使用快速傅里叶变换的方法，允许用户对信号进行 FFT 变换，进而在频域上对信号进行滤波处理。本节将以"FFTfilter.opju"文件为案例讲解快速傅里叶变换滤波器的应用。

步骤01 打开"同步学习文件\第8章\数据文件\FFTfilter.opju"数据文件，原始数据工作表如图 8-137 所示。选择 B(Y) 数据列绘制折线图，如图 8-138 所示。

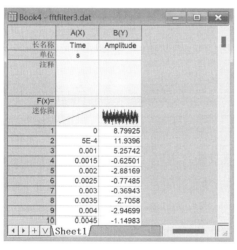
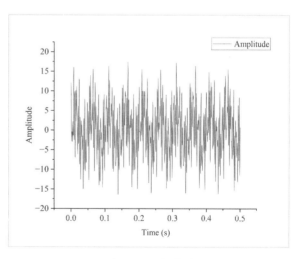

图 8-137　原始数据工作表　　　　　　　图 8-138　折线图

步骤02 执行菜单栏中的【分析】→【信号处理】→【FFT 滤波器】命令，弹出【FFT 滤波器：fft_filters】对话框，如图 8-139 所示。在【滤波器类型】下拉列表框中选择【低通】选项。

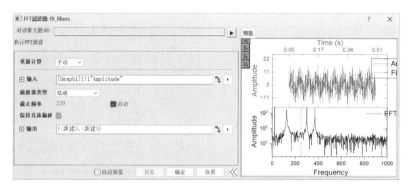

图 8-139 【FFT 滤波器：fft_filters】对话框

步骤03 设置完成后，单击【确定】按钮，即可进行滤波分析并输出结果，如图 8-140 所示。输出的工作表如图 8-141 所示。

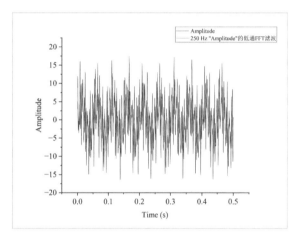

图 8-140 滤波分析结果

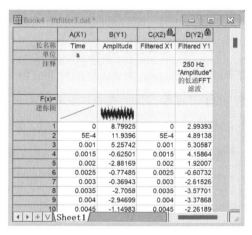

图 8-141 输出的工作表

8.4.4 无限脉冲响应滤波器

无限脉冲响应（Infinite Impulse Response，IIR）滤波器，该滤波器采用递归结构，通常由延时单元、系数乘法器和加法器等基本运算组成，可以组合成直接 I 型、正准型、级联型、并联型四种结构形式，都具有反馈回路。下面将以一个直接 I 型结构的实例来讲解 IIR 滤波器的操作步骤。

步骤01 打开"同步学习文件\第 8 章\数据文件\IIRfilter.opju"数据文件，原始数据工作表如图 8-142 所示。选择 B(Y) 数据列绘制折线图，如图 8-143 所示。

步骤02 执行菜单栏中的【分析】→【信号处理】→

图 8-142 原始数据工作表

【IIR滤波器】命令，弹出【IIR滤波器：dfilter】对话框，如图8-144所示。在【响应类型】下拉列表框中选择【高通】类型。

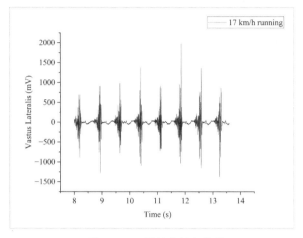

图8-143　原始数据折线图

图8-144　【IIR滤波器：dfilter】对话框

温馨提示 ⚠ 【IIR滤波器：dfilter】对话框中的【响应类型】下拉列表框中提供了4种类型可以选择，介绍如下。
【低通】：只保留信号的低频部分。
【高通】：只保留信号的高频部分。
【带通】：只保留信号指定频率内的部分。
【带阻】：只保留信号指定频率外的部分。

步骤03 设置完成后，单击【确定】按钮，即可进行滤波分析并输出结果，如图8-145所示。输出的工作表如图8-146所示。

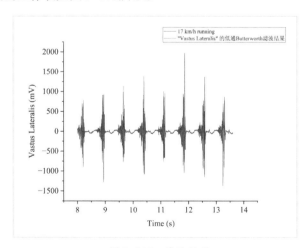

图8-145　滤波结果

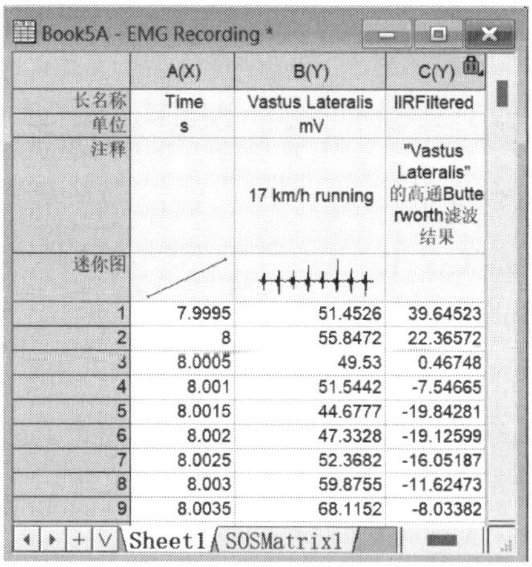

图8-146　输出的工作表

8.4.5 小波分析

小波分析又称小波变换，小波变换是一种通过有限长度或快速衰减的振荡波形对信号进行多尺度分解的技术。小波基函数可以通过缩放和平移操作来匹配输入的信号特征。小波变换分为六种类型，连续小波变换、分解、重建、多尺度离散小波变换、降噪和平滑。下面将分别介绍小波变换的六种类型。

1. 连续小波变换

连续小波变换是一种适用于非平稳信号时频分析的技术，能够通过调节尺度参数和平移参数实现信号的多分辨率表征。这里将以"Continuous Wavelet.opju"文件为案例讲解连续小波变换的应用。

步骤01 打开"同步学习文件\第8章\数据文件\Continuous Wavelet.opju"数据文件，原始数据工作表如图8-147所示。

步骤02 执行菜单栏中的【分析】→【信号处理】→【小波变换】→【连续小波】命令，弹出【连续小波：cwt】对话框，在该对话框中进行数据选择和参数设置，如图8-148所示。

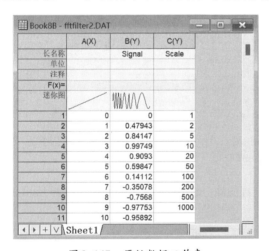

图8-147 原始数据工作表

图8-148 【连续小波：cwt】对话框

> **温馨提示** ▲ 【连续小波：cwt】对话框中的参数介绍如下。
> 【离散信号】：进行连续小波分析的数据列。
> 【尺度矢量】：用于定义小波变换尺度的数据列。
> 【小波类型】：连续小波分析所用的小波基函数，本案例中所用的【Morlet】小波是最常用的小波之一，在时频分析中具有较好的局部化特征。
> 【波数】：小波的核心参数，用于调节小波的振荡次数，影响频率分辨率。
> 【使用伪频率】：伪频率也称"假频率"，会影响分析结果的准确性，一般不选择该选项。

步骤03 设置完成后，单击【确定】按钮，即可进行连续小波变换，结果工作表如图8-149所示。

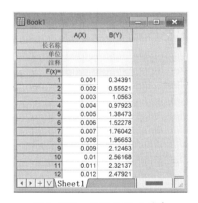

图8-149 结果工作表（部分）

2. 分解

分解是指将原始信号通过小波变换分解成一系列小波系数。这些小波系数表示信号在不同尺度（或频率）上的局部特征。这里将以"Decompose.opju"文件为案例讲解分解的应用。

步骤01 打开"同步学习文件\第8章\数据文件\Decompose.opju"数据文件，原始数据工作表如图8-150所示。

步骤02 选择B(Y)数据列，执行菜单栏中的【分析】→【信号处理】→【小波变换】→【分解】命令，弹出【分解: dwt】对话框，在该对话框中进行数据选择和参数设置，如图8-151所示。

图8-150 原始数据工作表　　　　图8-151 【分解: dwt】对话框

温馨提示 ⚠ 【分解: dwt】对话框中的参数介绍如下。

【扩展模式】：扩展模式是在分解过程中处理边界效应的方法。一般默认为【周期性】。

【近似值系数】：近似值系数是分解过程中表示信号在低频范围内的整体趋势或慢速变化的系数，它反映了信号在各个分解尺度上的低频成分。

【细节系数】：细节系数表示信号在高频范围内的快速变化部分，如信号的尖峰、锋利的边缘等细节特征。

步骤03 设置完成后,单击【确定】按钮,即可进行分解计算,结果工作表如图8-152所示。用输出的结果工作表绘制折线图,如图8-153所示。

图8-152 结果工作表

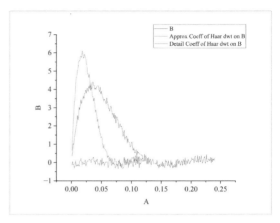

图8-153 分解折线图

3. 重建

重建是指通过小波变换重建原始信号中的小波系数,这里将以"Reconstruction.opju"文件为案例来讲解小波变换中的重建。

步骤01 打开"同步学习文件\第8章\数据文件\Reconstruction.opju"数据文件,原始数据工作表如图8-154所示。

步骤02 执行菜单栏中的【分析】→【信号处理】→【小波变换】→【重建】命令,弹出【重建:idwt】对话框,在该对话框中进行数据选择和参数设置,如图8-155所示。

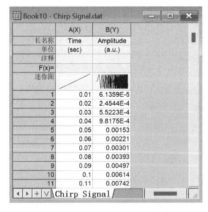

图8-154 原始数据工作表

图8-155 【重建:idwt】对话框

> **温馨提示** ⚠ 【重建:idwt】对话框中的【边界】类似【分解】对话框中的【扩展模式】,一般默认选择【周期性】。

步骤03 设置完成后,单击【确定】按钮,即可进行重建计算,结果工作表如图8-156所示。用输出的结果工作表绘制折线图,如图8-157所示。

第 8 章
洞察数据：数据分析

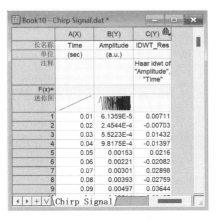

图 8-156　结果工作表

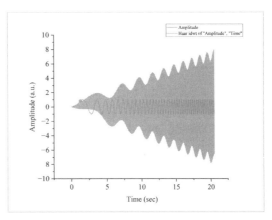

图 8-157　重建折线图

4. 多尺度离散小波变换

多尺度离散小波变换是对基本小波的尺度和平移进行离散化，是连续小波变换的离散形式。它主要用于信号和图像的多尺度分解，提供时频局部化信息。这里将以"Multi-Scale DWT.opju"文件为案例讲解多尺度离散小波变换的应用。

步骤01 打开"同步学习文件\第8章\数据文件\Multi-Scale DWT.opju"数据文件，原始数据工作表如图8-158所示。

步骤02 执行菜单栏中的【分析】→【信号处理】→【小波变换】→【多尺度离散小波变换】命令，弹出【多尺度离散小波变换：mdwt】对话框，在该对话框中进行数据选择和参数设置，如图8-159所示。

图 8-158　原始数据工作表　　　　图 8-159　【多尺度离散小波变换：mdwt】对话框

> **温馨提示** ⚠ 【多尺度离散小波变换：mdwt】对话框中的参数介绍如下。
> 【分解次数】：进行分解分析的次数，次数越多越准确，但是计算也就越慢。
> 【多系数数据】：通过离散小波变换得到的各个尺度上的系数。这些系数反映了信号在不同尺度上的时频特性，可以用于信号的分析、处理和重构。

步骤03 设置完成后，单击【确定】按钮，即可进行多尺度离散小波变换计算，结果工作表如图8-160所示。用输出的结果工作表绘制折线图，如图8-161所示。

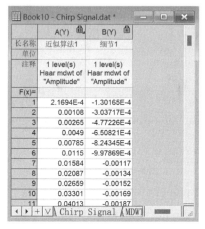 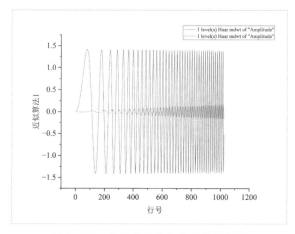

图8-160　结果工作表　　　　　　　　图8-161　多尺度离散小波变换折线图

5. 降噪

降噪是将信号分解为不同尺度的成分后，可以针对高频成分（噪声）进行抑制或去除，从而得到降噪后的信号。这里将以"Denoise.opju"文件为案例讲解降噪的应用。

步骤01 打开"同步学习文件\第8章\数据文件\Denoise.opju"数据文件，原始数据工作表如图8-162所示。

步骤02 执行菜单栏中的【分析】→【信号处理】→【小波变换】→【降噪】命令，弹出【降噪：wtdenoise】对话框，在该对话框中进行数据选择和参数设置，如图8-163所示。

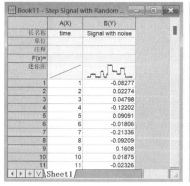 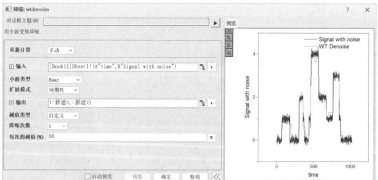

图8-162　原始数据工作表　　　　　　图8-163　【降噪：wtdenoise】对话框

> **温馨提示** ⚠ 【降噪：wtdenoise】对话框中的参数介绍如下。
> 【阈值类型】：阈值是降噪所能达到的最低值，阈值类型默认为【自定义】。
> 【降噪次数】：进行降噪的次数，次数越多越准确，但是计算也就越慢。
> 【每次的阈值(%)】：每次的阈值为降噪时，每次所达到的最低值的百分比，默认为【50】。

步骤03 设置完成后，单击【确定】按钮，即可进行降噪计算，结果工作表如图8-164所示。用输出的结果工作表绘制折线图，如图8-165所示。

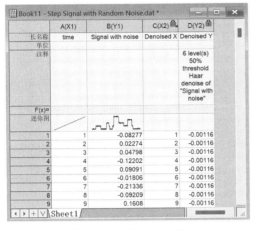

图8-164 结果工作表

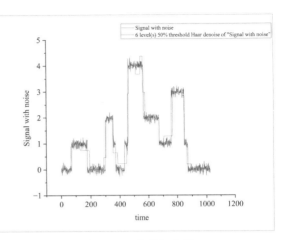

图8-165 降噪折线图

6. 平滑

平滑是对低频系数进行处理或保留，同时抑制或去除高频的细节系数（噪声部分），使信号变得平整。这里将以"Smooth.opju"文件为案例讲解降噪的应用。

步骤01 打开"同步学习文件\第8章\数据文件\Smooth.opju"数据文件，原始数据工作表如图8-166所示。

步骤02 执行菜单栏中的【分析】→【信号处理】→【小波变换】→【平滑】命令，弹出【平滑：wtsmooth】对话框，在该对话框中进行数据选择和参数设置，如图8-167所示。

步骤03 设置完成后，单击【确定】按钮，即可进行平滑计算，结果工作表如图8-168所示。用输出的结果工作表绘制折线图，如图8-169所示。

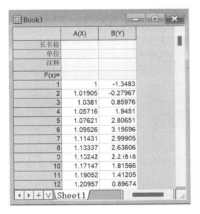

图8-166 原始数据工作表

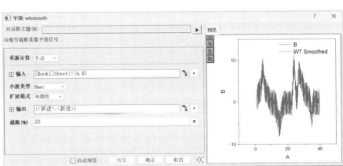

图8-167 【平滑：wtsmooth】对话框

> **温馨提示** ▲ 【平滑：wtsmooth】对话框中的【截断(%)】是指在处理过程中，选择保留低频近似系数，同时截断或去除高频细节系数，以达到平滑信号的目的。一般默认为【20】。

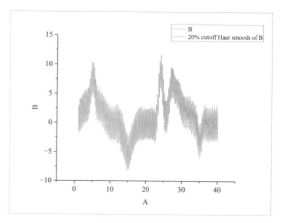

图 8-168　结果工作表　　　　　　　　　　　图 8-169　平滑折线图

8.4.6 同调性

在 Origin 中，信号的同调性也被称为相干性，利用菜单栏中的【分析】→【信号处理】→【相干性】命令能够分析信号间的同调性。下面将以实例讲解同调性的操作。

步骤01 打开"同步学习文件\第8章\数据文件\FFTfilter.opju"数据文件，原始数据工作表如图 8-170 所示。

步骤02 执行菜单栏中的【分析】→【信号处理】→【相干性】命令，弹出【相干性: cohere】对话框，在该对话框中进行数据选择和参数设置，如图 8-171 所示。

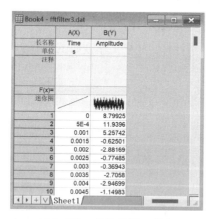

图 8-170　原始数据工作表　　　　　　　　　图 8-171　【相干性: cohere】对话框

> **温馨提示**　【相干性: cohere】对话框中的参数介绍如下。
>
> 【窗口长度】：窗口长度是指在进行同调性时，所选取的时间窗或数据段的长度。窗口长度越长，同调性分析越准确，但是窗口长度过长会导致精度下降。
>
> 【交叠】：交叠是指不同尺度或频率下的成分在时域或频域上的重叠或相互干扰，一般默认为【自动】。

步骤03 设置完成后，单击【确定】按钮，即可进行同调性计算，结果工作表如图 8-172 所示。

用输出的结果工作表绘制折线图，如图8-173所示。

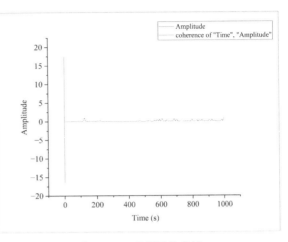

图8-172　结果工作表

图8-173　同调性折线图

8.4.7 相关性

信号的相关性用于计算两个信号间的相关程度，操作方式与同调性类似，下面还是通过一个实例简单讲解一下相关性的操作。

步骤01 打开"同步学习文件\第8章\数据文件\FFTfilter.opju"数据文件，执行菜单栏中的【分析】→【信号处理】→【相关性】命令，弹出【相关性：corr1】对话框，在该对话框中进行数据选择和参数设置，如图8-174所示。

图8-174　【相关性：corr1】对话框

步骤02 设置完成后，单击【确定】按钮，即可进行相关性计算，结果工作表如图8-175所示。用输出的结果工作表绘制折线图，如图8-176所示。

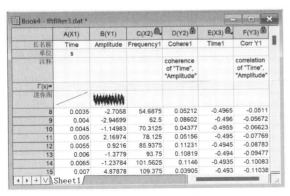

图8-175　结果工作表

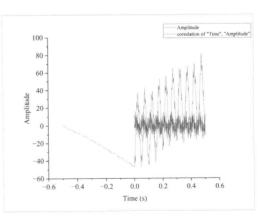

图8-176　相关性折线图

8.4.8 希尔伯特变换

希尔伯特变换是信号处理中很重要的一种算法，它能够导出信号的解析表示，用于形成解析信号。下面将以实例讲解希尔伯特变换。

步骤01 打开"同步学习文件\第8章\数据文件\Hilbert Transform.opju"数据文件，原始数据工作表如图8-177所示。

步骤02 执行菜单栏中的【分析】→【信号处理】→【希尔伯特变换】命令，弹出【希尔伯特变换：hilbert】对话框，在该对话框中进行数据选择和参数设置，如图8-178所示。

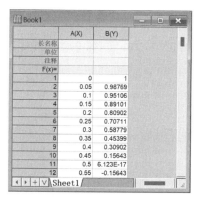

图8-177 原始数据工作表

图8-178 【希尔伯特变换：hilbert】对话框

步骤03 设置完成后，单击【确定】按钮，即可进行希尔伯特变换，结果工作表如图8-179所示。用输出的结果工作表绘制折线图，如图8-180所示。

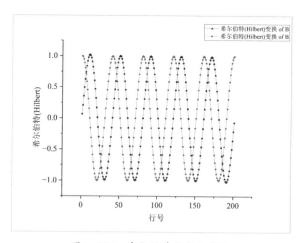

图8-179 结果工作表　　　　　　　　　图8-180 希尔伯特变换折线图

8.4.9 包络检波

包络检波是一种基于解调分析的振动信号处理方法，其核心思想是通过提取信号的包络线来突显隐含的故障特征。下面将以实例讲解包络检波的具体操作步骤。

步骤01 打开"同步学习文件\第8章\数据文件\Envelop.opju"数据文件，原始数据工作表如图8-181所示。

步骤02 执行菜单栏中的【分析】→【信号处理】→【包络】命令，弹出【包络：envelope】对话框，在该对话框中进行数据选择和参数设置，如图8-182所示。

图8-181　原始数据工作表　　　　　　　图8-182　【包络：envelope】对话框

步骤03 设置完成后，单击【确定】按钮，即可进行包络运算，结果工作表如图8-183所示。用输出的结果工作表绘制折线图，如图8-184所示。

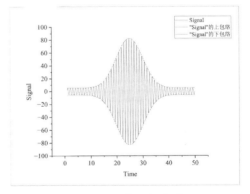

图8-183　结果工作表　　　　　　　图8-184　包络折线图

8.4.10 信号抽取

Origin中的信号抽取是通过降低采样频率以减少信号大小。具体的操作方式与前面几小节讲解的操作相似，只是这里在执行【抽取】命令后，需要在打开的【抽取】对话框中进行设置，下面将简单讲解一下信号抽取的操作方法。

步骤01 打开"同步学习文件\第8章\数据文件\FFTfilter.opju"数据文件，执行菜单栏中的【分析】→【信号处理】→【抽取】命令，弹出【抽取：decimate】对话框，在该对话框中进行数据选择和参数设置，如图8-185所示。

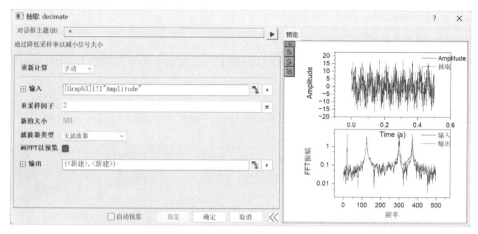

图 8-185 【抽取：decimate】对话框

> 温馨提示 ⚠ 【抽取：decimate】对话框中的参数介绍如下。
> 【重采样因子】：重采样因子决定从多少个原始数据点中抽取新的数据点，以形成新的采样序列。一般默认为【2】。
> 【画FFT以预览】：选择该选项可以生成FFT预览图，以更直观地了解信号的频谱特性，能够显示FFT振幅预览图。

步骤02 设置完成后，单击【确定】按钮，即可进行信号抽取，结果工作表如图8-186所示。用输出的结果工作表绘制折线图，如图8-187所示。

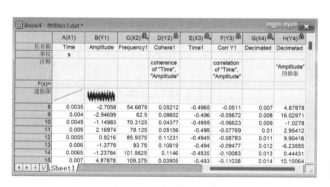

图 8-186 结果工作表

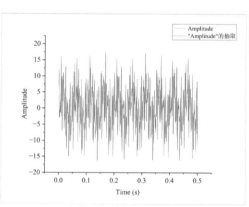

图 8-187 抽取折线图

上机实训：实验数据多元回归分析

【实训介绍】

本节实训旨在通过导入实验数据至Origin软件，执行多元回归分析，生成相应的多元回归工作报表,并最终将工作报表导出为 PDF 格式。通过实际操作实例,读者将熟悉 Origin 中多元线性回归分析的操作流程和方法。

【思路分析】

实训操作将分为以下三个步骤:首先,将实验数据导入 Origin 软件;接着,执行多元线性回归操作,生成多元线性回归工作报表;最后,将生成的工作报表导出为 PDF 格式。

【操作步骤】

步骤01 数据导入。执行菜单栏中的【数据】→【连接到文件】命令,导入"同步学习文件\第8章\数据文件\表格\上机实训.xlsx" Excel 文件,如图 8-188 和图 8-189 所示。

图 8-188　选择文件并导入

步骤02 执行多元线性回归操作。执行菜单栏中的【分析】→【拟合】→【多元线性回归】命令,在弹出的【多元回归】对话框中设置【因变量数据】与【自变量数据】,如图 8-190 所示。

图 8-189　导入 Excel 文件　　　　图 8-190　【多元回归】对话框

步骤03 导出为 PDF 格式。单击【确定】按钮,生成多元线性回归工作报表,如图 8-191 所示。执行菜单栏中的【文件】→【导出】→【作为 PDF 文件】命令,即可生成工作报表的 PDF 文件,如图 8-192 所示。

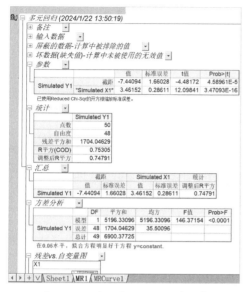

图 8-191 多元线性回归工作报表

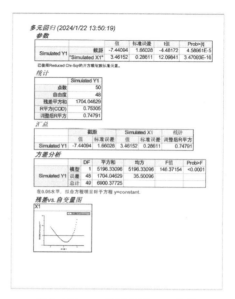

图 8-192 工作报表的 PDF 文件

专家点拨

技巧01 数据非线性拟合分析中自定义函数的创建

数据非线性拟合分析还可以利用菜单栏中的【工具】→【拟合函数生成器】命令来自定义拟合函数。下面将以"技巧01演示.opju"文件为例进行讲解。

步骤01 打开"同步学习文件\第8章\数据文件\ 技巧01演示.opju"文件，然后单击菜单栏中的【工具】→【拟合函数生成器】命令，如图8-193所示。弹出【拟合函数生成器-名称和类型-NewFunction1】对话框，在【选择或新建类别】选项中选择【Origin Basic Functions】选项，如图8-194所示。

图 8-193 【拟合函数生成器】命令

图 8-194 【拟合函数生成器-名称和类型-NewFunction1】对话框

步骤02 单击【下一步】按钮,设置【参数】选项为【y0, a, b】,如图8-195所示。

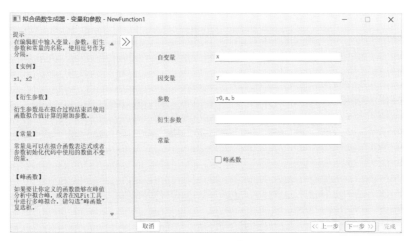

图8-195 设置参数

步骤03 继续单击【下一步】按钮,将【b】的初始值设为【0.1】,并输入函数【y=y0+a*exp(-b*x)】将函数主体补充完整(只需输入"y="后面的函数即可)。单击【求值】按钮,即可求出【y】值,以检测函数是否正确,如图8-196所示。

步骤04 检查无误后,单击【完成】按钮,自定义函数即保存在Origin中。我们可以在非线性函数拟合的对话框【NLFit(NewFunction (User))】中查看我们刚才创建好的函数,如图8-197所示。在【函数】选项中选择【NewFunction (User)】为我们所创建的函数。

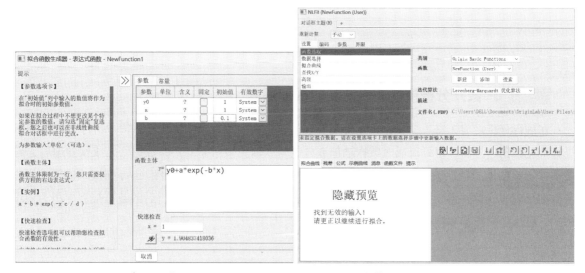

图8-196 设置参数值并检测函数正确性　　图8-197 在【NLFit(NewFunction (User))】对话框中检查创建的函数

步骤05 我们以"技巧01演示.opju"中的原始工作表为例,按照8.3.4所讲的非线性曲线拟合的方法,以新创建的函数为拟合函数来生成工作报表和新的结果工作表,如图8-198和图8-199所示。

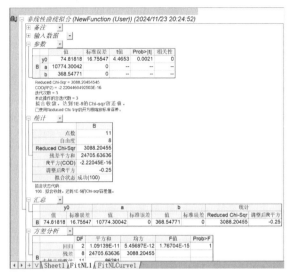

图 8-198　工作报表

	A(X1)	B(Y1)	C(X2)	D(Y2)	E(Y2)	F(X3)	G(Y3)	H(X4)	I(Y4)	J(X5)	K(Y5)
长名称	自变量	Sheet1列B的NewFunction (User) 拟合	自变量	Sheet1列B的常规残差	Sheet1列B的常规残差	拟合Y值	Sheet1列B的常规残差	Sheet1列B的常规残差	百分位数	参照X	参照线
单位										nu = -0.00000(	ma = 49.7047
注释											
参数	拟合曲线图				残差的直方图	残差vs.预测值图		残差的正态概率图			
F(x)=											
1	40	74.81818	40	-62.81818	-62.81818	74.81818	-62.81818	-62.81818	5.55556	-95.16006	2.77778
2	41.001	74.81818	90	-51.81818	-51.81818	74.81818	-51.81818	-51.81818	14.44444	95.16006	97.22222
3	41.5015	74.81818	140	-49.81818	-49.81818	74.81818	-49.81818	-49.81818	23.33333		
4	42.002	74.81818	190	-29.81818	-29.81818	74.81818	-29.81818	-29.81818	32.22222		
5	42.5025	74.81818	240	-17.81818	-17.81818	74.81818	-17.81818	-17.81818	41.11111		
6	43.003	74.81818	290	-10.81818	-10.81818	74.81818	-10.81818	-10.81818	50		
7	43.5035	74.81818	340	3.18182	3.18182	74.81818	3.18182	3.18182	58.88889		
8	44.004	74.81818	390	20.18182	20.18182	74.81818	20.18182	20.18182	67.77778		
9	44.5045	74.81818	440	49.18182	49.18182	74.81818	49.18182	49.18182	76.66667		
10	45.00501	74.81818	490	67.18182	67.18182	74.81818	67.18182	67.18182	85.55556		
11	45.50551	74.81818	540	83.18182	83.18182	74.81818	83.18182	83.18182	94.44444		
12	46.00601	74.81818									
13	46.50651	74.81818									

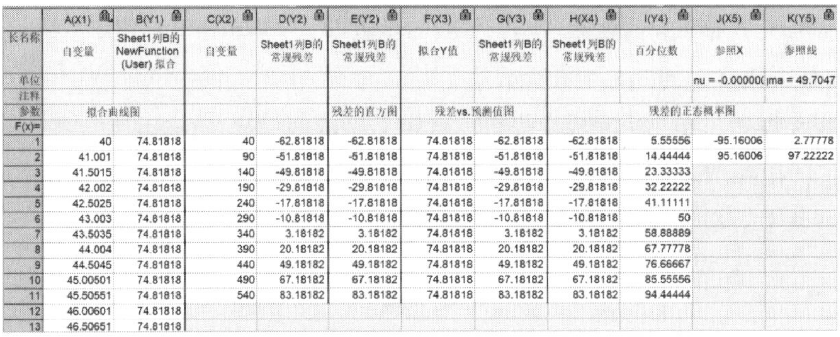

图 8-199　结果工作表

技巧 02　数据分析预处理方法实验数据探究

在进行分析之前，每一组实验数据都需要经过预处理。预处理的方法包括简单排序、嵌套排序等标准化数据的方法，也可以通过数据插值或外推来获取更多所需的实验数据。完成预处理后，需要根据实验数据的特性选择相应的数据分析方法。如果实验数据呈现线性关系，则采用线性拟合；若数据呈现非线性关系，则运用非线性拟合中的多种方法。最终，将分析后的数据报表导出为PDF格式，以便随时查看和分析数据结果。

本章小结

Origin提供了强大的数据分析与数据处理功能。本章主要介绍了Origin数值计算、数据处理、曲线拟合与信号处理的具体操作。读者可以根据自身需要选择相应的数据处理方式。

09 第9章 统计决策：统计分析

【本章导读】

在完成实验后，对实验数据进行统计分析是科研工作中必不可少的步骤。Origin软件为用户提供了丰富的统计分析方法，包括描述性统计、假设检验、方差分析、非参数检验、生存分析等。在本章中，我们将详细介绍这些分析方法的具体应用。通过本章的学习，读者能够全面掌握Origin中的统计分析方法，并能够熟练运用这些方法进行实验数据的科学统计分析。

9.1 描述性统计

在Origin中，描述性统计包括数据统计、频率统计、正态检验等。

9.1.1 数据统计

数据统计分为列统计和行统计，使用列统计和行统计可以分别对工作表中选中的列或行进行统计。

1. 列统计

列统计是对数据集中的某一列或多列进行描述性统计分析的方法。这些统计分析结果包括均值、标准差、最大值、最小值、中位数等，使读者能够快速了解数据的分布特征和基本统计属性。这里以"Descriptive.opju"文件为案例来讲解列统计的应用。

步骤01 打开"同步学习文件\第9章\数据文件\Descriptive.opju"数据文件，原始数据工作表如图9-1所示，选中工作表中的D(Y)数据列，执行菜单栏中的【统计】→【描述统计】→【列统计】命令，弹出【列统计】对话框，进行相关参数设置，如图9-2所示。

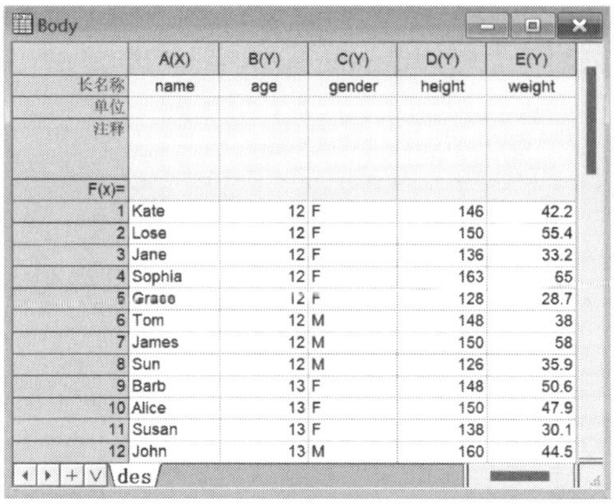

	A(X)	B(Y)	C(Y)	D(Y)	E(Y)
长名称	name	age	gender	height	weight
单位					
注释					
F(x)=					
1	Kate	12	F	146	42.2
2	Lose	12	F	150	55.4
3	Jane	12	F	136	33.2
4	Sophia	12	F	163	65
5	Grase	12	F	128	28.7
6	Tom	12	M	148	38
7	James	12	M	150	58
8	Sun	12	M	126	35.9
9	Barb	13	F	148	50.6
10	Alice	13	F	150	47.9
11	Susan	13	F	138	30.1
12	John	13	M	160	44.5

图9-1 原始数据工作表

图9-2 【列统计】对话框

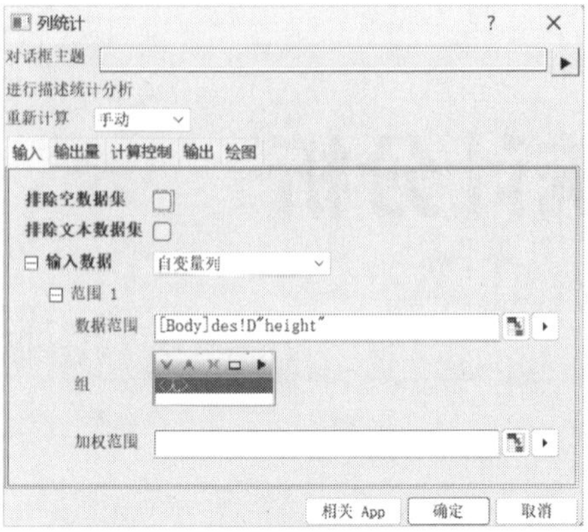

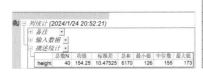

温馨提示 ⚠【列统计】对话框中的参数介绍如下。

【排除空数据集】：勾选该选项能够自动排除不含有效数据的数据集。

【排除文本数据集】：勾选该选项能够自动排除包含文本类型数据的数据集。

【数据范围】：需要进行列统计计算的数值数据列。

【组】：数据列的分组，默认为【无】。

【加权范围】：指定用于加权计算的数值数据列。

步骤02 设置好参数后，单击【确定】按钮，即可生成统计结果数据报表，如图9-3所示。生成的统计结果工作表如图9-4所示。

图9-3 统计结果数据报表

	A(X)	B(Y)	C(Y)	D(yEr±)	E(Y)	F(Y)	G(Y)	H(Y)
长名称	数据	总数N	均值	标准差	总和	最小值	中位数	最大值
单位								
注释	描述统计	描述统计	描述统计	描述统计	描述统计	描述统计	描述统计	描述统计
来源	[Body]des							
F(x)=								
1	height	40	154.25	10.47525	6170	126	155	173

图9-4 统计结果工作表

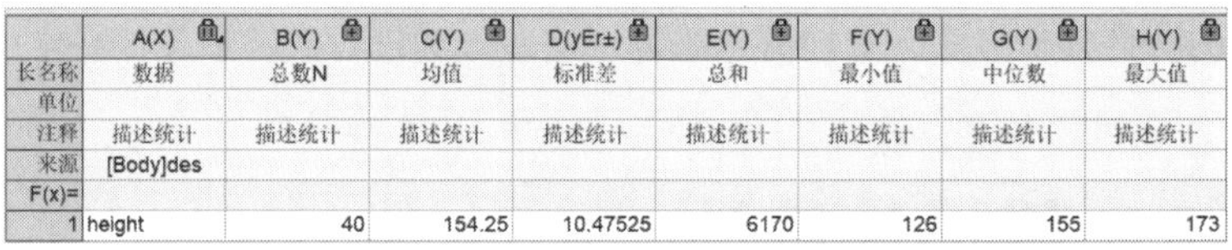

2. 行统计

行统计与列统计类似，是对数据集中的某一行或多行进行描述性统计分析的方法。这里以“Descriptive.opju”文件为案例来讲解行统计的应用。

步骤01 打开“同步学习文件\第9章\数据文件\Descriptive.opju”数据文件，选中需要的数据行，执行菜单栏中的【统计】→【描述统计】→【行统计】命令，弹出【行统计】对话框，进行相关参数设置，如图9-5所示。

步骤02 设置好参数后，单击【确定】按钮，即可生成行统计结果，此时工作表中给出了D(Y)列每一行的均值、标准差，如图9-6所示。

图9-5 【行统计】对话框

	A(X)	B(Y)	C(Y)	D(Y)	E(Y)	F(Y)	G(yEr±)
长名称	name	age	gender	height	weight	均值	标准差
单位							
注释						D"height"的行上的统计信息	D"height"的行上的统计信息
F(x)=							
1	Kate	12	F	146	42.2	146	--
2	Lose	12	F	150	55.4	150	--
3	Jane	12	F	136	33.2	136	--
4	Sophia	12	F	163	65	163	--
5	Grace	12	F	128	28.7	128	--
6	Tom	12	M	148	38	148	--
7	James	12	M	150	58	150	--
8	Sun	12	M	126	35.9	126	--
9	Barb	13	F	148	50.6	148	--
10	Alice	13	F	150	47.9	150	--
11	Susan	13	F	138	30.1	138	--
12	John	13	M	160	44.5	160	--

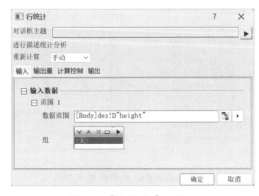

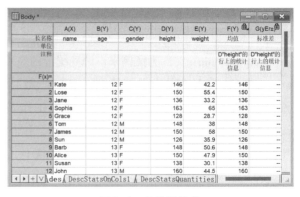

图9-6 行统计结果

9.1.2 交叉表和卡方检验

在统计学中，交叉表是以矩阵形式呈现的表格，能够显示变量间的频率分布。卡方检验是一种常用的假设检验方法，通过卡方检验能够得出统计样本的实际观测值与理论推断值之间的偏离程度。这里以“Descriptive.opju”文件为案例来讲解交叉表和卡方检验的应用。

步骤01 打开“同步学习文件\第9章\数据文件\Descriptive.opju”数据文件，执行菜单栏中的【统计】→【描述统计】→【交叉表格和卡方分析】命令，弹出【交叉表格和卡方：crosstab】对话框，进行相关参数设置，如图9-7所示。设置时【行】与【列】选项可以设置为所需检验的两列数据，在【检验】选项卡下勾选【卡方检验】，系统会自动进行卡方检验分析结果，如图9-8所示。

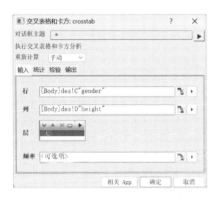

图9-7　【交叉表格和卡方：crosstab】对话框

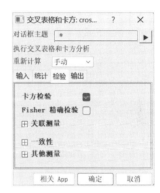

图9-8　检验方法选择

步骤02 设置好参数后，单击【确定】按钮，即可生成统计结果数据报表，如图9-9所示。

		height													
		126	128	136	138	143	146	148	150	153	155	158	160	163	165
gender F	计数	0	1	1	1	0	1	2	3	4	1	1	2	1	0
	预计计数	0.45	0.45	0.45	0.45	0.45	0.9	1.35	1.8	2.25	1.35	1.8	2.25	1.35	0.45
	行%	0	5.55556	5.55556	5.55556	0	5.55556	11.11111	16.66667	22.22222	5.55556	5.55556	11.11111	5.55556	0
	列%	0	100	100	100	0	50	66.66667	75	80	33.33333	25	40	33.33333	0
	总%	0	2.5	2.5	2.5	0	2.5	5	7.5	10	2.5	2.5	5	2.5	0
	残差	-0.45	0.55	0.55	0.55	-0.45	0.1	0.65	1.2	1.75	-0.35	-0.8	-0.25	-0.35	-0.45
	标准残差	-0.67082	0.81989	0.81989	0.81989	-0.67082	0.10541	0.55943	0.89443	1.16667	-0.30123	-0.59628	-0.16667	-0.30123	-0.67082
	调整后残差	-0.91606	1.11963	1.11963	1.11963	-0.91606	0.14583	0.78432	1.27128	1.68175	-0.42233	-0.84752	-0.24025	-0.42233	-0.91606
gender M	计数	1	0	0	0	1	1	1	1	1	2	3	3	2	1
	预计计数	0.55	0.55	0.55	0.55	0.55	1.1	1.65	2.2	2.75	1.65	2.2	2.75	1.65	0.55
	行%	4.54545	0	0	0	4.54545	4.54545	4.54545	4.54545	4.54545	9.09091	13.63636	13.63636	9.09091	4.54545
	列%	100	0	0	0	100	50	33.33333	25	20	66.66667	75	60	66.66667	100
	总%	2.5	0	0	0	2.5	2.5	2.5	2.5	2.5	5	7.5	7.5	5	2.5
	残差	0.45	-0.55	-0.55	-0.55	0.45	-0.1	-0.65	-1.2	-1.75	0.35	0.8	0.25	0.35	0.45
	标准残差	0.60678	-0.74162	-0.74162	-0.74162	0.60678	-0.09535	-0.50602	-0.80904	-1.05529	0.27247	0.53936	0.15076	0.27247	0.60678
	调整后残差	0.91606	-1.11963	-1.11963	-1.11963	0.91606	-0.14583	-0.78432	-1.27128	-1.68175	0.42233	0.84752	0.24025	0.42233	0.91606
总计	计数	1	1	1	1	1	2	3	4	5	3	4	5	3	1
	预计计数	1	1	1	1	1	2	3	4	5	3	4	5	3	1
	行%	2.5	2.5	2.5	2.5	2.5	5	7.5	10	12.5	7.5	10	12.5	7.5	2.5
	列%	100	100	100	100	100	100	100	100	100	100	100	100	100	100
	总%	2.5	2.5	2.5	2.5	2.5	5	7.5	10	12.5	7.5	10	12.5	7.5	2.5

	卡方	DF	Prob > ChiSq
Pearson Chi-Square	15.75758	16	0.47
似然比	20.08976	16	0.21621

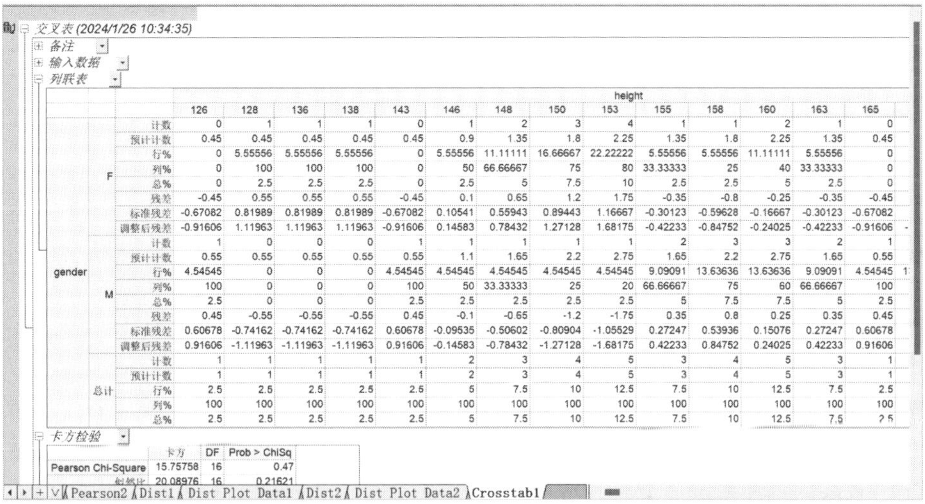

图9-9　统计结果数据报表

9.1.3 频率统计

频率统计也称为频数统计，频率统计分为频数分布统计、离散频数统计与二维频数分布统计。

下面将介绍这三种频率统计方法的操作步骤。

1. 频数分布统计

频数分布统计表示数据在各个类别或区间内出现的次数或频率。通过频数分布，我们可以清晰地看到数据的集中趋势、分散程度及分布形态等统计特征。这里以"Descriptive.opju"文件为案例来讲解频数分布的应用，通过该案例，读者可以掌握使用频数分布的方法。

步骤01 打开"同步学习文件\第9章\数据文件\Descriptive.opju"数据文件，选中工作表中的C(Y)数据列，执行菜单栏中的【统计】→【描述统计】→【频数分布】命令，弹出【频数分布：freqcounts】对话框，进行相关参数设置，如图9-10所示。

步骤02 设置好参数后，单击【确定】按钮，即可生成统计结果工作表，此时工作表中给出了C(Y)列每一行的均值、标准差，如图9-11所示。

图9-10 【频数分布：freqcounts】对话框

图9-11 统计结果工作表

> **温馨提示** ⚠ 【频数分布：freqcounts】对话框中的参数介绍如下。
> 【输入数据格式】：可以选择原始数据或索引数据，默认为原始数据。
> 【输入】：选择待分析的数据列。
> 【指定区间范围依据】：设置分组区间的划分规则。
> 【计算控制】：调整频数分布计算的细节参数。
> 【要计算的量】：计算频数分布所需要计算的量，一般为默认。

2. 离散频数统计

离散频数统计是一种重要的数据分析方法，它可以帮助使用者了解数据集中各个离散值的分布情况，为后续的数据处理和分析提供依据。这里以"Descriptive.opju"文件为案例来讲解离散频数统计的应用，具体的操作步骤如下。

步骤01 打开"同步学习文件\第9章\数据文件\Descriptive.opju"数据文件，选中工作表中的D(Y)数据列，执行菜单栏中的【统计】→【描述统计】→【离散频数】命令，弹出【离散频数：discfreqs】对话框，进行相关参数设置，如图9-12所示。

步骤02 设置好参数后，单击【确定】按钮，即可生成统计结果工作表，如图9-13所示。

图 9-12 【离散频数：discfreqs】对话框　　　图 9-13 统计结果工作表

温馨提示 ⚠ 【离散频数：discfreqs】对话框中的参数介绍如下。

【区分大小写】：选择该选项可以区分文本数据中的大小写。

【排除缺失值】：选择该选项可以排除数据集中的缺失值。

【显示计数为零的类别】：选择该选项可以显示数据集中计数为零的数据列。

【数据排序按】：数据排序可以按升序或降序计数，本案例为降序计数。

3. 二维频数分布统计

二维频数分布统计是指对数据集中两个变量（通常是 X 和 Y）的联合分布情况进行统计和分析。在 Origin 中，用户可以基于二维数据表，通过设定 X 轴和 Y 轴的区间范围，统计每个区间内数据点的数量，并生成相应的二维频数分布图（如直方图、散点图等），从而直观地了解数据的分布情况。这里以 "Descriptive.opju" 文件为案例来讲解二维频数分布统计的应用，具体的操作步骤如下。

步骤01 打开 "同步学习文件\第9章\数据文件\Descriptive.opju" 数据文件，选中工作表中的 A(X)、D(Y)数据列，执行菜单栏中的【统计】→【描述统计】→【二维频数分布】命令，弹出【二维频数分布：twoDBinning】对话框，进行相关参数设置，如图9-14所示。

步骤02 设置好参数后，单击【确定】按钮，即可生成统计结果 Matrix 表，如图9-15所示。

图 9-14 【二维频数分布：twoDBinning】对话框　　　图 9-15 统计结果 Matrix 表

温馨提示 ⚠ 【二维频数分布:twoDBinning】对话框中的参数介绍如下。

【name(X)】：根据所选择的数据列显示的X轴数据名。

【height(Y)】：根据所选择的数据列显示的Y轴数据名。

【计算的统计量】：进行二维频数分布计算的统计量，可选择【最大值】【最小值】【计数】等，默认为【计数】。

【区间输出】：可选择【区间】【区间起始】【区间中心】。

【各Y区间频数总计】：选择该选项可以统计各Y区间的频数。

9.1.4 正态检验

正态检验是判断数据是否符合正态分布的重要方法，因为数据的正态性对于许多统计分析的有效性至关重要。下面通过一个案例来学习如何利用Origin软件进行正态检验，以确保我们的数据分析结果准确可靠。

步骤01 打开"同步学习文件\第9章\数据文件\Descriptive.opju"数据文件，选中工作表中的D(Y)数据列，执行菜单栏中的【统计】→【描述统计】→【正态性检验】命令，弹出【正态性检验】对话框，进行相关参数设置，如图9-16所示。在【绘图】选项卡中还可以选择输出为【直方图】或【箱线图】，如图9-17所示。

步骤02 设置好参数后，单击【确定】按钮，即可完成正态性检验，结果分析报表如图9-18所示。

  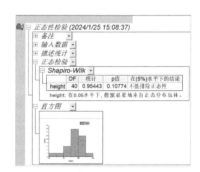

图9-16 【正态性检验】对话框　　图9-17 【绘图】选项卡参数设置　　图9-18 结果分析报表

9.1.5 分布拟合

在Origin软件中，分布拟合是一项关键功能，它允许用户根据样本数据来推断总体的分布情况。分布拟合在统计学中具有至关重要的作用，因为它能帮助研究人员更深入地理解数据的特性，进而作出更准确地统计推断。通过Origin的分布拟合操作，用户可以轻松地对数据进行拟合分析，获得有关总体分布的宝贵信息。

步骤01 打开"同步学习文件\第9章\数据文件\Descriptive.opju"数据文件，选中工作表中的D(Y)数据列，执行菜单栏中的【统计】→【描述统计】→【分布拟合】命令，弹出【分布拟合：distfit】对话框，进行相关参数设置，如图9-19所示。在【绘图】选项卡中还可以选择输出为【直方图】【箱线图】或【累积分布函数图】等，如图9-20所示。

图9-19 【分布拟合：distfit】对话框

图9-20 【绘图】选项卡参数设置

步骤02 设置好参数后，单击【确定】按钮，即可完成分布拟合分析，结果分析报表如图9-21所示。结果分析工作表如图9-22所示。

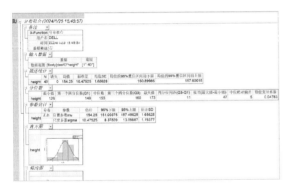

图9-21 结果分析报表

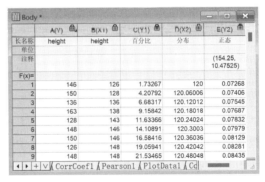

图9-22 结果分析工作表

步骤03 双击工作表中的直方图和箱线图，可以显示出直方图和箱线图窗口，如图9-23和图9-24所示。

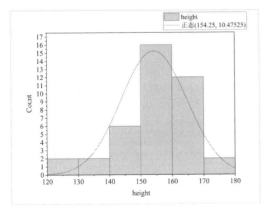

图9-23 直方图窗口

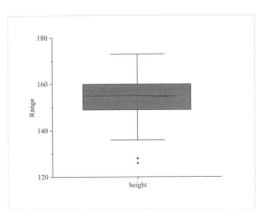

图9-24 箱线图窗口

9.1.6 相关系数

相关系数分析是一种用于评估两个连续性变量之间线性相关关系强度与方向的统计方法。这种方法通过计算相关系数（r）来表示这种关系。相关系数是一个无单位的数值，其取值范围在-1到1之间。当|r|的值越接近1时，则表明两个变量之间的关系越密切；相反，当|r|的值越接近0时，则表明两个变量之间的关系较为松散。这里对"Descriptive.opju"数据文件中的B(Y)和D(Y)数据列进行相关系数分析，具体的操作步骤如下。

步骤01 打开"同步学习文件\第9章\数据文件\Descriptive.opju"数据文件，选中工作表中的B(Y)和D(Y)数据列，执行菜单栏中的【统计】→【描述统计】→【相关系数】命令，弹出【相关系数：corrcoef】对话框，进行相关参数设置。在【绘图】选项卡中还可以选择输出为【散点图】，如图9-25所示。

步骤02 设置好参数后，单击【确定】按钮，即可完成相关系数分析，结果分析报表如图9-26所示。

图9-25 【相关系数：corrcoef】对话框

步骤03 双击工作表中的散点图，可以显示出散点图窗口，如图9-27所示。从年龄和身高相关系数分析工作报表中可以看出，身高和年龄具有一定的相关性。

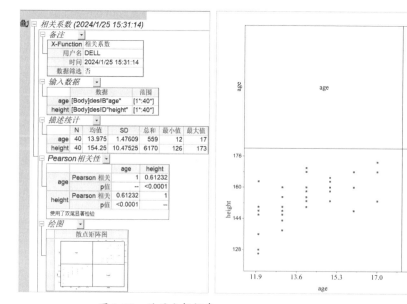

图9-26 结果分析报表　　　　　图9-27 散点图窗口

9.1.7 Grubbs检验

Grubbs检验是一种假设检验的方法，常被用来检验服从正态分布的单变量数据集Y中的单个异常值。

步骤01 打开"同步学习文件\第9章\数据文件\Descriptive.opju"数据文件，选中工作表中的D(Y)数据列，执行菜单栏中的【统计】→【描述统计】→【Grubbs检验】命令，弹出【Grubbs检验：grubbs】对话框，进行相关参数设置，如图9-28所示。

步骤02 设置好参数后，单击【确定】按钮，即可完成相关系数分析，结果分析报表如图9-29所示。

图9-28 【Grubbs检验：grubbs】对话框

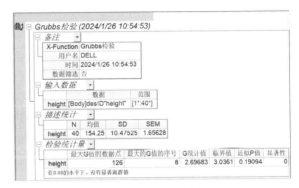
图9-29 结果分析报表

温馨提示 【Grubbs检验：grubbs】对话框中的参数介绍如下。
【显著性水平】：显著性水平代表统计的置信度，大于0.05即为可信。
【离群值图】：选择该选项可绘制离群值图，以显示样本中的离群值。

9.1.8 Dixon's Q检验

Dixon's Q检验是对于单变量异常值最常用的检验方法，与Grubbs检验一样都要求数据符合正态分布。

步骤01 打开"同步学习文件\第9章\数据文件\Dixon's Q.opju"数据文件，选中工作表中的A(X)数据列，执行菜单栏中的【统计】→【描述统计】→【Dixon's Q检验】命令，弹出【Dixon's Q检验：qtest】对话框，进行相关参数设置，如图9-30所示。

步骤02 设置好参数后，单击【确定】按钮，即可完成Dixon's Q检验，结果分析报表如图9-31所示。

图9-30 【Dixon's Q检验：qtest】对话框

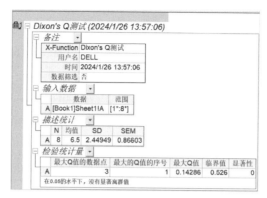

图 9-31　结果分析报表

9.2 假设检验

假设检验是统计推断的重要方法，用于判断样本数据是否支持对总体参数的某种假设。在 Origin 软件中，假设检验功能涵盖样本 t 检验和样本比率检验这两种类型，下面将介绍这两种类型的操作步骤。

9.2.1 样本 t 检验

样本 t 检验是一种常用的统计方法，用于检测样本平均值是否等于某个特定的常数，或者比较两个样本的参数。样本 t 检验通常分为单样本 t 检验、双样本 t 检验和配对样本 t 检验三种类型。

1. 单样本 t 检验

单样本 t 检验主要用于检验一个样本的平均值是否显著不同于某个特定的理论值或已知值，在样本 t 检验中十分常用。这里以 "Onesample.opju" 文件为案例来讲解单样本 t 检验，具体的操作步骤如下。

步骤01 打开"同步学习文件\第9章\数据文件\Onesample.opju"数据文件，选中工作表中的 A(X) 数据列，执行菜单栏中的【统计】→【假设检验】→【单样本 t 检验】命令，弹出【单样本 t 检验：OneSampletTest】对话框，进行相关参数设置，如图 9-32 所示。

图 9-32　【单样本 t 检验：OneSampletTest】对话框

步骤02 设置好参数后，单击【确定】按钮，即可完成单样本 t 检验，结果分析报表如图 9-33 所示。

步骤03 还可以执行【均值 t 检验】命令，在【单样本 t 检验】对话框中的【均值 t 检验】选项卡中，将【均值检验】设为【21】，如图 9-34 所示。单击【确定】按钮，检验完成后自动生成结果分析报表，如图9-35所示。

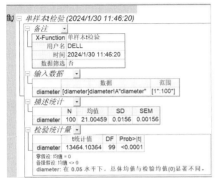
图9-33 结果分析报表

图9-34 【均值t检验】选项卡

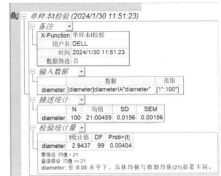
图9-35 结果分析报表

2. 双样本t检验

双样本t检验与单样本t检验类似，只是样本量变为两个，一般用于评估两个总体均值之间是否存在显著差异。这里将以"Twosample.opju"文件为案例来讲解双样本t检验，具体的操作步骤如下。

步骤01 打开"同步学习文件\第9章\数据文件\Twosample.opju"数据文件，执行菜单栏中的【统计】→【假设检验】→【双样本t检验】命令，弹出【双样本t检验: TwoSampletTest】对话框，进行相关参数设置，如图9-36所示。

步骤02 设置好参数后，单击【确定】按钮，即可完成双样本t检验，结果分析报表如图9-37所示。

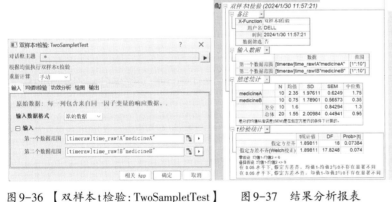

图9-36 【双样本t检验: TwoSampletTest】对话框

图9-37 结果分析报表

温馨提示 ⚠ 【双样本t检验: TwoSampletTest】对话框中的参数介绍如下。

【第一个数据范围】：选择的第一个数据列。

【第二个数据范围】：选择的第二个数据列。

3. 配对样本t检验

配对样本t检验能够检验均服从方差为常数的正态分布但彼此并不独立的X、Y数据列的平均值是否相同。配对样本t检验的操作方法与单样本t检验、双样本t检验基本相同。这里以"PairSampleTest.opju"文件为案例来讲解配对样本t检验，具体的操作步骤如下。

步骤01 打开"同步学习文件\第9章\数据文件\PairSampleTest.opju"数据文件，执行菜单栏中的【统计】→【假设检验】→【配对样本t检验】命令，弹出【配对样本t检验: PairSampletTest】对话框，进行相关参数设置，如图9-38所示。

步骤02 设置好参数后，单击【确定】按钮，即可完成配对样本t检验，结果分析报表如图9-39所示。

图9-38 【配对样本t检验：PairSampletTest】对话框

图9-39 结果分析报表

9.2.2 样本比率检验

样本比率检验是一种统计方法，用于研究一个样本在总体中所占的比率问题。根据样本数量的不同，样本比率检验可以分为单样本比率检验和双样本比率检验两种类型。

1. 单样本比率检验

单样本比率检验基于二项分布或正态分布的假设，通过计算样本比率与已知比率之间的差异及其对应的统计量（如Z统计量），来评估样本比率与已知比率之间是否存在显著差异。这里以"Onesample.opju"为案例来讲解单样本比率检验，具体的操作步骤如下。

步骤01 打开"同步学习文件\第9章\数据文件\Onesample.opju"数据文件，执行菜单栏中的【统计】→【假设检验】→【单样本比率检验】命令，弹出【单样本比率检验：OneSampleProportionTest】对话框，进行相关参数设置，如图9-40所示。

步骤02 设置好参数后，单击【确定】按钮，即可完成单样本比率检验，结果分析报表如图9-41所示。

图9-40 【单样本比率检验：OneSampleProportionTest】对话框

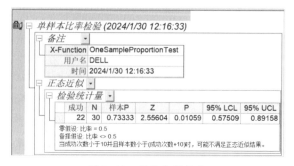

图9-41 结果分析报表

温馨提示 ⚠ 【单样本比率检验：OneSampleProportionTest】对话框中的参数介绍如下。

【输入数据格式】：可选择【汇总】【原始数据】或【索引数据】，一般默认为【汇总】。

【输入数据】：将需要进行单样本比率分析的数据输入该选项下，其中【成功个数】为能够通过单样本比率检验的数据；【样本量大小】为总数据量。

【比率检验】：单样本比率检验所用方法，【备择假设】中的三种情况分别代表比率 ≠ 0.5、比率 > 0.5、比率 < 0.5，根据需要选择【备择假设】。

2. 双样本比率检验

双样本比率检验与单样本比率检验类似，旨在推断两个样本各自代表的总体率是否相等。这里以"Twosample.opju"为案例来讲解双样本比率检验，具体的操作步骤如下。

步骤01 打开"同步学习文件\第9章\数据文件\Twosample.opju"数据文件，执行菜单栏中的【统计】→【假设检验】→【双样本比率检验】命令，弹出【双样本比率检验：TwoSampleProportionTest】对话框，进行相关参数设置，如图9-42所示。

步骤02 设置好参数后，单击【确定】按钮，即可完成双样本比率检验，结果分析报表如图9-43所示。

图9-42 【双样本比率检验：TwoSampleProportionTest】对话框

图9-43 结果分析报表

9.3 方差分析

方差分析是统计分析方法中最常用的方法之一，它能够检验总体的误差与指定值是否相同，或者两个总体间的方差是否相等。在Origin中，方差分析分为单因子方差分析、双因子方差分析和三因子方差分析。

9.3.1 单因子方差分析

单因子方差分析是只考虑一个因子对观测数据的影响的方差分析，它可以帮助使用者快速准确地判断单个因子在不同水平下对因变量的影响是否显著。这里以"Diameter.opju"文件为案例来讲解单因子方差分析，具体的操作步骤如下。

步骤01 打开"同步学习文件\第9章\数据文件\Diameter.opju"数据文件，原始数据工作表如图9-44所示。选择A(X)数据列，执行菜单栏中的【统计】→【方差分析】→【单因子方差分析】命令，弹出【ANOVAOneWay】对话框，进行相关参数设置，如图9-45所示。

步骤02 设置好参数后，单击【确定】按钮，即可完成单因子方差分析，结果分析报表如图9-46所示。

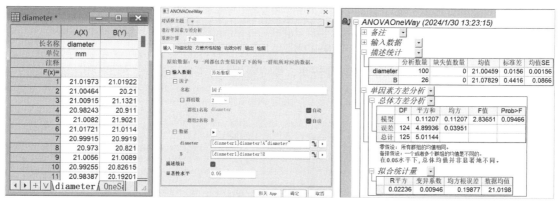

图9-44 原始数据工作表　　图9-45 【ANOVAOneWay】对话框　　图9-46 结果分析报表

9.3.2 双因子方差分析

双因子方差分析的基本思想是通过分析不同来源的变异对总变异的贡献大小，从而确定可控因素对研究结果影响力的大小。它假设每个总体都服从正态分布，并且具有相同的方差。本节以"Timeraw.opju"文件为案例来讲解双因子方差分析，具体的操作步骤如下。

步骤01 打开"同步学习文件\第9章\数据文件\Timeraw.opju"数据文件，执行菜单栏中的【统计】→【方差分析】→【双因子方差分析】命令，弹出【ANOVATwoWay】对话框，进行相关参数设置，如图9-47所示。

步骤02 设置好参数后，单击【确定】按钮，即可完成双因子方差分析，结果分析报表如图9-48所示。

图9-47 【ANOVATwoWay】对话框

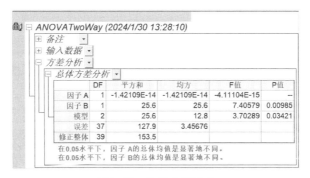

图9-48　结果分析报表

9.3.3 三因子方差分析

三因子方差分析是一种统计方法，用于研究三个或更多独立变量（通常称为因子）对一个因变量（反应变量）的影响，同时还可以分析这些因子之间的交互作用。这里以"ThreesampleTest.opju"文件为案例来讲解三因子方差分析，具体的操作步骤如下。

步骤01 打开"同步学习文件\第9章\数据文件\ThreesampleTest.opju"数据文件，原始数据工作表如图9-49所示。执行菜单栏中的【统计】→【方差分析】→【三因子方差分析】命令，弹出【ANOVAThreeWay】对话框，进行相关参数设置，如图9-50所示。

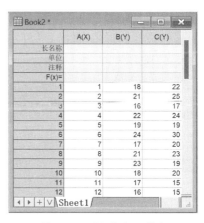

图9-49　原始数据工作表

步骤02 设置好参数后，单击【确定】按钮，即可完成三因子方差分析，结果分析报表如图9-51所示。

图9-50　【ANOVAThreeWay】对话框

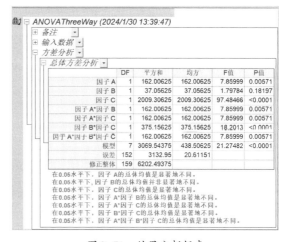

图9-51　结果分析报表

9.4 非参数检验

非参数检验是针对总体分布未知或无法确定的科研数据所做的一类分析。在Origin中，非参数检验分为单样本检验、双样本检验和多样本检验。

9.4.1 单样本检验

在Origin中，单样本检验一般用Wilcoxon符号秩检验，它可以检验不符合正态分布的数据是否与目标值有明显的区别。这里以"Wilcoxon.opju"文件为案例来讲解单样本检验中的Wilcoxon符号秩检验，具体的操作步骤如下。

步骤01 打开"同步学习文件\第9章\数据文件\Wilcoxon.opju"数据文件，原始数据工作表如图9-52所示。选择A(X)数据列，执行菜单栏中的【统计】→【非参数检验】→【单样本Wilcoxon符号秩检验】命令，弹出【单样本Wilcoxon符号秩检验: signrank1】对话框，进行相关参数设置，如图9-53所示。

图9-52 原始数据工作表　　图9-53 【单样本Wilcoxon符号秩检验: signrank1】对话框

步骤02 设置好参数后，单击【确定】按钮，即可完成单样本Wilcoxon符号秩检验，结果分析报表如图9-54所示。

9.4.2 双样本检验

在Origin中，双样本检验一般使用Kolmogorov-Smirnov检验和Mann-Whitney检验，它们均可检验两个不符合正态分布样本的差异显著性。

1. Kolmogorov-Smirnov 检验

Kolmogorov-Smirnov检验用于检验两个样本分

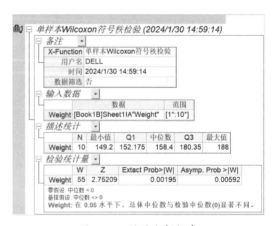

图9-54 结果分析报表

布是否来自同一总体分布，或者检验一个经验分布是否符合某种理论分布。这里以"Mann-Whitney.opju"文件为案例来讲解Kolmogorov-Smirnov检验，具体的操作步骤如下。

步骤01 打开"同步学习文件\第9章\数据文件\Mann-Whitney.opju"数据文件，原始数据工作表如图9-55所示。执行菜单栏中的【统计】→【非参数检验】→【双样本Kolmogorov-Smirnov检验】命令，弹出【双样本Kolmogorov-Smirnov检验：kstest2】对话框，进行相关参数设置，如图9-56所示。

步骤02 设置好参数后，单击【确定】按钮，即可完成Kolmogorov-Smirnov检验，结果分析报表如图9-57所示。

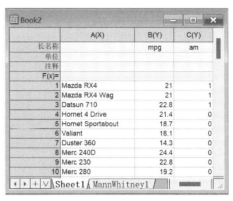

图9-55 原始数据工作表

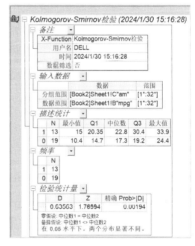

图9-56 【双样本Kolmogorov-Smirnov检验：kstest2】对话框　　图9-57 结果分析报表

2. Mann-Whitney 检验

Mann-Whitney检验的基本原理是将两组数据合并起来，对所有数据进行排序，并计算每个数据在两个样本中的秩次（数据在合并后的数据集中的位置）。通过比较两个样本的秩次总和（或秩和），来判断两个样本的中位数是否相同。这里仍以"Mann-Whitney.opju"文件为案例来讲解Mann-Whitney检验，具体的操作步骤如下。

步骤01 打开"同步学习文件\第9章\数据文件\Mann-Whitney.opju"数据文件，执行菜单栏中的【统计】→【非参数检验】→【Mann-Whitney检验】命令，弹出【Mann-Whitney检验：mwtest】对话框，进行相关参数设置，如图9-58所示。

步骤02 设置好参数后，单击【确定】按钮，即可完成Mann-Whitney检验，结果分析报表如图9-59所示。

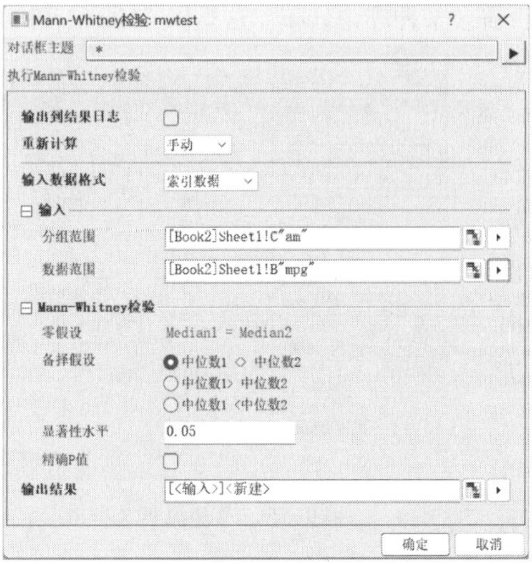

图9-58 【Mann-Whitney检验:mwtest】对话框

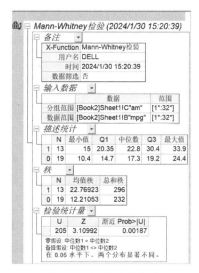

图9-59 结果分析报表

> 温馨提示 ⚠ 【Mann-Whitney检验:mwtest】对话框中的参数介绍如下。
> 【分组范围】:Mann-Whitney检验需要进行分组,分组范围就是所选需要分组的数据列。
> 【数据范围】:需要进行Mann-Whitney检验的数据列。
> 【精确P值】:精确P值即精确的显著性水平值。

9.4.3 多样本检验

在Origin中,多样本检验一般用Friedman方差分析,不需样本符合正态分布即可检验样本是否具有显著性差异;而对于多样本的中位数,可以使用Origin中的Mood中位数检验法检验多样本的中位数是否相同。下面将详细介绍两种多样本检验方法的操作步骤。

1. Friedman方差分析

Friedman方差分析检验旨在推断来自k个相关样本的数据是否来自具有相同中位数的总体。它特别适用于无法假设数据来自正态分布或方差相等的情况,以及当数据是顺序数据(如等级评分)时。这里以"Eyesight.opju"文件为案例来讲解Friedman方差分析,具体的操作步骤如下。

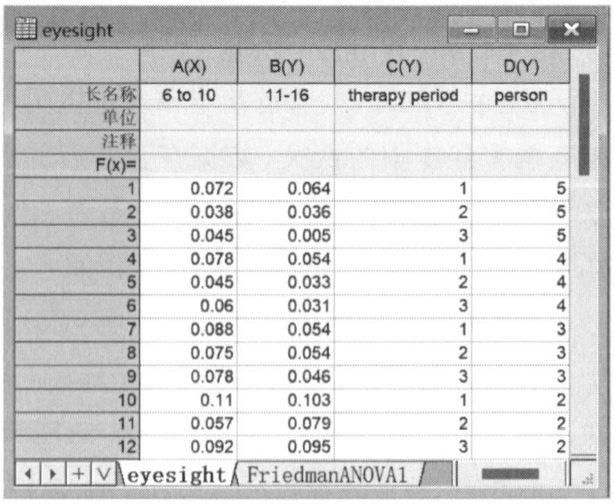

步骤01 打开"同步学习文件\第9章\数据文件\Eyesight.opju"数据文件,原始数据工作表如图9-60所示。执行菜单栏中的【统计】→【非参数检验】→【Friedman方差分析】命令,弹出【Friedman方差分析:friedman】对话框,进行相关

图9-60 原始数据工作表

参数设置，如图9-61所示。

步骤02 设置好参数后，单击【确定】按钮，即可完成Friedman方差分析，结果分析报表如图9-62所示。

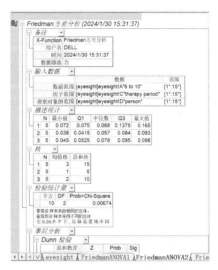

图9-61 【Friedman方差分析：friedman】对话框　　图9-62 结果分析报表

2. Mood中位数检验

Mood中位数检验旨在推断两个或多个独立样本来自的总体中位数是否相同。由于它不依赖数据的分布假设，因此适用于有序分类数据或连续数据的假设检验。这里以"Kruskal-Wallis.opju"文件为案例来讲解Mood中位数检验，具体的操作步骤如下。

步骤01 打开"同步学习文件\第9章\数据文件\Kruskal-Wallis.opju"数据文件，原始数据工作表如图9-63所示。执行菜单栏中的【统计】→【非参数检验】→【Mood中位数检验】命令，弹出【Mood中位数检验：mediantest】对话框，进行相关参数设置，如图9-64所示。

图9-63 原始数据工作表　　图9-64 【Mood中位数检验：mediantest】对话框

步骤02 设置好参数后，单击【确定】按钮，即可完成Mood中位数检验，结果分析报表如

图9-65所示。结果数据存储在一个新的工作表中，如图9-66所示。

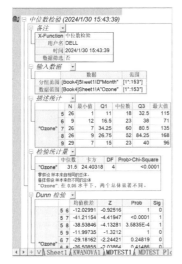

图9-65 结果分析报表

图9-66 结果数据工作表

9.5 生存分析

生存分析是一种统计方法，用于研究特定事件（如死亡、故障、复发等）的发生时间及其影响因素。在Origin软件中，生存分析功能涵盖卡普兰-梅尔估计量、比例风险回归模型和威布尔拟合模型等多种方法。

9.5.1 卡普兰-梅尔估计量

在Origin软件中，卡普兰-梅尔（Kaplan-Meier）估计量是一种非参数估计方法，专门用于处理寿命数据中的不完全样本，以估计未知总体的生存函数。本节将通过实例详细讲解卡普兰-梅尔估计量的具体操作步骤。

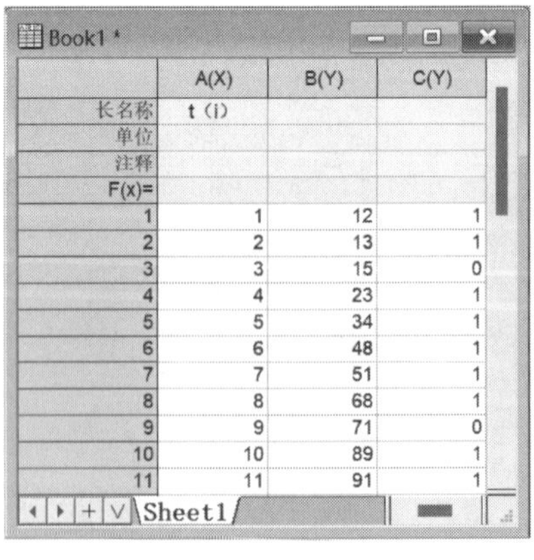

步骤01 打开"同步学习文件\第9章\数据文件\Kaplan-Meier.opju"数据文件，原始数据工作表如图9-67所示。执行菜单栏中的【统计】→【生存分析】→【Kaplan-Meier估计】命令，弹出【Kaplan-Meier估计: kaplanmeier】对话框，进行相关参数设置，如图9-68所示。

步骤02 设置好参数后，单击【确定】按钮，即可完成Kaplan-Meier估计，结果分析报表如图9-69所示。结果数据存储在一个新的工作表中，如图9-70所示。

图9-67 原始数据工作表

图9-68 【Kaplan-Meier估计：kaplanmeier】对话框

温馨提示 ⚠ 【Kaplan-Meier估计：kaplanmeier】对话框中的参数介绍如下。

【时间范围】：进行Kaplan-Meier估计时需选定时间范围，该选项为时间范围的数据列。

【删失范围】：进行Kaplan-Meier估计时需选定寿命数据中的不完全样本，即选定删失范围，该选项为删失范围的数据列。

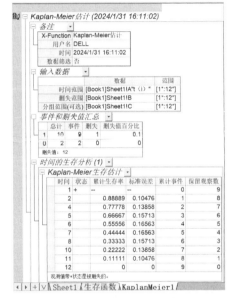

图9-69 结果分析报表

图9-70 结果数据工作表

9.5.2 比例风险回归模型

比例风险回归模型又称为Cox模型，是一种半参数回归分析方法。该模型以生存时间和事件状态（如死亡/存活）作为因变量，可同时评估多个因素对生存风险的影响。这里以"Cox Model.opju"文件为案例来讲解Cox模型估计风险，具体的操作步骤如下。

步骤01 打开"同步学习文件\第9章\数据文件\CoxModel.opju"数据文件，原始数据工作表如图9-71所示。执行菜单栏中的【统计】→【生存分析】→【Cox模型估计】命令，弹出【Cox模型估计：phm_Cox】对话框，进行相关参数设置，如图9-72所示。

步骤02 设置好参数后，单击【确定】按钮，即可完成相关系数分析Cox模型估计，结果分析报表如图9-73所示。

图 9-71　原始数据工作表　图 9-72　【Cox 模型估计：phm_Cox】对话框　图 9-73　结果分析报表

> 温馨提示 ⚠️ 【Cox 模型估计：phm_Cox】对话框中的参数介绍如下。
> 【删失值】：用于分析多个因素对生存时间的影响，并估计各因素的风险比。
> 【事件和删失值的摘要】：选择该选项能够对影响生存时间的事件和删失值进行简单摘要，避免数据冗余。
> 【协方差矩阵】：协方差矩阵用于描述多个随机变量之间的线性相关程度。
> 【相关矩阵】：用于分析自变量之间是否存在多重共线性。
> 【生存函数图】：生存函数图也称为生存曲线，是描述生存时间的概率分布的图形表示。

9.5.3　威布尔拟合模型

威布尔拟合模型是基于威布尔分布构建的拟合模型。威布尔分布作为一种连续概率分布，被广泛应用于生存分析和可靠性工程领域，用于描述事件发生时间或产品寿命的分布特征。然而，在使用威布尔分布进行预测时，必须严格把控数据质量和模型拟合的合理性，因为预测结果的准确性高度依赖于分布参数的准确估计。本节将通过一个分析药物溶出度的实例来具体展示威布尔拟合模型的应用。

步骤01 打开"同步学习文件\第 9 章\数据文件\Weibull Distribution.opju"数据文件，原始数据工作表如图 9-74 所示。执行菜单栏中的【统计】→【生存分析】→【Weibull 拟合】命令，弹出【Weibull 拟合：weibullfit】对话框，进行相关参数设置，如图 9-75 所示。

图 9-74　原始数据工作表

步骤02 设置好参数后，单击【确定】按钮，即可完成 Weibull 拟合，结果分析报表如图 9-76 所示。结果数据将存储在一个新的工作表中，如图 9-77 所示。

图 9-75 【Weibull 拟合：weibullfit】对话框

温馨提示 ⚠ 【Weibull 拟合：weibullfit】对话框中的参数介绍如下。

【最小二乘法】：最小二乘法通过最小化所有观测值与模型预测值之间的残差平方和，来得到最佳的模型参数。

【最大似然】：最大似然能够在给定的样本数据集中，寻找能够使该数据出现的概率（似然函数）最大的参数值。

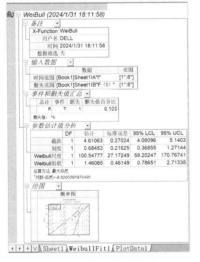

图 9-76 结果分析报表

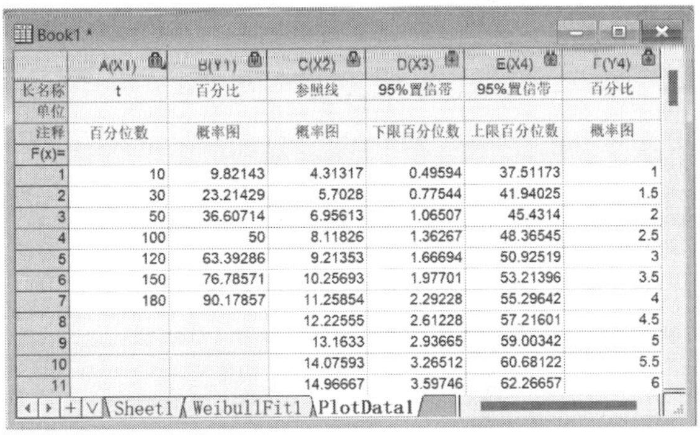

图 9-77 结果数据工作表

9.6 多元分析

多元分析是一种统计方法，旨在通过降维技术对多个变量进行分析，以揭示变量之间的关系和潜在结构。这种方法主要包括主成分分析、偏最小二乘、聚类分析和判别分析四种类型。

9.6.1 主成分分析

主成分分析（Principal Component Analysis，PCA）是一种统计方法，它通过线性变换将一组相关的变量转换成另一组不相关的变量，这些新变量按照方差的递减顺序排列。PCA 通常用于将包含大量信息的原始数据压缩成较小的维度集合，即新的复合变量，同时尽量保留原始数据中的信息。这种方法在数据分析中非常有用，能够帮助研究者识别和解释数据中的主要模式和趋势。

步骤01 打开"同步学习文件\第9章\数据文件\PCA.opju"数据文件,原始数据工作表如图9-78所示。执行菜单栏中的【统计】→【多变量分析】→【主成分分析】命令,弹出【主成分分析:pca】对话框,进行相关参数设置,如图9-79所示。

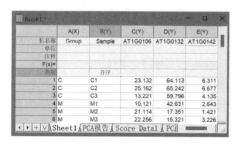

图9-78 原始数据工作表

图9-79 【主成分分析:pca】对话框

步骤02 设置好参数后,单击【确定】按钮,即可完成主成分分析,结果分析报表如图9-80所示。结果2D图有碎石图、载荷图与双标图,如图9-81至图9-83所示。

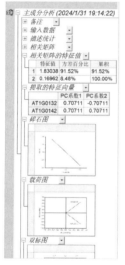

图9-80 结果分析报表

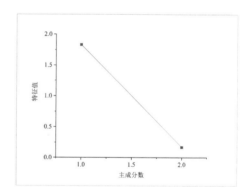

图9-81 碎石图

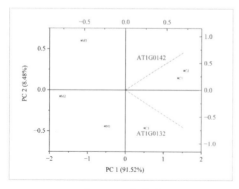

图9-82 载荷图

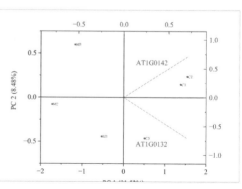

图9-83 双标图

步骤03 结果还会生成新的打分数据和PCA图表数据，分别存储在新的工作表中，如图9-84和图9-85所示。

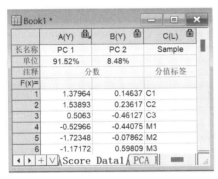

图9-84　打分数据　　　　　　　　　　　图9-85　PCA图表数据

9.6.2 偏最小二乘

偏最小二乘是一种数学优化技术，通过最小化预测值与观测值之间误差的平方和，建立变量之间的线性关系模型。它能够在自变量存在多重共线性或样本量较少时，仍有效提取关键特征并进行预测。下面将以寻找PCR最佳退火时间为例来讲解偏最小二乘。

步骤01 打开"同步学习文件\第9章\数据文件\Partial Least_Square.opju"数据文件，原始数据工作表如图9-86所示。选择A(X)、B(Y)数据列，执行菜单栏中的【统计】→【多变量分析】→【偏最小二乘】命令，弹出【偏最小二乘：pls】对话框，进行相关参数设置，如图9-87所示。

图9-86　原始数据工作表　　　　　　　　图9-87　【偏最小二乘：pls】对话框

步骤02 设置好参数后，单击【确定】按钮，即可完成偏最小二乘分析，结果分析报表如图9-88所示。工作报表中的方差解释图和系数图形如图9-89至图9-91所示。

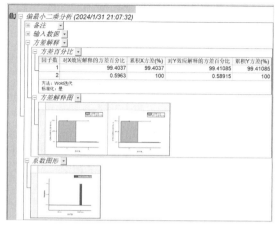

图9-88　结果分析报表

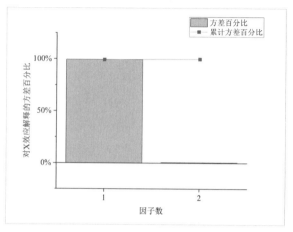

图9-89　对X的方差解释图

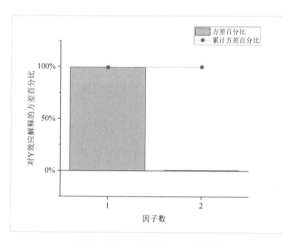

图9-90　对Y的方差解释图

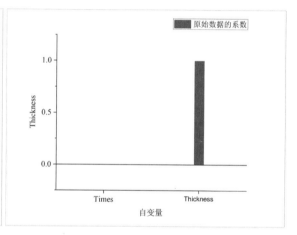

图9-91　系数图形

步骤03 结果还会生成新的PLS结果工作表和PLS图表数据，分别存储在新的工作表中，如图9-92和图9-93所示。

	A(X)	B(Y)
长名称	自变量	Thickness
单位		
注释	原始数据的系数	
F(x)=		
1	截距	3.55271E-15
2	Times	-1.28035E-19
3	Thickness	1

图9-92　PLS结果工作表

Book1 *

	A(X1)	B(Y1)	C(X2)	D(Y2)	E(Y2)	F(Y2)	G(Y2)
长名称	自变量	Thickness	因子数	对X效应解释的方差百分比	累积X方差(%)	对Y效应解释的方差百分比	累积Y方差(%)
单位							
注释	原始数据的系数		方差百分比		累计方差百分比	方差百分比	累计方差百分比
F(x)=							
1	截距	3.55271E-15	1	99.4037	99.4037	99.41085	99.41085
2	Times	-1.28035E-19	2	0.5963	100	0.58915	100
3	Thickness	1					

Sheet1 / PLS1 / PLSResults1 / PLS Plot Data

图9-93　PLS图表数据

9.6.3 聚类分析

聚类分析是一种无监督学习方法，用于将物理或抽象对象的集合划分为若干组，使得同一组内的对象具有较高的相似性，而不同组间的对象差异较大。聚类分析能够依据研究对象（样品或指标）的特征进行自动分类，以减少数据复杂度，便于后续的模式发现和数据分析。本节将通过"Cluster Analysis.opju"文件的实例来详细讲解聚类分析的实际应用。

步骤01 打开"同步学习文件\第9章\数据文件\Cluster Analysis.opju"数据文件，原始数据工作表如图9-94所示。选中B(Y)至F(Y)数据列，执行菜单栏中的【统计】→【多变量分析】→【系统聚类分析】命令，弹出【系统聚类分析：hcluster】对话框，进行相关参数设置，如图9-95所示。

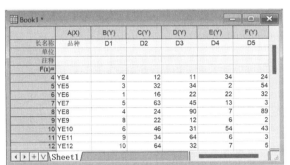
图9-94 原始数据工作表

图9-95 【系统聚类分析：hcluster】对话框

步骤02 设置好参数后，单击【确定】按钮，即可完成系统聚类分析，结果分析报表如图9-96所示。工作报表中的谱系图如图9-97所示。

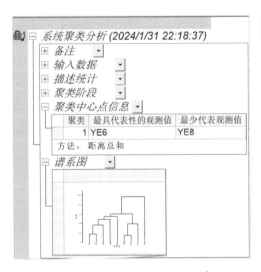
图9-96 结果分析报表

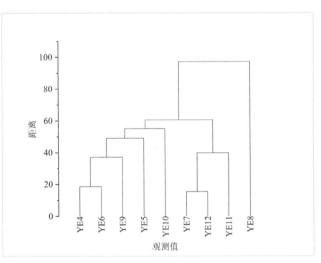
图9-97 谱系图

步骤03 结果还会生成新的聚类分析谱系结果工作表和谱系图图表数据，分别存储在新的工作表中，如图9-98和图9-99所示。

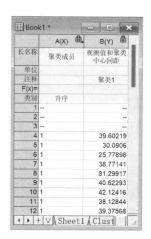

图 9-98　谱系结果工作表　　　　图 9-99　谱系图图表数据

9.6.4 判别分析

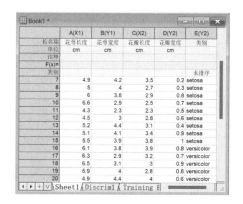

判别分析又称为分辨法，是一种多变量统计分析方法，旨在根据研究对象的各种特征值，在分类确定的条件下，判断其所属类型。本节将通过花萼与花瓣长度分组的实例来详细讲解判别分析的实际应用。

步骤01 打开"同步学习文件\第9章\数据文件\Discriminant Analysis.opju"数据文件，原始数据工作表如图 9-100 所示。选择 A(X1)、B(Y1)、C(X2) 和 D(Y2) 数据列，执行菜单栏中的【统计】→【多变量分析】→【判别分析】命令，弹出【判别分析: discrim】对话框，如图 9-101 所示。

图 9-100　原始数据工作表

步骤02 在【判别分析: discrim】对话框中设置【训练样本分组】与【训练样本】选项卡，选择【所有列】数据，如图 9-101 所示，弹出【列浏览器】对话框，在【范围】对话框中修改【起始】和【结束】列数，如图 9-102 所示。

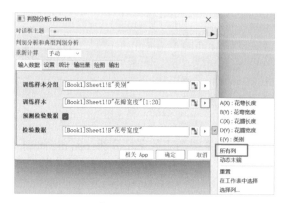

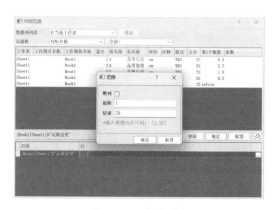

图 9-101　【判别分析: discrim】对话框　　　　图 9-102　修改列数

步骤03 修改完成后，勾选【预测检验数据】复选框，如图9-101所示，弹出【检验数据】选项，在A(X1)、B(Y1)、C(X2)或D(Y2)数据列中选择一列作为预测检验数据，本案例选择的是B(Y1)数据列，设置完成后，单击【确定】按钮，进行判别分析。

步骤04 分析完成后，生成的工作报表如图9-103所示。结果将保存在三个新的工作表中，分别为训练结果工作表、测试工作表和典型分数工作表，如图9-104至图9-106所示。

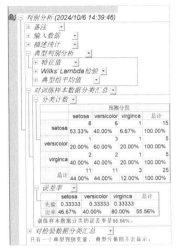

图9-103 工作报表

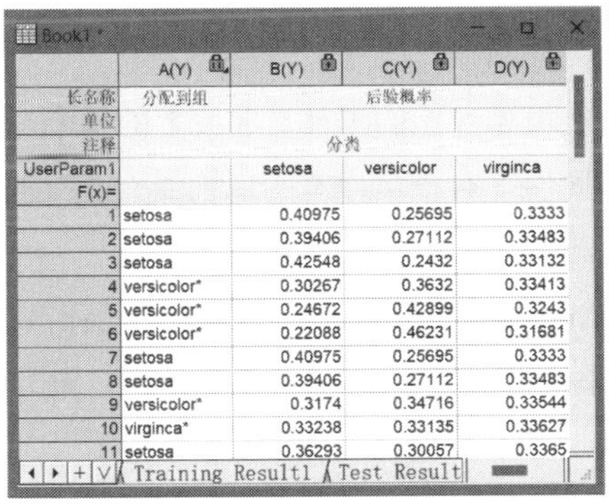

图9-104 训练结果工作表 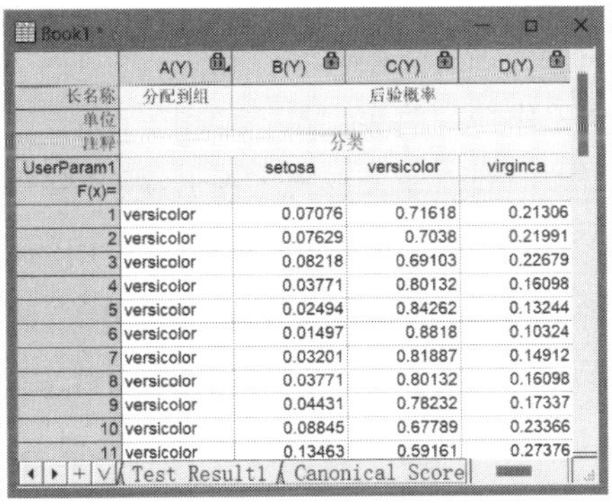　　图9-105 测试工作表 　　图9-106 典型分数工作表

9.7 其他分析方法

除了前几节介绍的分析方法外，Origin还有些其他的分析方法，本节将介绍功效分析与ROC曲线的操作方法。

9.7.1 功效分析

功效分析是假设检验中的重要统计方法，主要用于评估研究设计检测真实效应的能力。其核心目标是通过调控样本量、效应量和显著性水平等关键参数，使统计检验达到足够的功效，从而确保研究结论的可靠性和科学性。下面以功效分析中的【单比率检验】为例来讲解功效分析的操作步骤。

步骤01 打开"同步学习文件\第9章\数据文件\Onesample.opju"数据文件，选中工作表中的A(X)数据列，执行菜单栏中的【统计】→【功效和样本量大小】→【单比率检验】命令，弹出【单比率检验：PSS_proportionTest1】对话框，进行相关参数设置，如图9-107所示。

步骤02 设置好参数后，单击【确定】按钮，即可完成单比率检验，结果分析报表如图9-108所示。

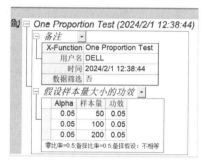

图9-107 【单比率检验：PSS_proportionTest1】对话框　　　　图9-108 结果分析报表

9.7.2 ROC曲线

ROC曲线又称受试者工作特征曲线，是一种用于评估二分类模型性能的工具。曲线上的每个点代表了不同的分类阈值下模型的性能，反映了模型在不同分类阈值下对正负样本的识别能力。ROC曲线通过图形化的方式展示了模型的准确性，是目前常用的诊断曲线之一。

步骤01 打开"同步学习文件\第9章\数据文件\ROC Curve.opju"数据文件，原始数据工作表如图9-109所示。执行菜单栏中的【统计】→【ROC曲线】命令，弹出【ROCCurve】对话框，进行相关参数设置，如图9-110所示。【正状态值】选项可以根据实验数据需要来设置。

步骤02 设置好参数后，单击【确定】按钮，即可形成ROC曲线，结果分析报表如图9-111所示。单击分析报表中的图形，即可跳转至图形窗口，ROC曲线图如图9-112所示。结果数据将存储在一个新的工作表中，如图9-113所示。

图9-109 原始数据工作表　　　图9-110 【ROCCurve】对话框　　　图9-111 结果分析报表

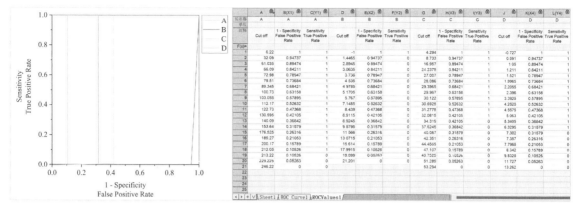

图 9-112 ROC 曲线图　　　　　　图 9-113 结果数据工作表

上机实训：正交试验结果多元线性回归分析

【实训介绍】

本节实训需要将正交试验结果数据导入Origin中，并进行多元线性回归分析，生成实验数据的多元线性回归工作报表，再将工作报表导出为PDF格式。利用实例进行Origin实际操作，可以让读者熟悉Origin多元线性回归的操作方法。

【思路分析】

本次实训的操作思路可分为三个步骤。第一步，将实验数据准确导入Origin软件中，确保数据的完整性和准确性。第二步，利用Origin的多元线性回归分析工具，对数据进行处理和分析，生成多元线性回归工作报表。第三步，将生成的多元线性回归工作报表导出为PDF格式，以便后续的数据分析和报告撰写。

【操作步骤】

步骤01 数据导入。执行菜单栏中的【数据】→【连接到文件】→【Excel】命令，导入"同步学习文件\第9章\数据文件\表格\上机实训9导入文件.xlsx"文件，如图9-114和图9-115所示。

图 9-114 选择文件并导入　　　　　　图 9-115 原始数据工作表

步骤02 对数据进行处理和分析。执行菜单栏中的【统计】→【拟合】→【多元线性回归】命令，在弹出的【多元回归】对话框中设置【因变量数据】与【自变量数据】，如图9-116所示。

步骤03 生成工作报表。单击【确定】按钮，生成多元线性回归工作报表，如图9-117所示。结果数据将存储在一个新的工作表中，如图9-118所示。单击菜单栏中的【文件】→【导出】→【作为PDF文件】命令，即可生成工作报表的PDF格式文件，如图9-119所示。

图9-116 【多元回归】对话框

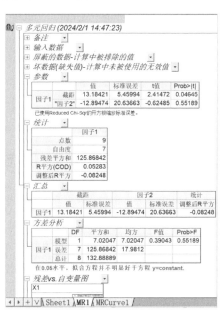

图9-117 多元线性回归工作报表

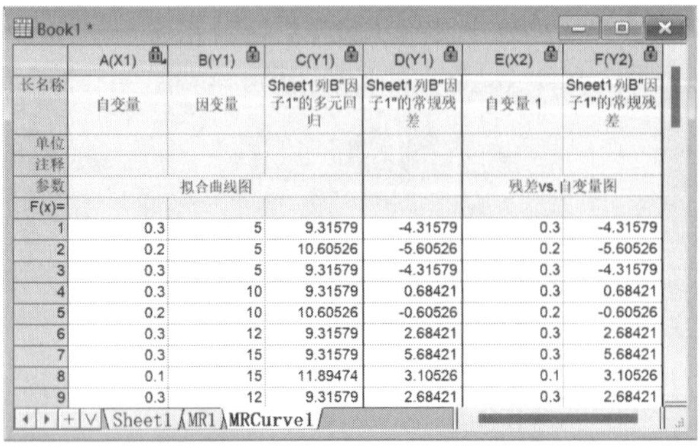

图9-118 结果数据工作表

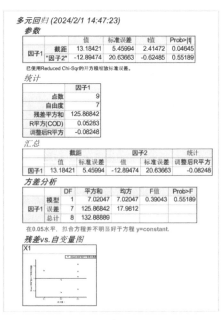

图9-119 工作报表的PDF格式文件

专家点拨

技巧01 实验数据的偏最小二乘分析

偏最小二乘分析需要使用完整的数据矩阵进行建模和预测。在实验数据分析时,必须选中所有所需的数据列,否则将无法进行分析。

技巧02 利用Origin工具包进行机器学习研究

机器学习是通过算法使计算机系统从数据中自动学习模式并改进性能的计算方法,以获取新知识或技能,并重新组织已有的知识结构,从而不断改善自身性能。作为人工智能的核心,机器学习是实现计算机智能化的根本途径。在Origin中,工具包提供了数据训练的功能,可以形成训练集,使计算机能够基于这些训练集进行学习。

本章小结

Origin具有强大的统计分析功能,本章主要介绍了Origin中的统计分析方法,读者在学完本章后,能够运用描述性统计、假设检验、方差分析、非参数检验、生存分析、多元分析与一些其他的分析方法对实验数据进行分析。

第10章 软件协同：Origin与其他软件交互使用

【本章导读】

Origin软件不仅具备强大的数据分析功能，还具有出色的可扩展性。它支持与其他科学计算软件的交互操作，并允许用户通过多种脚本语言进行功能定制和扩展。在外部程序集成方面，Origin提供了与Mathematica和Python等科学计算环境的连接接口，显著增强了数据处理和分析的灵活性。

本章将详细介绍如何在Origin中连接至其他控制台，包括Mathematica和Python控制台。同时，还介绍了LabTalk脚本语言、Origin C语言和X-Function的基础知识，帮助读者掌握如何使用这些脚本语言编写Origin的脚本，实现自动化处理和数据分析。

10.1 在Origin中使用其他软件程序

Origin提供了连接至其他软件程序的功能，在菜单栏中能够选择连接至Mathematica和Python控制台选项。

10.1.1 连接至Mathematica

Mathematica是一款功能强大的科学计算软件，支持与Origin等数据处理软件进行集成。在Origin中，通过选择菜单栏中的【连接】→【连接Mathematica】命令可以进行连接，弹出的【连接Mathematica】对话框界面如图10-1所示。

图10-1 【连接Mathematica】对话框

通过在【连接Mathematica】中设置，用户可以向Mathematica发送数据或接收来自Mathematica的数据。

10.1.2 使用Python控制台

Python是一款功能强大且应用广泛的高级编程语言，其核心优势包括高效的高级数据结构实现和简洁的面向对象编程范式。Python支持多种编程类型，包括函数式、指令式、结构化、面向对象和反射式编程。在Origin中，通过选择菜单栏中的【连接】→【Python控制台】命令，可以连接至Python进行脚本编译，如图10-2所示。

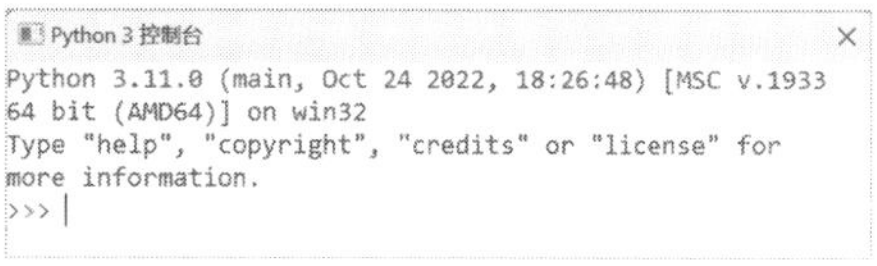

图10-2　Python控制台界面

10.2 LabTalk脚本语言

LabTalk脚本语言是Origin软件内置的编程语言，具备强大的功能，能够实现Origin中的所有操作。其语法功能与C语言类似，但并非完全相同，为用户提供了更多的灵活性和便利性。

10.2.1 命令窗口

在菜单栏中选择【窗口】→【命令窗口】命令，即可弹出【命令窗口】对话框，如图10-3所示。

在【命令窗口】对话框中输入LabTalk语法，即可处理Origin中的图表，新建或修改图表中的所有元素。

除了使用【命令窗口】对话框编译脚本外，还可以选择菜单栏中的【窗口】→【脚本窗口】命令，打开如图10-4所示的【脚本窗口：LabTalk】对话框来编译脚本。【脚本窗口：LabTalk】对话框和【命令窗口】对话框的功能大致相似，只是【命令窗口】对话框具有提示功能。

图10-3　【命令窗口】对话框

图10-4　【脚本窗口：LabTalk】对话框

此外，我们还可以在菜单栏中选择【查看】→【脚本编译器】命令，打开【脚本编译器】窗口进行脚本的编译，如图10-5所示。

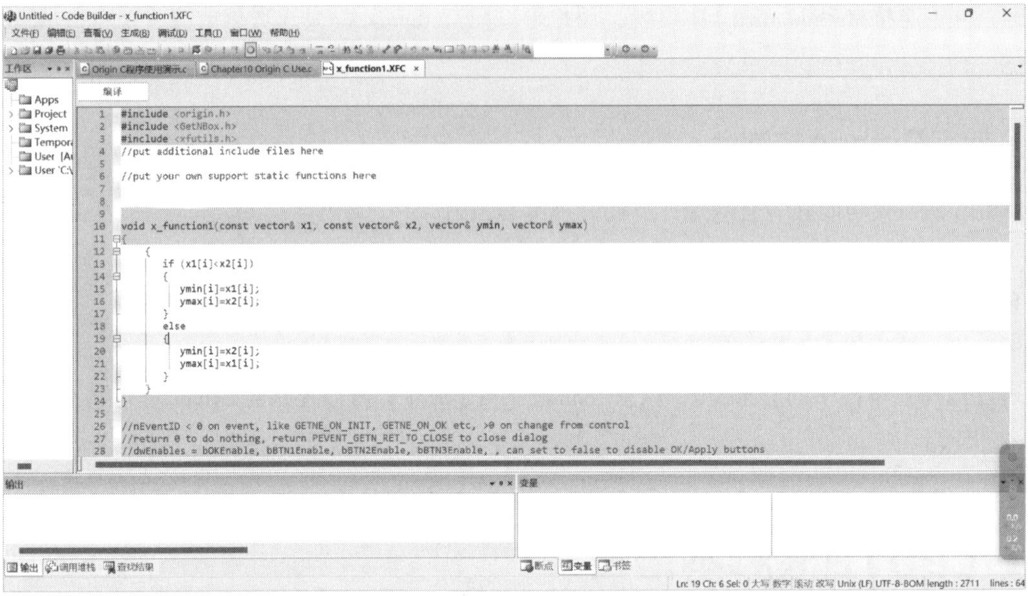

图 10-5 【脚本编译器】窗口

打开【脚本编译器】窗口后，我们就可以使用 LabTalk 语法对 Origin 进行编程了。LabTalk 语法将在 10.2.3 节中详细介绍。

10.2.2 执行命令

在打开【脚本编译器】窗口后，输入 LabTalk 语法下的语句即可编程，按【Enter】键即可执行命令。下面将以【命令窗口】对话框作为演示来执行一段命令。

执行菜单栏中的【窗口】→【命令窗口】命令，在【命令窗口】对话框中输入如图 10-6 所示的编程语言，按【Enter】键运行后，输出结果将保存在一个新的工作表中，如图 10-7 所示。

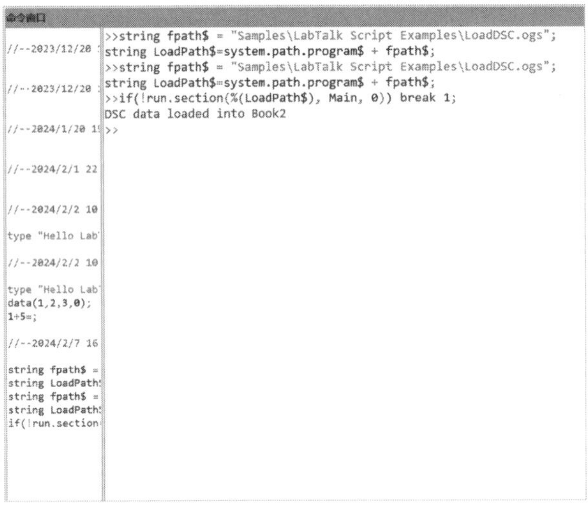

图 10-6 【命令窗口】对话框

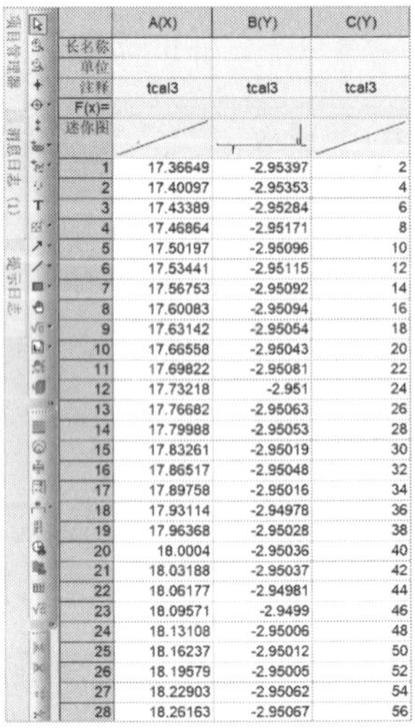

图 10-7 工作表

10.2.3 LabTalk 语法

LabTalk 语法是 Origin 执行编程命令的基础，基本的 LabTalk 语法包括赋值语句、宏语句、命令语句、运算语句和函数语句。下面将详细介绍各个语句。

1. 赋值语句

赋值语句的一般形式为：左侧（LHS）= 表达式。右侧的表达式在被评估后赋值给 LHS。如果 LHS 显示不存在，则需重新创建 LHS，否则将显示错误。

当使用不带声明的赋值语句创建新数据对象时，将遵循表 10-1 所示的语法规则。

表 10-1 赋值语句语法规则 1

对象类型	描述	示例
字符串变量	LHS 以 $ 结尾，右侧计算结果为字符串	name$ = page.name$; fpath$ = %Y;
数值变量	不以 $ 结尾的 LHS 和右侧表达式的计算结果为标量	min = 0.5; max = min +100; size = wks.nrows;
数据集变量	不以 $ 结尾的 LHS 和右侧表达式的计算结果为一个范围	ds1 = col(A); ds2 = {1.2, 3.4, 5.6}; ds3 = ds2;
Unresvered 字符串寄存器	LHS 以 % 开头时，若变量仅包含一个字母，则不将其保留为系统变量	%A = "Hello World";

当新值分配给现有数据对象时，将遵循表 10-2 所示的语法规则。

表 10-2 赋值语句语法规则 2

MH2 型	RHS 系列	描述	示例

数据集/范围变量	标量表达式	LHS 数据集中的每个值都将设置为表达式	col(A)=5; //every value of col(A) set to 5
			Book1_B=120; //every value of column B in Book1 set to 120

数据集/范围变量	数据集/范围表达式	将 RHS 表达式上的每个值分配给 LHS 变量的相应值	col(C) = col(B)*2.7; //column B times 2.7 and assign to column C

数值变量	数据集/范围变量或表达式	将数据集/范围的第一个值分配给 LHS 变量	ds1={1.2, 3.4, 5.6}; //create a dataset
			begin=ds1; //assign 1st value in ds1 to begin

字符串变量	表达	即使没有""，RHS 也将被假定为字符串表达式	name$=Amplitude; //name$ will be assigned to "Amplitude"

object.属性	表达	设置对象的数值或字符串属性	wks.ncols=7; //set number of columns in worksheet to 7
			wks.name$=MyInput; //set current sheet name to "MyInput"
			Book1!wks.rhw=120; doc -uw; //set row header height to 120 and retresh.

Unresvered 字符串寄存器	字符串表达式	计算表达式并分配给字符串寄存器	%A = "%YTest.opju" concatenate %Y and Test.opju and assign to %A

2. 宏语句

宏语句是一种为脚本添加别名的语句，能够将给定脚本与特定名称相关联，也可以将此名称用作调用脚本的命令。宏语句的具体语法如下。

（1）宏语句的定义

宏语句通常用于简化编程过程，提高代码的可重用性和可读性。在Origin软件中，用户可以在【命令窗口】对话框中输入如下命令语法来定义宏，如图10-8所示。该脚本定义了一个宏，当输入“hello”单词时，该宏会使用循环结构将文本字符串输出三次。

```
>>def hello
{
      loop (ii, 1, 3)
            { type "$(ii). Hello World"; }
};
>>hello
1. Hello World
2. Hello World
3. Hello World
```

图10-8　定义宏语句

（2）将参数传递给宏

宏可以接受数字、字符串、变量、数据集、函数、脚本作为参数。将参数传递给宏与将参数传递给脚本类似。如果将参数传递给宏，则宏可以通过 macro.nArg 属性获取参数个数。例如，如图10-9所示的脚本定义了一个名为“myDouble”的宏，该宏需要单个数值参数。在输入指令后按【Enter】键，并在“myDouble”指令后输入所需数值参数，按【Enter】键即可输出结果。

```
>>def myDouble { type "$(%1 * %2)"; };
>>myDouble 5 4
20
>>def myDouble { type "$(%1 * %2)"; };
>>myDouble 6 7
42
```

图10-9　“myDouble”宏语句

3. 命令语句

在LabTalk中，命令语句用于控制或修改程序功能。每个命令语句以命令本身开头，命令是唯一的标识符，通常可以缩写为最少两个字母。大多数命令支持选项（Options，也称为开关/Switches），这些选项是单个字母（或单词），用于修改命令的行为。选项前面必须加短横线“-”。命令可以接受参数，参数可以是脚本，也可以是数据对象。在某些情况下，选项本身也可以带参数。下面将用一个名为“new”的列添加到活动工作表并刷新窗口的例子来讲解命令语句，如图10-10所示。添加后的新列如图10-11所示。

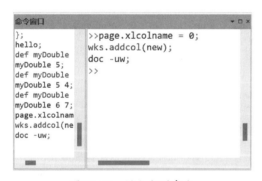

图10-10　添加新列命令

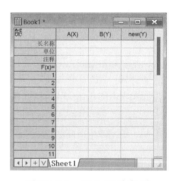

图10-11　添加后的新列

4. 运算语句

运算语句的一般形式如下。

```
dataObject1 operator dataObject2;
```

- dataObject1 是一个数据集或数值变量。
- dataObject2 是数据集、变量或常量。

- 运算符可以是 +、-、*、/ 或 ^。

计算结果将放入 dataObject1 中。需要注意的是，dataObject1 不能是函数。例如，col（3）+ 25 是此语句形式的错误形式。

5. 函数语句

Origin 中有两种类型的函数：一个是 LabTalk 函数，另一个是 X-Functions。

（1）LabTalk 函数

LabTalk 函数的语法为 functionname（argument1，argument2，...），大多数 LabTalk 函数具有返回值，因此可以用于赋值语句的右侧（RHS），或作为其他命令或函数的参数。编程代码如图 10-12 所示。

```
>>Col(B)=sin(Col(A)); //call sine funciton
type $( total(Col(B)) ); //output total of column B
```

图 10-12　LabTalk 函数赋值代码

（2）X-Functions

X-Functions 虽然称为函数，但它的调用语法与命令类似，其中方括号[ ]表示可选。

```
xfname [-options] arg1:=value arg2:=value ... argN:=value;
```

以下脚本将创建一个新工作表，填充数据，然后进行线性拟合，其中 X-Functions newbook、fitlr 与 LabTalk 函数 data()、uniform() 和 sort() 一起使用，代码如图 10-13 所示，编程结果如图 10-14 所示。

```
>>newbook name:="Test"; //create a new book with name "Test"
col(A)=data(0.1, 10, .1); //fill column 0.1, 0.2, ... 10
col(B)=sort(uniform(100)); //fill column B with sorted uniformly distributed data from 0 to 1
fitlr iy:=(col(a), col(b)); //linear fit with tree object fitlr created.
type "intercept is $(fitlr.a, .2)"; //output slope value with 2 decimal places
type "slope is $(fitlr.b, .2)"; //output slope value with 2 decimal places

newbook.result = Book3

fitLR.a = -0.01499536834509
fitLR.b = 0.10166254499797
fitLR.aerr = 0.003421188638926
fitLR.berr = 5.8815789459416E-4
fitLR.r = 0.99836395524345
fitLR.pts = 100

intercept is -0.01
slope is 0.10
```

图 10-13　利用 X-Functions 进行线性拟合代码　　　　图 10-14　编程结果

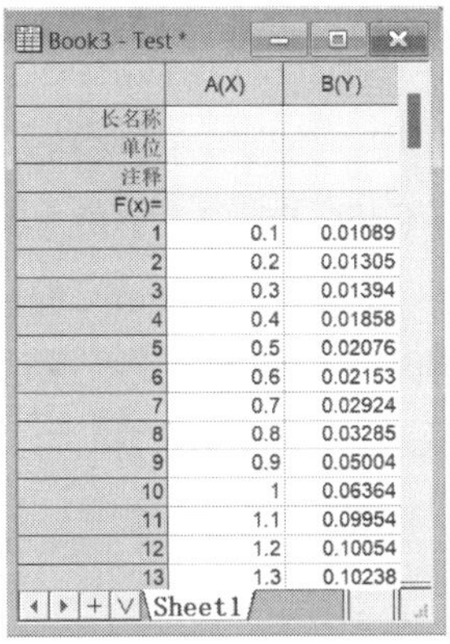

10.3　Origin C 语言

Origin C 是一种基于 ANSI C 并扩展了 C++ 特性的高级编程语言，支持面向对象编程（包含类、函数重载、引用传递、默认参数等）。此外，Origin C 还引入了集合和现代化语法（如 foreach 循环、using 声明），显著提升了代码的简洁性和开发效率。对于开发人员而言，Origin C 不仅提供了强大的编程工具，还能深度集成 Origin 的数据处理、绘图、分析和图像导出等功能。相较于使用 Origin

的LabTalk脚本语言，使用Origin C编写的程序通常具有更高的执行效率，适用于高性能计算和大规模数据处理任务。

10.3.1 C语言工作环境

Origin C语言工作依赖Origin中的【脚本编译器】窗口，在【脚本编译器】窗口中执行菜单栏中的【文件】→【新建】命令，会弹出【新文件】对话框，如图10-15所示，在其中能够选择C语言或C++语言文件，在新建的文件中编译程序即可。

10.3.2 创建和编译Origin C程序

Origin C 是 OriginLab 旗下 Origin 软件专用的编程语言，支持用户通过自定义函数、分析方法和数据处理流程来扩展软件功能。它通常用于实现复杂

图10-15 【新文件】对话框

的数据分析、自动化计算以及定制化的图形绘制需求。本节将介绍如何创建和编译Origin C程序，具体的操作步骤如下。

步骤01 在Origin中，选择菜单栏中的【查看】→【脚本编译器】命令，在打开的【脚本编译器】窗口中，执行菜单栏中的【文件】→【新建】命令，弹出【新文件】对话框，在其中的列表框中选择【C File】选项，单击【确定】按钮，弹出的编译窗口如图10-16所示。

步骤02 在Origin C编译窗口中编写一段程序，如图10-17所示，按【Enter】键运行程序。该程序执行后能够编写一个乘法表。

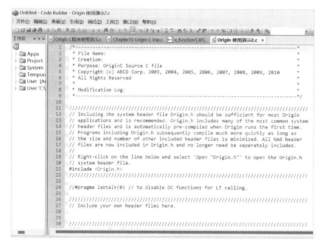

图10-16 编译窗口

图10-17 Origin C使用实例代码

步骤03 程序执行后，若无语法错误，则在输出窗口中会显示【完成】按钮，即该段Origin

C 程序编写完成。返回 Origin C 工作表窗口，打开【命令窗口】对话框，输入刚才编写完的函数"fillnumbers"，即可出现【X Function】选项卡，选择【fillnumbers】选项，即可输出乘法表，如图 10-18 和图 10-19 所示。

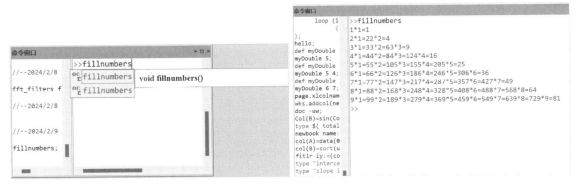

图 10-18　在【命令窗口】对话框中输入"fillnumbers"指令　　图 10-19　输出的乘法表结果

10.3.3 使用 Origin C 函数

Origin C 程序中可以通过代码调用 Origin C 函数，并输出至工作表中。常用的 Origin C 函数有数学函数、NAG 函数和统计函数，只要输入相应的调用函数的指令即可调出函数。常用的数学函数有基本数学函数和复杂数学函数。下面以这两种函数为例简单介绍 Origin C 函数的使用方法。

1. 基本数学函数

我们常用的基本数学函数包括 grnd、max、min 等，下面将介绍这三种函数如何使用。

grnd 为正态随机分布数函数，当均值 =0 且 sd=1，nSeed>0 时，该函数的代码如图 10-20 所示。在代码编译器中编译完成后按【Enter】键输出，在【命令窗口】对话框中输入"grnd"，即可看到 Origin C 函数选项，选择【grnd_ex1】选项，按【Enter】键后输出结果，如图 10-21 所示。

max 为计算最大值函数，图 10-22 为 max 函数的代码。在代码编译器中编译完成后按【Enter】键输出，在【命令窗口】对话框中输入"max"即可看到 Origin C 函数选项，选择【max_ex】选项，按【Enter】键后输出结果，如图 10-23 所示。结果将显示在新的工作表中，如图 10-24 所示。

图 10-20　正态随机分布数函数代码　　图 10-21　输出结果　　图 10-22　max 函数代码

```
void max_ex()
{
    Worksheet wks;
    wks.Create();
    Dataset myXDs(wks,0);
    Dataset myYDs(wks,1);
    String strYName = myYDs.GetName();
    double dMax;
//******* Create sample data ****************
    myXDs.SetSize(8);
    myYDs.SetSize(8);
    myXDs[0]=1;    myYDs[0]=0.5;
    myXDs[1]=2;    myYDs[1]=0.010;
    myXDs[2]=3;    myYDs[2]=0.424;
    myXDs[3]=4;    myYDs[3]=0.2499;
    myXDs[4]=5;    myYDs[4]=0.4774;
    myXDs[5]=6;    myYDs[5]=0.2486;
    myXDs[6]=7;    myYDs[6]=0.6529;
    myXDs[7]=8;    myYDs[7]=0.4514;
    //******* End of Sample Data Creation *******

    dMax = max(myYDs); // Demonstration of max
    printf("Maximum value of %s = %g\n", strYName,dMax);
}
```

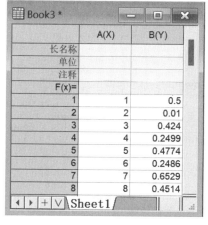

图 10-23 max 函数计算结果　　　　　　　　图 10-24 结果工作表

min 为计算最小值函数，min 函数的代码如图 10-25 所示。在代码编译器中编译完成后按【Enter】键输出，在【命令窗口】对话框中输入"min"即可看到 Origin C 函数选项，选择【min_ex】选项，按【Enter】键后输出结果，如图 10-26 所示。

```
void    min_ex()
{
    double      r1 = 7., r2 = 9.;
    double      rmin = min(r1, r2);
    printf("min of %f and %f is %f\n", r1, r2, rmin);
}
```

```
>>min_ex
min of 7.000000 and 9.000000 is 7.000000
```

图 10-25 min 函数代码　　　　　　　　　　图 10-26 输出结果

2. 复杂数学函数

复杂数学函数通常是指那些涉及多个变量、多层次嵌套、非线性关系或特殊数学运算的函数。这里以幂函数为例来介绍复杂数学函数。

rpow 函数计算返回复数值的幂，使幂是双精度值，rpow 函数的代码如图 10-27 所示。在代码编译器中编译完成后按【Enter】键输出，在【命令窗口】对话框中输入"rpow"即可看到 Origin C 函数选项，选择【run_complex_rpow】选项，按【Enter】键后输出结果，如图 10-28 所示。

```
void    run_complex_rpow()
{
    complex         z1(2., 1.);
    complex         z2(3., 2.);

    complex         cresult = rpow(z1, z2);

    out_complex("base = ", z1);   // "base = 2.000000+1.000000i"
    out_complex("power = ", z2);  // "power = 3.000000+2.000000i"
    out_complex("rpow = ", cresult); // Result is "rpow = -4.379164+0.622534i"
}
```

```
>>run_complex_rpow
Input = 1.732051+1.000000i
power = 3
rpow = -0.000000+8.000000i
```

图 10-27 rpow 函数代码　　　　　　　　　图 10-28 输出结果

10.4 X-Function

X-Function是Origin中一个强大的功能扩展框架，它提供了标准化的调用接口，使得用户可以通过 LabTalk 脚本访问 Origin 的绝大多数核心功能。通过掌握 X-Function 的使用，用户可以快速构建数据处理流程，并高效地完成计算任务。

10.4.1 X-Function的使用

在Origin中，X-Function可以通过以下两种方式调用。

1. 通过 LabTalk 脚本调用 X-Function

默认情况下，大多数内置的 X-Function 都可以在 LabTalk 环境中调用。任何可以执行LabTalk脚本的地方，如命令窗口、脚本窗口、工具栏按钮、工作表中嵌入的脚本、脚本隐藏按钮等，都可以调用X-Function。

步骤01 在脚本窗口中，运行带有“-d”开关的namebook newbook 函数，代码如图 10-29 所示。

```
newbook name:="Curves" result:=bkn$ -d;
```

图 10-29 在 LabTalk 中调用 X-Function 代码

步骤02 按【Enter】键运行代码，打开【Data Manipulation：newbook】对话框，如图 10-30 所示。将【工作表个数】设置为【5】。

步骤03 单击【对话框主题】文本框旁边的▸按钮，在弹出的下拉菜单中选择【生成脚本】命令，此操作的LabTalk脚本将被键入脚本窗口中以供将来使用，如图 10-31 所示。

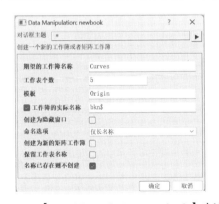

图 10-30 【Data Manipulation：newbook】对话框

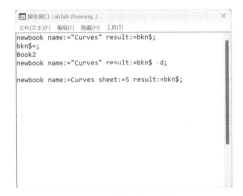

图 10-31 LabTalk 脚本窗口编辑 X-Function

2. X-Function 生成器

在Origin中，还可以通过菜单栏中的【工具】→【X-Function生成器】命令来使用X-Function。

步骤01 单击菜单栏中的【工具】→【X-Function生成器】命令，弹出【X-Function生成器】对话框，如图 10-32 所示。

步骤02 单击对话框中的按钮，弹出【新建X-Function向导-输入变量数目】对话框，设置【输入变量数目】个数为【2】，设置完成后单击【下一步】按钮，如图 10-33 所示。

步骤03 设置输入【变量名】和【变量类型】，如图 10-34 所示。

图 10-32 【X-Function生成器】对话框

图 10-33 【新建X-Function向导-输入变量数目】对话框

图 10-34 设置输入【变量名】和【变量类型】

步骤04 设置完成后，单击【下一步】按钮，设置【输出变量数目】个数为【2】，如图10-35所示。

步骤05 设置完成后，单击【下一步】按钮，再设置输出【变量名】和【变量类型】，如图10-36所示。

步骤06 设置完成后，单击【下一步】按钮，在【新建X-Function向导-函数体】对话框中编写如下代码，如图10-37所示。

图 10-35 设置【输出变量数目】

图 10-36 设置输出变量

图 10-37 运行代码

步骤07 单击【完成】按钮，回到初始界面，设置的函数值已存储在初始界面中，如图10-38所示。

步骤08 在图10-38所示的【X-Function】选项处输入名称并保存，自定义的X-Function就生成了。

10.4.2 创建X-Function

在Origin中，用户可以通过在【命令窗口】对话框中输入字母"s"指令来选择合适的X-Function。X-Function名称、选项和

图 10-38 初始界面

变量在键入时会自动填充，如图10-39所示。下面将以一个平滑分析的例子来讲解如何创建一个X-Function。

步骤01 在【命令窗口】对话框中输入如图10-40所示的指令。

步骤02 按【Enter】键执行该指令，再在下一行输入"smooth.="指令，按【Enter】键即可查询执行的X-Function中指定的所有变量值，如图10-41所示。

步骤03 运行结果会在原工作表中生成新的一列，如图10-42所示。

图10-39 【命令窗口】对话框　　图10-40 平滑分析指令代码　　图10-41 运行平滑分析指令的结果　　图10-42 平滑分析结果列

10.4.3 X-Function脚本对话框

X-Function脚本对话框用于配置和编辑X-Function的计算参数。对于某些X-Function，可以通过在相应选项的对话框中设置【生成脚本】选项来生成X-Function脚本。通过在【脚本窗口】中运行"smooth -d"以打开【平滑:smooth】对话框，或者在菜单栏中选择【分析】→【信号处理】→【平滑】命令将其打开。在设置参数后选择【生成脚本】选项，即可进入X-Function脚本对话框。

步骤01 在菜单栏中选择【分析】→【信号处理】→【平滑】命令，打开【平滑:smooth】对话框，如图10-43所示。

步骤02 在参数设置完成后，单击【对话框主题】文本框右侧的▶按钮，在弹出的下拉菜单中选择【生成脚本】选项，即可弹出【脚本窗口:LabTalk】对话框，如图10-44所示。

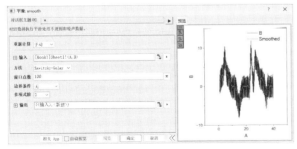

图10-43 【平滑:smooth】对话框　　图10-44 【脚本窗口:LabTalk】对话框

上机实训：创建并使用X-Function

【实训介绍】

X-Function是Origin软件中一个强大的功能，本节实训将使用X-Function在Origin中编程。

【思路分析】

实例操作分为三步，首先创建一个新的X-Function文件，再使用X-Function编写一段程序，按【Enter】键运行程序，最后将生成的新工作表导出成Excel文件。

【操作步骤】

步骤01 导入文件并输入代码。打开一个新的opju文件，导入"同步学习文件\第10章\数据文件\表格\上机实训10.xlsx"表格文件，原始数据工作表如图10-45所示，将导入后的opju文件同样命名为"上机实训10"。选中B(Y)数据列，单击菜单栏中的【窗口】→【命令窗口】命令，在【命令窗口】对话框中输入代码，如图10-46所示。

步骤02 运行代码。按【Enter】键运行代码，得到"FFT滤波"函数处理数据，数据结果保存在新的两列数据列中，即C(X2)和D(Y2)，如图10-47所示。

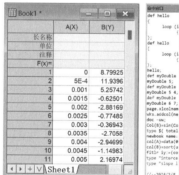

图10-45　原始数据工作表　　图10-46　在【命令窗口】对话框中输入代码　　图10-47　"FFT滤波"函数处理结果

步骤03 生成表格文件。选择菜单栏中的【文件】→【导出】→【Excel】命令，即可生成工作报表的Excel格式文件，如图10-48所示。

专家点拨

在Origin中，通过内置的外部语言接口选项，用户可以集成其他常用计算机语言到Origin编程环境中，从而拓宽了编程的灵活

图10-48　Excel格式文件

性和应用范围。同时，Origin自带的LabTalk脚本语法和Origin C也为用户提供了原生编程选择。下面将介绍在Origin中如何使用Python控制台及Origin C的关键技巧。

技巧01 ▶ 在Origin中使用Python控制台

在Origin中使用Python控制台时，需要确保正确安装Origin的Python插件、配置Python解释器路径。

技巧02 ▶ 在Origin中开发Origin C程序

Origin的代码生成器是专用于编译、调试和执行Origin C代码的集成开发环境。虽然Origin C代码可以在任何文本编辑器中编写，但为了确保其能够正确编译和连接，用户必须将其添加到代码生成器的工作区中。这一步骤确保了代码的一致性和兼容性，从而提高了代码的执行效率和准确性。

本章小结

Origin作为一款强大的科学数据分析与可视化软件，不仅支持与其他应用程序的交互操作，还内置多种编程语言支持（包括脚本语言LabTalk和基于C++的Origin C），可编写自动化脚本和自定义函数，显著提升数据处理效率。本章介绍了如何在Origin中连接至其他控制台，包括LabTalk脚本语言、Origin C语言及X-Function函数的使用。通过阅读本章内容，读者能够掌握基础的Origin编程方法，为后续的科学数据分析和处理提供更多便利。

第11章 综合案例

【本章导读】

本章综合前10章所述内容,结合药学、物理和化学等学科特点,以实际案例形式运用Origin的绘图和处理数据的方法。通过本章内容的学习,读者可以将所学的Origin处理数据与绘图方法运用至实际中。

11.1 运用Origin处理药学实验数据

药学是一门实验性学科,有许多数据需要我们进行处理。Origin作为一个强大的数据处理与绘图软件,是处理药学实验数据的好帮手。本节将通过7个案例来介绍如何运用Origin处理药学实验数据。

11.1.1 血药浓度曲线的绘制

血药浓度曲线是药物代谢动力学中非常重要的曲线,它可以直观地体现药物浓度随时间的变化,为测定药物作用时效给出准确的参考。下面将以血药浓度曲线的绘制为案例来运用Origin绘制线条图。

【思路分析】

本案例操作可分为3个步骤,首先导入血药浓度曲线数据,如表11-1所示,然后画出相应的样条连接图,最后选择血药浓度峰值数据点的范围再生成新的工作。

表11-1 血药浓度曲线数据

时间/h	0	0.5	1	2	4	6	8	10	12
药物浓度(mg/L)	0	0.3	1.5	3	2.4	1.2	0.8	0.5	0

【操作步骤】

步骤01 打开"同步学习文件/第11章/数据文件/血药浓度曲线的绘制.opju"工作表,原始数据工作表如图11-1所示,选中A(X)和B(Y)列,单击菜单栏中的【绘图】→【基础2D图】→【样条连接图】,如图11-2所示,绘制血药浓度曲线图,如图11-3所示。

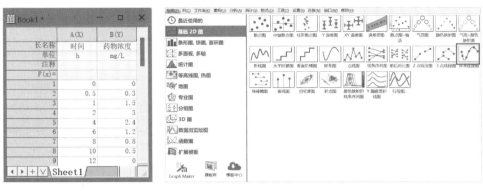

图11-1 原始数据工作表　　　　　　图11-2 【绘图】选项卡

步骤02 选择左侧工具栏中的【数据选择器】按钮，选择血药浓度峰值时的两个数据点作为测量范围,如图11-4所示。

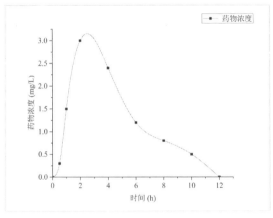
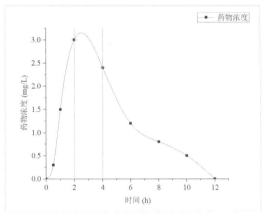

图11-3 血药浓度曲线图　　　　　　图11-4 选择数据点作为测量范围

步骤03 选择【复制数据】选项,即可复制血药浓度最高值范围数据点。将其粘贴至新工作表,如图11-5所示,即可记录血药浓度最高值范围的两个数据点。

11.1.2 不同规格药物溶出度曲线的比较

图11-5 血药浓度最高值范围数据点

在药品研发与质量控制中,溶出度是评价固体药物制剂是否合格的关键质量指标。通过比较不同规格药物的溶出曲线,可以评估其体外释放行为的一致性。利用Origin能够进行不同规格药物溶出度曲线的比较,下面将以此为案例,在同一曲线图中绘制多条曲线并进行比较。

【思路分析】

本案例操作可分为2个步骤,首先导入不同规格药物溶出度曲线的数据,如表11-2所示,然后画出相应的点线图，最后在图中插入对应的工作表即可。

表11-2 不同规格药物溶出度曲线数据

时间/min	5	10	15	20	25	30	35	40	45
A溶出度/%	13	30	40	67	80	99	99	99	99
B溶出度/%	15	40	65	80	93	100	100	100	100
C溶出度/%	20	28	35	44	77	80	82	82	82
D溶出度/%	28	37	46	59	73	84	86	86	86

【操作步骤】

步骤01 打开"同步学习文件/第11章/数据文件/不同规格药物溶出度曲线的比较.opju"工作表，原始数据工作表如图11-6所示，选择所有数据列，单击菜单栏中的【绘图】→【基础2D图】→【点线图】，如图11-7所示，绘制不同规格药物溶出度曲线图，如图11-8所示。

图11-6 原始数据工作表

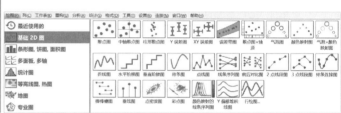

图11-7 【绘图】选项卡

步骤02 单击左侧工具栏中 【插入工作表】选项，插入相应的工作表，如图11-9所示，这样能够更直观地对比不同规格的药片的溶解度。

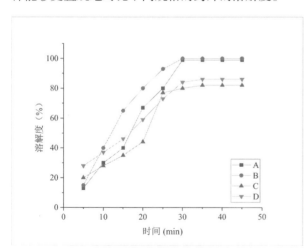

图11-8 不同规格药物溶出度曲线图

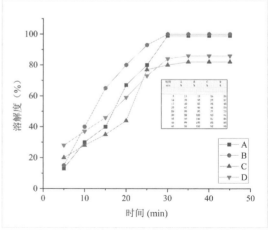

图11-9 加入工作表的曲线图

11.1.3 Origin软件在血红蛋白吸收光谱测定实验中的应用

Origin在具体的实验数据处理中也十分有用,以血红蛋白吸收光谱测定实验为例,应用Origin处理曲线的相关知识,绘制实验中的图形。

【思路分析】

本案例操作可分为3个步骤,首先导入血红蛋白吸收光谱测定实验的数据,如表11-3所示,然后画出相应的样条图,最后修改坐标轴结束点并导出图。

表11-3　血红蛋白吸收光谱测定实验数据表

波长/nm	吸光度(HbO_2)	吸光度($HbCO$)	波长/nm	吸光度(HbO_2)	吸光度($HbCO$)
500	0.31	0.303	566	0.339	0.398
510	0.3	0.318	568	0.361	0.4
520	0.325	0.365	570	0.386	0.396
530	0.427	0.435	572	0.419	0.386
536	0.479	0.458	574	0.449	0.365
538	0.49	0.459	576	0.463	0.341
540	0.495	0.456	578	0.464	0.328
542	0.492	0.449	580	0.425	0.277
550	0.407	0.4	590	0.184	0.165
560	0.32	0.382	600	0.102	0.122
564	0.327	0.393			

【操作步骤】

步骤01　打开"同步学习文件/第11章/数据文件/血红蛋白吸收光谱测定实验.opju"工作表,原始数据工作表如图11-10所示,选中所有数据列,单击菜单栏中的【绘图】→【基础2D图】→【样条图】,如图11-11所示,绘制血红蛋白吸收光谱测定实验曲线图,如图11-12所示。

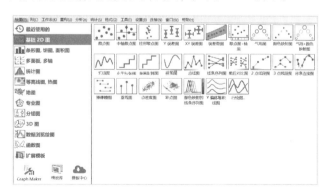

图11-10　原始数据工作表　　　图11-11　【绘图】选项卡

步骤02 单击X轴，右击鼠标选择【属性】选项，打开【X坐标轴-图层1】对话框，如图11-13所示。在【结束】选项中将【610】修改为【600】，然后单击【确定】按钮，X坐标轴的结束值变为600nm，如图11-14所示。

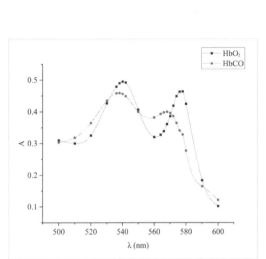

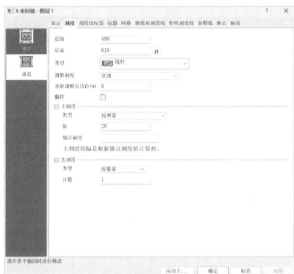

图 11-12　血红蛋白吸收光谱测定实验曲线图　　　　图 11-13　【X坐标轴-图层1】对话框

步骤03 单击菜单栏中的【文件】→【导出图】选项，弹出【导出图：expG2img】对话框，如图 11-15 所示。在对话框中将【文件名】命名为【血红蛋白吸收光谱测定实验曲线图】，【DPI】设置为【1200】，单击【确定】按钮，将文件导出为PNG格式图片。

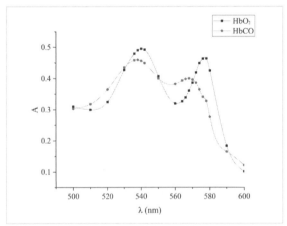

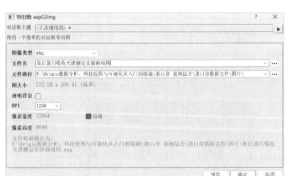

图 11-14　调整后的曲线图　　　　图 11-15　【导出图：expG2img】对话框

11.1.4　Origin软件在拟合溶蚀型载体药物传输系统中的应用

随着人们对药物传输系统可靠性等要求的日益提高，药物释放动力学的研究方法逐渐从试错法向模型化方法转变。目前，药物传输系统中常采用生物溶蚀型骨架系统、亲水凝胶骨架系统等溶蚀型递送系统。在这些系统中，药物从骨架材料中扩散释放的同时，骨架材料本身也发生溶蚀，从而加速药物的释放。本案例使用Origin软件对药物释放度数据进行动力学拟合分析，既能高效处理数据，又能直观呈现变量趋势及其偏差。下面以法莫替丁缓释片在不同时间的释放度为例展开讲解，实验数据如表11-4所示。

表11-4 法莫替丁缓释片在不同时间的释放度

时间/h	1	2	3	4	5	6	7	8	10	12
Q(%)	18.2±0.8	26.9±1.7	34.2±2.0	43.7±2.6	50.1±2.7	58.2±2.3	63.2±1.9	71.6±2.5	83.4±2.4	99.5±3.4

【思路分析】

本案例操作可以分为4个步骤，首先导入法莫替丁缓释片在不同时间的释放度的数据，然后绘制出带误差棒的点线图，能够直观地观察数据变化，再对数据进行拟合规律分析，最后进行数据分析，将实验数据呈现出较好的拟合。

【操作步骤】

步骤01 数据导入。在Origin中，导入"同步学习文件\第11章\数据文件\Origin软件拟合溶蚀型载体药物传输系统的应用.opju"数据文件，原始数据工作表如图11-16所示。

步骤02 绘制图形。选中数据文件中的A(X)、B(Y)、C(Y)数据列，执行菜单栏中的【绘图】→【基础2D图】→【点线图】命令，即可绘制出带误差棒的点线图，如图11-17所示。通过带误差棒的点线图，能够更直观地观察到每个数据点的误差范围。

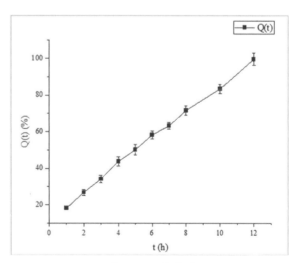

图11-16 原始数据工作表　　图11-17 点线图

步骤03 线性拟合。选中数据文件中的A(X)、B(Y)、C(Y)数据列，执行菜单栏中的【分析】→【拟合】→【线性拟合】命令，即可弹出【线性拟合】对话框，如图11-18所示，单击【确定】按钮，弹出如图11-19所示的【提示信息】对话框，单击【确定】按钮，会出现【FitLinear1】数据表，如图11-20所示。

图11-18 【线性拟合】对话框

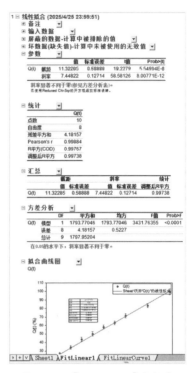

图11-19 【提示信息】对话框

图11-20 【FitLinear1】数据表

步骤04 数据分析。在【FitLinear1】数据表中，双击拟合曲线图，即可放大拟合曲线图，如图11-21所示。从该图中可以得到该组实验数据的线性拟合方程、R平方等。利用Origin软件对实验数据进行有效处理能够减小计算量，还可以进一步验证实验所得结果的准确性。

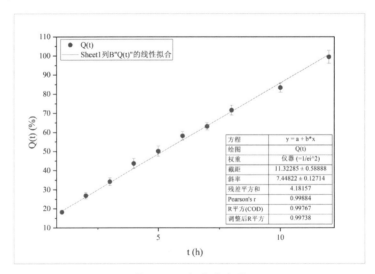

图11-21 拟合曲线图

11.1.5 Origin软件在制剂体外释药规律拟合中的应用

口服缓释与控释制剂的药物释放行为是影响其体内药效的关键限速步骤。通过体外释放度研究建立数学模型，可预测药物的体内释放特性，进而优化处方工艺并指导产品的质量控制。药物溶出是一个复杂的过程，很难用单一的数学模型对所有的溶出数据进行精确拟合。本案例用Origin软件对药物释放度数据进行动力学拟合分析，操作步骤简单，结果直观，能够直接从原始数据生成清晰的释放曲线，便于数据解读和趋势分析。以尼莫地平缓释片在不同时间的释放度为例进行讲解，实验数据如表11-5所示。

表11-5 尼莫地平缓释片在不同时间的释放度

时间/h	0.5	1	2	3	4	6	8	10
Q(%)	22.26	31.76	46.12	58.62	68.18	80.24	88.54	94.10

【思路分析】

本案例操作可以分为3个步骤，首先导入尼莫地平缓释片在不同时间的释放度的数据，再对数据进行拟合规律分析，最后进行数据分析，将实验数据呈现出较好的拟合。

【操作步骤】

步骤01 数据导入。在Origin中，导入"同步学习文件\第11章\数据文件\Origin软件在制剂体外释药规律拟合中的应用.opju"数据文件，原始数据工作表如图11-22所示。

步骤02 线性拟合。选中数据文件中的A(X)、B(Y)、C(Y)数据列，执行菜单栏中的【分析】→【拟合】→【线性拟合】命令，即可弹出【线性拟合】对话框，如图11-23所示，单击【确定】按钮，弹出如图11-24所示的【提示信息】对话框，单击【确定】按钮，即可出现【FitLinear1】数据表，如图11-25所示。

图11-22 原始数据工作表

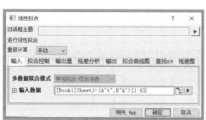
图11-23 【线性拟合】对话框

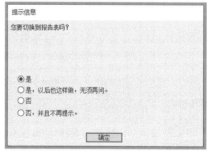
图11-24 【提示信息】对话框

步骤03 数据分析。在【FitLinear1】数据表中，双击拟合曲线图，即可放大拟合曲线图，如图11-26所示。线性拟合结果表明，药物释放符合零级动力学模型。零级动力学是描述药物缓释/控释制剂的常用数学模型之一。利用Origin软件能够方便地计算拟合方程的关键参数，并通过原始数据直接生成直观的释放曲线，有效减少实验误差的干扰。

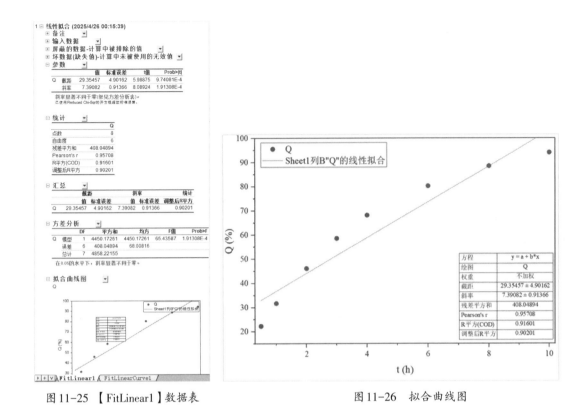

图 11-25 【FitLinear1】数据表   图 11-26 拟合曲线图

11.1.6 Origin软件在微生物学实验教学中的应用

细菌生长曲线的测定是微生物学中的基础实验。其原理基于细菌在适宜环境中的生长繁殖特性,将一定量的菌种接种至新鲜培养基后,在适宜的培养条件下,细菌会依次经历延迟期、对数期、稳定期和衰亡期四个阶段。通过以培养时间为横坐标,以细菌数量的对数或生长速率为纵坐标,即可绘制出该细菌的生长曲线。本案例采用Origin软件来绘制细菌生长曲线测定图,操作流程简便,支持误差棒添加,可高效实现实验数据的可视化呈现与分析。以不同培养时间大肠杆菌培养液吸光度值为例进行讲解,实验数据如表11-6所示。

表11-6 不同培养时间大肠杆菌培养液吸光度值

时间/h	0	1	2	3	4	5	6	7	8	9	10	11	12
Abs1	0.078	0.105	0.153	0.162	0.214	0.487	0.748	0.817	0.990	1.055	1.029	1.224	1.151
Abs2	0.068	0.107	0.110	0.157	0.190	0.456	0.754	0.841	0.893	0.958	1.109	1.070	1.162
Abs3	0.078	0.098	0.128	0.148	0.184	0.444	0.627	0.889	0.988	0.981	1.091	1.028	0.994

【思路分析】

本案例操作可以分为4个步骤,首先导入不同培养时间大肠杆菌培养液吸光度值的实验数据,然后计算出实验数据的平均值,再对计算后的实验数据绘制带误差棒的点线图,最后将绘制好的图片导出。

【操作步骤】

步骤01 数据导入。在Origin中，导入“同步学习文件\第11章\数据文件\Origin软件在微生物学实验教学中的应用.opju”数据文件，原始数据工作表如图11-27所示。

步骤02 计算平均值。选中数据文件中的B(Y)、C(Y)、D(Y)数据列，单击鼠标右键，即可弹出如图11-28所示的快捷菜单。选择【行统计】选项，数据文件中即会显示出计算结果，如图11-29所示。

	A(X)	B(Y)	C(Y)	D(Y)
长名称	时间	Abs	Abs	Abs
单位	h			
注释		平行1	平行2	平行3
F(x)=				
1	0	0.078	0.068	0.078
2	1	0.105	0.107	0.096
3	2	0.153	0.11	0.128
4	3	0.162	0.157	0.148
5	4	0.214	0.19	0.184
6	5	0.487	0.456	0.444
7	6	0.748	0.754	0.627
8	7	0.817	0.841	0.889
9	8	0.99	0.893	0.988
10	9	1.055	0.958	0.981
11	10	1.029	1.109	1.091
12	11	1.224	1.07	1.028
13	12	1.151	1.162	0.994
14				

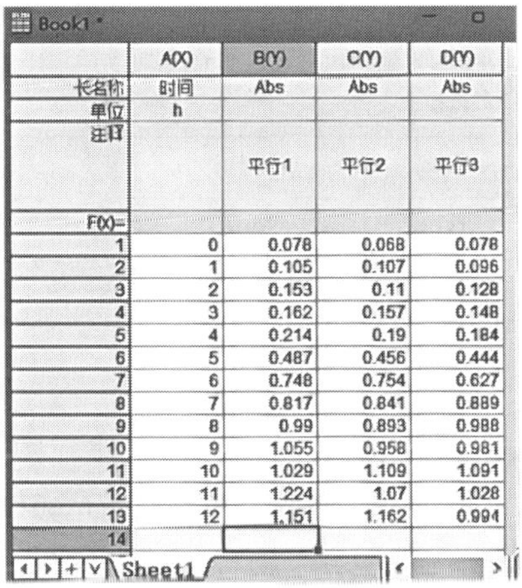

图11-27 原始数据工作表

图11-28 快捷菜单

	A(X)	B(Y)	C(Y)	D(Y)	E(Y)	F(yEr±)
长名称	时间	Abs	Abs	Abs	均值	标准差
单位	h					
注释		平行1	平行2	平行3	B"Abs"[1]:D"Abs"[13]的行上的统计信息	B"Abs"[1]:D"Abs"[13]的行上的统计信息
F(x)=						
1	0	0.078	0.068	0.078	0.07467	0.00577
2	1	0.105	0.107	0.096	0.10267	0.00586
3	2	0.153	0.11	0.128	0.13033	0.02159
4	3	0.162	0.157	0.148	0.15567	0.00709
5	4	0.214	0.19	0.184	0.196	0.01587
6	5	0.487	0.456	0.444	0.46233	0.02219
7	6	0.748	0.754	0.627	0.70967	0.07165
8	7	0.817	0.841	0.889	0.849	0.03666
9	8	0.99	0.893	0.988	0.957	0.05543
10	9	1.055	0.958	0.981	0.998	0.05069
11	10	1.029	1.109	1.091	1.07633	0.04197
12	11	1.224	1.07	1.028	1.10733	0.1032
13	12	1.151	1.162	0.994	1.10233	0.09398
14						

图11-29 计算结果

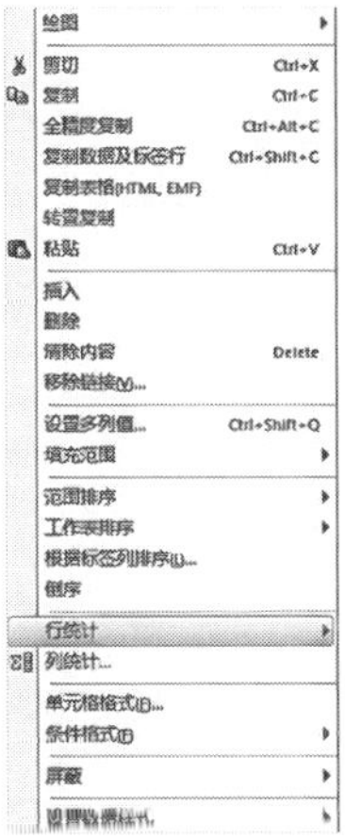

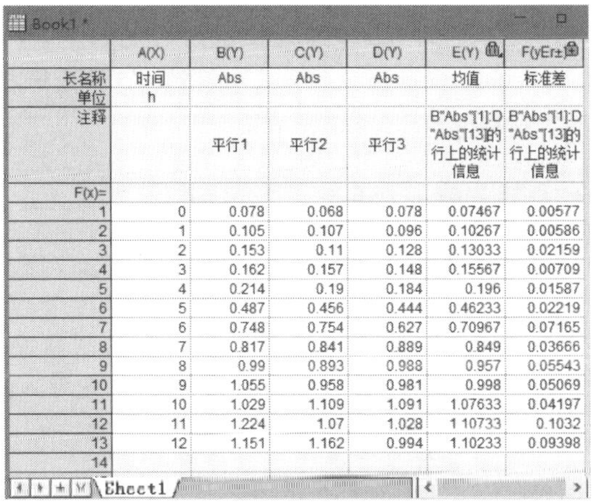

步骤03 绘制图形。选中数据文件中的A(X)、E(Y)、F(Y)数据列，执行菜单栏中的【绘图】→【基础2D图】→【点线图】命令，即可绘制出带误差棒的点线图，如图11-30所示。

步骤04 导出图片。执行菜单栏中的【文件】→【导出图(高级)】命令，弹出【导出图(高级): expGraph】对话框，如图11-31所示。在该对话框中可以选择PNG、BMP、TIFF等多种图像存储格式，本示例选择JPEG格式。将【DPI分辨率】设置为【300】，输入文件名后选择存储位置，单击【确定】按钮，完成图片的导出。通过这些操作，能够将实验得到的大肠杆菌生长曲线图直接导出。

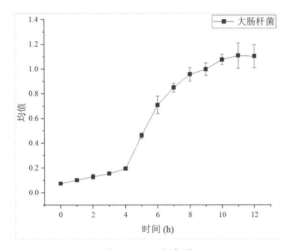

图11-30 点线图

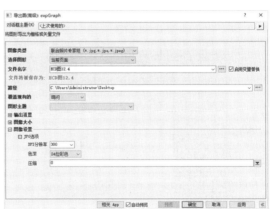

图11-31 【导出图(高级): expGraph】对话框

11.1.7 Origin软件在测定蛋白质含量实验数据处理中的应用

福林-酚试剂法是生物化学实验中测定蛋白质含量的经典方法。其原理是蛋白质中的酪氨酸和色氨酸残基在碱性条件下与福林-酚试剂反应，生成蓝色产物。使用分光光度计在660nm波长下测定相应吸光度，通过标准曲线计算待检测样品的蛋白质深度。本案例以生物化学蛋白质定量实验为例，解析 Origin 软件在实验数据处理与结果分析中的具体应用。以测定标准蛋白液和待测样品的 A_{660} 为例进行讲解，实验数据如表11-7所示。

表 11-7 测定标准蛋白液和待测样品的 A_{660}

项目管号	1	2	3	4	5	6	7
C（ug/ml）	0	50	100	150	200	250	?
A_{660}	0	0.111	0.229	0.314	0.388	0.497	0.256

【思路分析】

本案例操作可以分为4个步骤，首先导入测定标准蛋白液的 A_{660} 实验数据，然后绘制出散点图，能够直观地观察数据变化，再对数据进行拟合规律分析，将实验数据呈现出较好的拟合，通过线性拟合结果能够得到标准曲线，最后进行数据分析，从而计算出待测样品的浓度。

【操作步骤】

步骤01 数据导入。在Origin中，导入"同步学习文件\第11章\数据文件\Origin软件在测定蛋白质含量实验数据处理中的应用.opju"数据文件，原始数据工作表如图11-32所示。

步骤02 绘制图形。选中数据文件中的A(X)、B(Y)数据列，执行菜单栏中的【绘图】→【基础2D图】→【散点图】命令，即可绘制出散点图，如图11-33所示，浓度（Concentration）为 X 轴，吸光度（Absorbance）为 Y 轴。

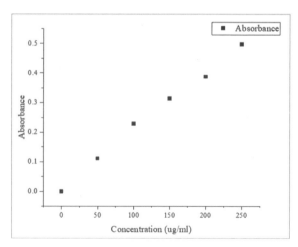

图 11-32 原始数据工作表　　图 11-33 散点图

步骤03 线性拟合。选中数据文件中的A(X)、C(Y)数据列，执行菜单栏中的【分析】→【拟合】→【线性拟合】命令,即可弹出【线性拟合】对话框,如图11-34所示,选择该对话框中的【拟合控制】选项卡,勾选【固定截距】复选框,设置【固定截距为】为【0】,如图11-35所示,单击【确定】按钮,可得到标准曲线图。弹出【提示信息】对话框,单击【确定】按钮,即可出现【FitLinear1】数据表,如图11-36所示。

图11-34 【线性拟合】对话框

图11-35 【拟合控制】选项卡

图11-36 【FitLinear1】数据表

步骤04 数据分析。在【FitLinear1】数据表中,双击拟合曲线图,即可放大拟合曲线图,如图11-37所示。图中显示调整后R平方为0.99728。R平方越接近1,表明线性越好。根据图中的数据,就能得到线性方程$y=0.00202x$,将待测样品A_{660}值代入其中,就能计算出待测样品的浓度。

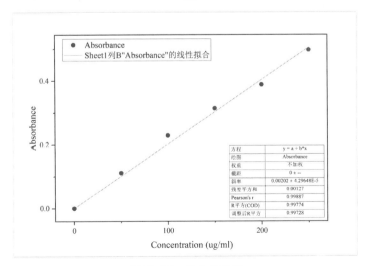

图11-37 拟合曲线图

11.2 运用Origin处理化学实验数据

在化学实验中，同样有许多数据需要我们进行处理。相较于传统的手工绘图，Origin处理化学实验数据具有快速和准确等一系列优点。下面将通过两个案例来讲解Origin在化学实验数据处理中的应用。

11.2.1 Origin软件在蒸馏过程气液平衡实验曲线拟合中的运用

下面以Origin在蒸馏过程气液平衡实验曲线拟合中的运用为例来讲解如何使用Origin的多项式拟合处理化学实验数据，实验数据如表11-8所示。

表11-8 蒸馏过程气液平衡实验曲线拟合数据

x	0	0.1258	0.1881	0.2009	0.3577	0.4609	0.5456	0.5999	0.6627	0.8439
y	0	0.2399	0.3182	0.3389	0.5499	0.6499	0.7107	0.7598	0.7987	0.9136

【思路分析】

本案例操作首先导入蒸馏过程气液平衡实验曲线拟合数据，然后对数据进行拟合分析，确定拟合曲线图及生成相应的工作报表，从而得出实验结果。

【操作步骤】

打开"同步学习文件/第11章/数据文件/蒸馏过程气液平衡实验曲线拟合.opju"工作表，原始数据工作表如图11-38所示，单击菜单栏中的【分析】→【拟合】→【多项式拟合】选项，弹出【多项式拟合】对话框，将【多项式阶】选项设为【3】，如图11-39所示。单击【确定】按钮，出现工作报表，如图11-40所示。工作报表中会显示出蒸馏过程气液平衡实验曲线拟合的拟合曲线图，如图11-41所示。该拟合曲线图即处理实验数据后所得到的拟合曲线图。

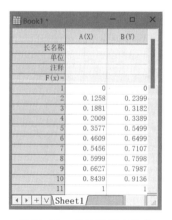

图11-38 原始数据工作表

图11-39 【多项式拟合】对话框

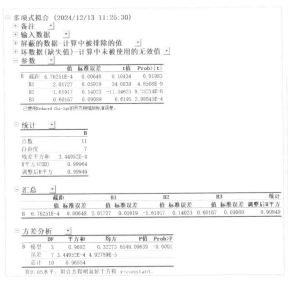

图 11-40　工作报表

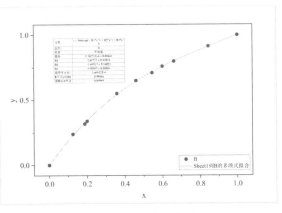

图 11-41　拟合曲线图

11.2.2　Origin 软件在陶瓷样品密度测定实验数据处理中的应用

传统陶瓷样品密度测量实验的数据处理依赖手工计算、列表及坐标纸描点作图，制作的曲线会产生误差。本案例以陶瓷样品密度测试为例，利用 Origin 软件实现数据处理的三重优化：批量处理多组实验数据；自动完成复杂公式计算；精确生成拟合曲线与统计结果。实验数据如表 11-9 所示。

表 11-9　不同烧结温度下烧结得到的陶瓷样品质量的数据

烧结温度（℃）	1225	1250	1275	1300	1325	1350	1375
M1(g)	1.8995	1.9763	2.0677	1.8986	2.0301	2.0274	1.9978
M2(g)	1.3677	1.4478	1.5166	1.3931	1.4956	1.4877	1.4546

【思路分析】

本案例操作可以分为 5 个步骤，首先导入不同烧结温度下烧结得到的陶瓷样品质量的数据，然后通过公式计算其密度，再对计算结果的数据绘制散点图，观察数据变化，接着对数据进行拟合规律分析，最后美化图形，将实验数据呈现出较好的拟合。

【操作步骤】

步骤01 数据导入。在 Origin 中，导入"同步学习文件\第 11 章\数据文件\Origin 软件在陶瓷样品密度测定实验数据处理中的应用.opju"数据文件，原始数据工作表如图 11-42 所示。

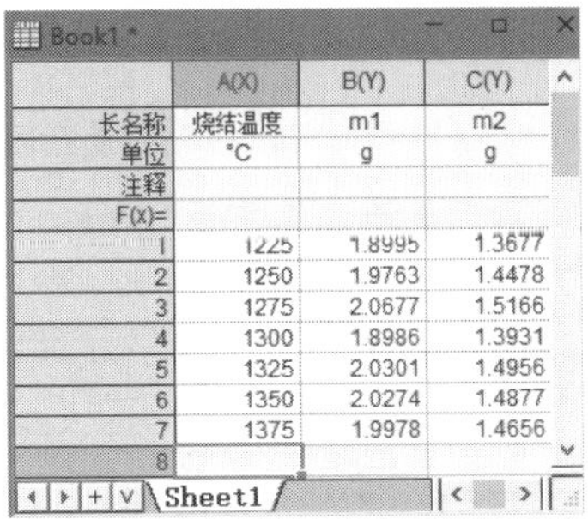

图 11-42　原始数据工作表

步骤02 计算密度。在工作表中，选中C(Y)数据列，单击鼠标右键，选择【插入列】插入新的一列。选中新插入的数据列D(Y)，执行菜单栏【列】→【设置列值】命令，如图11-43所示，即可弹出【设置值】对话框，在该对话框中，输入公式，如图11-44所示。单击【确定】按钮，即可得到陶瓷样品的密度，该值会显示在D(Y)列中，如图11-45所示。

图11-43 【列】选项卡　　　图11-44 【设置值】对话框　　　图11-45 计算结果

步骤03 绘制图形。选中A(X)、D(Y)列数据，执行菜单栏【绘图】→【基础2D图】→【散点图】命令，生成相应的散点图，如图11-46所示。设定X轴为陶瓷样品烧结的温度，Y轴为密度。

步骤04 线性拟合。选中数据文件中的A(X)、D(Y)数据列，执行菜单栏中的【分析】→【拟合】→【线性拟合】命令，即可弹出【线性拟合】对话框，如图11-47所示，单击【确定】按钮。弹出【提示信息】对话框，单击【确定】按钮，即可出现【FitPolynomial1】数据表，如图11-48所示。

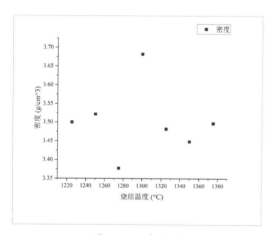

图11-46 散点图

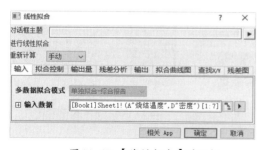

图11-47 【线性拟合】对话框

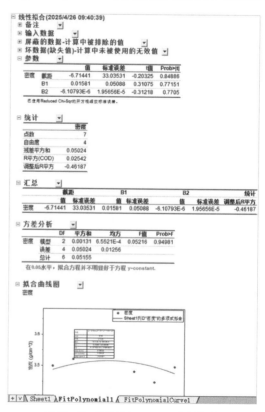

图11-48 【FitPolynomial1】数据表

步骤05 数据分析。在【FitPolynomial1】数据表中，双击拟合曲线图，即可放大拟合曲线图。可以对放大的拟合曲线图进行美化，双击Y/X坐标轴，弹出【Y坐标轴-图层1】【X坐标轴-图层1】对话框，在该对话框中，可以对刻度、标题等进行修改，如图11-49和图11-50所示，美化后的拟合曲线图如图11-51所示。

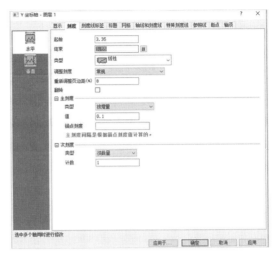

图11-49 【Y坐标轴-图层1】对话框

图11-50 【X坐标轴-图层1】对话框

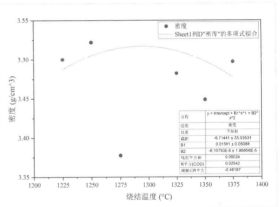

图11-51 拟合曲线图

11.3 运用Origin处理物理实验数据

Origin软件凭借其数据处理与可视化功能，在药学、化学及物理实验中应用广泛。本节以Origin软件在普适气体常数测量实验中的应用和在声速的测量实验数据处理中的应用为例，来讲解Origin如何处理物理实验数据。

11.3.1 Origin软件在普适气体常数测量实验中的应用

普适气体常数是描述理想气体状态方程的核心物理常量，其值与气体种类无关。本节将以普适气体常数测量实验为例来讲解Origin在处理物理实验数据方面的应用，实验数据如表11-10所示。

表 11-10　普适气体常数测量实验数据

m_1/g	533.61	533.75	533.87	534.01	534.13	534.29	534.45	534.57	534.71	534.84
P1/MPa	−0.09	−0.08	−0.07	−0.06	−0.05	−0.04	−0.03	−0.02	−0.01	0

【思路分析】

本案例操作可以分为 3 个步骤，首先导入普适气体常数测量实验数据，然后对数据进行拟合分析，在得出工作报表与相应的拟合曲线图后对曲线图进行优化，最后导出图从而得出实验结果。

【操作步骤】

步骤 01 打开"同步学习文件/第 11 章/数据文件/普适气体常数测量实验.opju"工作表，原始数据工作表如图 11-52 所示，单击菜单栏中的【分析】→【拟合】→【多项式拟合】选项，弹出【多项式拟合】对话框，保持默认选项，单击【确定】按钮，即出现工作报表，如图 11-53 所示。

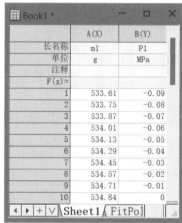

图 11-52　原始数据工作表　　　图 11-53　工作报表

单击工作报表中的拟合曲线图，如图 11-54 所示，之后对曲线图上的坐标轴进行修改。

步骤 02 选中 X 轴后右击，选择【属性】选项，如图 11-55 所示，弹出【X 坐标轴-图层 1】对话框，把【值】选项改为【0.2】，如图 11-56 所示。然后单击【轴线和刻度线】选项卡，取消勾选下轴的【显示轴线和刻度线】选项，如图 11-57 所示。勾选【上轴】选项中的【显示轴线和刻度线】选项，如图 11-58 所示。【刻度线标签】选项可用相同的方法来修改，单击【确定】按钮，即可将坐标轴修改完成，如图 11-59 所示。

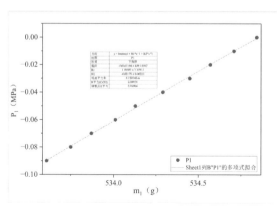

图 11-54　拟合曲线图

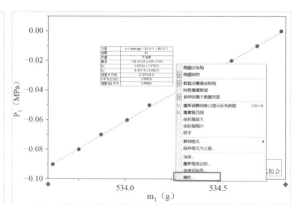

图 11-55　选择【属性】选项

图 11-56 更改【值】选项

图 11-57 取消勾选下轴相关选项

图 11-58 勾选上轴相关选项

图 11-59 修改后的拟合曲线图

步骤03 将修改后的拟合曲线图按照 11.1.3 的方法导出,得到实验数据拟合曲线图。

11.3.2 Origin 软件在声速的测量实验数据处理中的应用

声波是一种能够在气体、液体和固体中传播的弹性机械纵波。声波根据频率可以分为低于 20 Hz 的次声波,介于 20 Hz~20000 Hz 的可闻声波,以及高于 20000 Hz 的超声波。声速是描述声波传播特性的核心参数,其测量广泛应用于声学材料性能评估和地质灾害预警。本案例以声速的测量实验为例,用 Origin 软件处理数据和绘图能够快速、直观、准确地观察实验结果,实验数据如表 11-11 所示。

表 11-11 振幅最大时对应的不同位置

位置	L_0	L_1	L_2	L_3	L_4	L_5	L_6	L_7	L_8	L_9	L_{10}
读数/mm	12.368	17.850	22.581	27.720	32.157	36.205	40.598	45.388	50.213	55.061	59.721

【思路分析】

本案例操作可以分为 3 个步骤,首先导入振幅最大时对应的不同位置读数的数据,再对数据进行拟合，最后进行规律分析，将实验数据呈现出较好的拟合。

【操作步骤】

步骤01 数据导入。在Origin中，导入"同步学习文件\示例\数据文件\示例五.opju"数据文件，原始数据工作表如图11-60所示。

步骤02 线性拟合。选中数据文件中的A(X)、C(Y)数据列，执行菜单栏中的【分析】→【拟合】→【线性拟合】命令，即可弹出【线性拟合】对话框，如图11-61所示，单击【确定】按钮。弹出【提示信息】对话框，单击【确定】按钮，即可出现【FitLinear1】数据表，如图11-62所示。

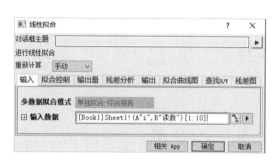

图 11-60　原始数据工作表

图 11-61　【线性拟合】对话框

步骤03 数据分析。在【FitLinear1】数据表中，双击拟合曲线图，即可放大拟合曲线图，如图11-63所示。图中显示其斜率为4.65148，截距为13.08242，调整后R平方为0.99905。R平方越接近1，表明线性越好，也能根据这些数据得到线性拟合方程。

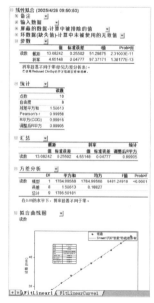

图 11-62　【FitLinear1】数据表

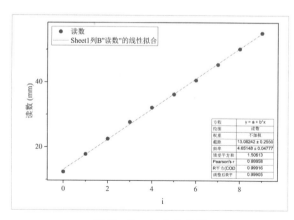

图 11-63　拟合曲线图